Kleine Senckenberg-Reihe 50

Natur vor der Haustür – Stadtnatur in Frankfurt am Main

Ergebnisse der Biotopkartierung

Indra Ottich, Dirk Bönsel, Thomas Gregor, Andreas Malten & Georg Zizka

mit Beiträgen von:
Uwe Barth, Kurt Baumann & Klaus Hoppe

senckenberg
forschungsinstitut und naturmuseum

UMWELTAMT

BiK^F

GOETHE UNIVERSITÄT
FRANKFURT AM MAIN

BIOFRANKFURT
Das Netzwerk für Biodiversität

Widmung

Herrn Prof. Dr. Hans Joachim Conert, dem langjährigen Leiter der Abteilung Botanik/Paläobotanik (1966–1994) und der Biotopkartierung (1985–1994) aus Anlass seines 80. Geburtstages gewidmet.

Vorwort

Der Schrecken war groß, als Wildschweine voriges Jahr die Leckerbissen in den Schwanheimer und Goldsteiner Komposthaufen entdeckten, Gärten durchpflügten, ja sogar eine Kindertageseinrichtung stürmten. So dicht ist uns der Stadtwald noch selten auf die Pelle gerückt. Zuvor hatte die Untere Jagdbehörde – sehr zum Leidwesen der Naturschützer – schon Ausnahmegenehmigungen erteilt, um die Kormorane zu dezimieren. Im Morgengrauen stören liebestolle Nilgänseriche den Berufsverkehr auf der Mainuferstraße. Die Frankfurter Stadtnatur bietet packende Schauspiele.

Nicht alle Tierarten passen sich so gut an die Lebensbedingungen in der Stadt an wie Nilgans und Co. Dank einer nun schon mehr als 20-jährigen Zusammenarbeit zwischen dem Umweltamt und der Senckenbergischen Naturforschenden Gesellschaft haben wir in Frankfurt einen hervorragenden Überblick über die Bestände geschützter Arten und können von Fall zu Fall etwas nachhelfen, um sie zu stützen. Beispielsweise legt die Wohnungsgesellschaft ABG Holding Nistplätze für Mauersegler an. Dank eines anderen, überaus erfolgreichen Artenschutzprojekts sind in den Obstwiesen rings um die Großstadt inzwischen wieder mehr Steinkäuze heimisch als in manchen großen Bundesländern. Allein im vergangenen Jahr schlüpften 167 junge Kleineulen, die meisten in Bruthilfen.

Man schützt nur, was man schätzt, und man schätzt eher das, was man kennt. Im Auftrag des Umweltamtes widmen sich Naturwissenschaftler des Senckenberg Forschungsinstituts nun jedes Jahr einem anderen Biotop. Den Anfang machte 2007 die Zwergstrauchheide. Ungleich größere Bedeutung für Frankfurt – auch kulturell – haben die Streuobstwiesen, die im Jahr 2008 kartiert wurden. Nur um etwa 60 Prozent der Obstwiesen kümmert sich noch jemand, 40 Prozent sind gefährdet. Über das Projekt „Apfel-Appell" versuchen wir, die Streuobstwiesen den Frankfurtern neu ans Herz zu legen und auch jüngere Pflege-Paten zu gewinnen.

Die Beschäftigung mit Stadtnatur hat uns gezeigt, dass Natur nicht nur „draußen" stattfindet, dass es auch in der bebauten Stadt viel zu entdecken gibt, wenn man genau hinsieht. Ich denke dabei zum Beispiel an die Flora entlang stillgelegter Bahngleise, die die GrünGürtel-Projektgruppe auf geführten Spaziergängen in der „Landschaftslücke" zwischen Ostpark und Mainufer ins rechte Licht rückte. In den nächsten Jahren wird es hoffentlich noch mehr Gelegenheiten geben, den GrünGürtel in die Stadt hereinzuführen und so auch „naturfernen" Bürgern den Zugang zu erleichtern.

Dass die Landschaft in die Stadt kommt, ist jedoch leider noch die große Ausnahme. Obwohl mit keinen großen Bevölkerungszuwächsen mehr zu rechnen ist, schreitet die Verstädterung im Rhein-Main-Gebiet in besorgniserregendem Tempo voran. Trotz aller guten Vorsätze, Siedlungen an den Verkehrsachsen zu konzentrieren, sieht der neue Regionalplan Südhessen 4700 Hektar Flächen für Neubaugebiete vor. Ein ähnlicher Flächenfraß droht für neue Gewerbegebiete.

Man kann also gar nicht genug für die Einsicht werben, dass auch eine artenreiche Flora und Fauna den Reichtum einer Region ausmacht. In diesem Sinne wünsche ich Ihrem Band viel Aufmerksamkeit.

Dr. Manuela Rottmann
Dezernentin für Umwelt und Gesundheit

Vorwort

Natur vor der Haustür ist von den Anfängen der SGN zu Beginn des 19. Jahrhunderts, ja schon seit den Zeiten Johann Christian Senckenbergs Mitte des 18. Jahrhunderts ein wichtiger Teil der senckenbergischen Forschung gewesen und dies auch bis zum heutigen Tag geblieben. Schon früh ist die globale Perspektive hinzugekommen, für die z. B. der senckenbergische Forschungsreisende Eduard Rüppell steht und die heute die Senckenberg Forschungsinstitute und Naturmuseen insgesamt auszeichnet. Dennoch bleibt die Biodiversität in den dichtbesiedelten Regionen Europas, wie z. B. im Rhein-Main-Gebiet und in Frankfurt, ein wichtiger und aktueller Fokus der Biodiversitätsforschung.

Dies nicht nur, weil die uns umgebende Vielfalt unmittelbar auf unsere Lebenssituation einwirkt, sondern es zentrale Zukunftsfragen sind, wie dicht besiedelte Regionen auf Klimawandel und immer stärker werdenden menschlichen Einfluss reagieren werden.

Daher befasst sich auch das vom Land Hessen im Rahmen der Exzellenzinitiative LOEWE geförderte Forschungsinstitut „Biodiversität und Klima" (BiK-F) mit Themen wie dem „Wald der Zukunft" oder den Wanderungsbewegungen von Pflanzen und Tieren.

Erforschung und Dokumentation der natürlichen Vielfalt haben große Bedeutung für unseren Alltag: Planungsvorhaben ebenso wie Maßnahmen zur Erhaltung von Arten und Lebensräumen müssen sich auf Grundlagenuntersuchungen zur Biodiversität stützen. Das macht deutlich, dass wir gerade in den dynamischen Ballungsräumen ein besonderes Augenmerk auf die „Stadtnatur", ihre Erforschung und Erhaltung richten müssen. Steigender Wohnraumbedarf, zunehmender Verkehr und vieles andere führen zu einem ständig steigenden Druck auf unbebaute, naturnahe und deshalb extensiv genutzte Flächen. Diesem Druck kann nur begegnet werden, wenn die Menschen ihre „Natur vor der Haustür" kennen und um ihre Bedeutung wissen.

Der vorliegende Band der „Kleinen Senckenberg-Reihe" ist ein weiteres Ergebnis der langjährigen, intensiven Zusammenarbeit von Umweltamt der Stadt Frankfurt und Senckenberg. Ziel dieser Kooperation ist es, durch die langfristige Erforschung und Dokumentation der Natur möglichst gute Voraussetzungen für ihre Erhaltung und für die Stadtplanung allgemein zu schaffen und durch die Information möglichst breiter Bevölkerungsteile auch Wissen über Stadtnatur zu mehren und das Engagement dafür zu stärken.

Besonders gefällt mir, dass man hier nicht nur etwas über Biodiversität lesen kann, sondern dass die angebotenen Spaziergänge auch die Möglichkeit der Anschauung und des Erfahrens geben.

Ich wünsche dem Band weite Verbreitung und den Lesern viel Freude an ihrer Stadtnatur.

Prof. Dr. Dr. h.c. Volker Mosbrugger
Generaldirektor Senckenberg Forschungsinstitute und Naturmuseen

Inhalt

Einführung

Die Natur in und um Frankfurt am Main wird – zumindest die der besonders vielfältigen und schützenswerten Teile – kontinuierlich beobachtet, dokumentiert und bezüglich ihrer Veränderungen analysiert. Seit dem 18. Jahrhundert geschah dies in unregelmäßigen Abständen durch botanisch Interessierte, vor allem durch Wissenschaftler der Dr. Senckenbergischen Stiftung und der Senckenbergischen Naturforschenden Gesellschaft. Wissenschaftler des Fachbereichs Biowissenschaften der Goethe-Universität lieferten ebenfalls wichtige Beiträge, in den letzten Jahrzehnten besonders zu den Naturschutzgebieten im Stadtgebiet. Nicht vergessen werden dürfen in diesem Zusammenhang zahlreiche Botaniker und sachkundige „Laien", die z. T. ganz ohne institutionelle Anbindung wichtige Erkenntnisse zur Frankfurter Flora und Fauna erarbeitet haben.

Herausragende Bedeutung kommt bei der Erforschung der regionalen Biodiversität den senckenbergischen Sammlungen zu. Sie sind nicht nur ein rund 250 Jahre zurückreichendes Archiv der Entwicklung der Biodiversität in Frankfurt von unschätzbarem wissenschaftlichen Wert, sie werden laufend durch aktuell wichtige Aufsammlungen ergänzt und bilden damit die Grundlage der regionalen Biodiversitätsforschung in der Zukunft.

Abb. 1: Bachstelze (*Motacilla alba*) auf einem Beton-Fragment auf dem Alten Hubschrauberlandeplatz in Kalbach/Bonames. Foto: A. Malten.

Seit 1985 erfolgt eine systematische, wissenschaftliche Kartierung der Frankfurter Stadtnatur im Senckenberg Forschungsinstitut und Naturmuseum durch die Arbeitsgruppe Biotopkartierung der Abteilung Botanik im Auftrag des Umweltamtes der Stadt Frankfurt. Zu Beginn der Langzeituntersuchungen musste vom Begründer und ersten Leiter der Frankfurter Biotopkartierung, dem damaligen Leiter der Abteilung Botanik Prof. Dr. Hans Joachim Conert, in Kooperation mit den städtischen Partnern Pionierarbeit geleistet werden. Dies gelang so gut und vorausschauend, dass – bei ständiger Aktualisierung und Anpassung an neue wissenschaftliche Erkenntnisse und Standards sowie technische Entwicklungen – das Grundkonzept der Biotopkartierung beibehalten werden konnte.

Zu den Arbeitsgebieten der Biotopkartierung gehören nicht nur die Erfassung von Biotoptypen und die dauerhafte Beobachtung besonders geschützter und bedrohter Tier- und Pflanzenarten, sondern auch die Erfassung von Arteninventaren und Besiedlungsdichten für aus naturschutzfachlicher Sicht besonders wertvolle Flächen, die nicht den weitgehenden gesetzlichen Schutz als Naturschutzgebiet genießen. Weitere wichtige Aufgaben der Biotopkartierung waren und sind es, im Auftrag der Stadt Frankfurt am Main die bei größeren Baumaßnahmen und Nutzungsänderungen gesetzlich vorgeschriebenen Grundlagenuntersuchungen zu den betroffenen Lebensräumen sowie zu deren Pflanzen- und Tierwelt durchzuführen und die Ergebnisse naturschutzfachlich zu bewerten. Ein weiteres Arbeits-

Abb. 2: Die Skyline von Frankfurt am Main. Foto: A. Malten.

gebiet der Biotopkartierung ist schließlich die Begleitung von Maßnahmen, die dazu dienen, Flächen in einen naturnäheren Zustand „zurückzubauen“. In den letzten Jahren betrifft dies z. B. die Renaturierung von Teilen des Niddaufers oder den Alten Hubschrauberlandeplatz in Kalbach/Bonames (Abb. 1). Schließlich gewinnen pflanzliche und tierische Neubürger (Neophyten und Neozoen) immer größere Bedeutung. Historische Daten und die senckenbergischen Sammlungen sind die Grundlage für die Erfassung der Neubürger in Frankfurt und die naturschutzfachliche Bewertung der damit verbundenen Dynamik – auch dies gehört zu den Aufgaben der Biotopkartierung.

Die möglichst umfassend und genau erhobenen Daten werden in der Regel nicht nur den Entscheidungsträgern zur Verfügung gestellt, sondern Senckenberg und Stadt Frankfurt bemühen sich, die Ergebnisse zur Biodiversität (z. B. der Gleisflächen oder der Waldgebiete im südlichen Stadtgebiet) durch Publikation auch der interessierten Öffentlichkeit zugänglich zu machen. Diesem Zweck dient auch der vorliegende Band, in dem einige neuere Ergebnisse der Arbeitsgruppe Biotopkartierung zusammengefasst sind. Der Wunsch, nicht nur zu informieren, sondern auch verstärkt Interesse an Stadtnatur zu wecken, ist die Motivation gewesen, im vorliegenden Band auch einige Kapitel mit dem Motto „Biodiversität erleben“ aufzunehmen. Sie bieten die Möglichkeit, schöne und interessante Bereiche der Stadtnatur auf Spaziergängen näher kennenzulernen.

Stadtgebiet Frankfurt am Main – Allgemeines

Frankfurt liegt bei 8°41’ östlicher Länge und 50°06’ nördlicher Breite und ist die größte und einwohnerstärkste Stadt des Bundeslandes Hessen: Das Stadtgebiet umfasst eine Fläche von 24830,8 ha, wobei die größte West-Ost-Ausdehnung 23,4 km und die größte Nord-Süd-Ausdehnung 23,3 km beträgt. Im Jahr 2007 wohnten hier 667.494 Menschen (alle statistischen Angaben Stadt Frankfurt am Main 2009).

Der höchste Punkt liegt 212 m ü. NN und befindet sich an der Berger Warte im Stadtteil Seckbach (NO des Gebietes); der tiefste Punkt liegt 88 m ü. NN am Mainufer an der Stadtgrenze zu Okriftel (SW des Gebietes). Innerhalb des Stadtgebietes treffen drei Naturräume aufeinander (Klausing 1988): Untermainebene, Wetterau und Main-Taunusvorland, wobei der größte Teil auf die Untermainebene entfällt und nur der kleinste Teil zur Wetterau zu rechnen ist. In weiten Teilen des Stadtgebietes überprägen jedoch anthropogene Einflüsse den der naturräumlichen Gliederung.

Das Stadtgebiet wird von zwei Flüssen durchflossen: Der Main fließt in Ost-West-Richtung und teilt die Stadt dabei in zwei ungleiche Hälften. Auf 16 km Länge befinden sich beide Ufer im Stadtgebiet, auf weiteren 11 km ist es nur das Nordufer, da der Main hier die Funktion einer Grenze zur Stadt Offenbach bzw. zum Landkreis Groß-Gerau inne hat. Von Nordosten nach Westen fließt die kleinere Nidda durch das Stadtgebiet und mündet bei Höchst in den Main. Beide Flüsse sind stark begradigt, durch Staustufen und Wehre reguliert und teilweise kanalartig, jedoch sind von der Nidda noch einige Altarme erhalten und teilweise mit Durchflüssen verbunden. Auf dem Main gibt es Berufsschifffahrt, die Nidda ist dagegen nicht schiffbar.

Abb. 3: Landwirtschaftliche Nutzflächen in Nieder-Erlenbach. Foto: I. Ottich.

Nutzungsart	ha	%
Gebäude- und Freiflächen	7946,0	32,0
Landwirtschaftsflächen	6157,9	24,8
Verkehrsflächen	4422,3	17,8
Waldflächen	3805,5	15,3
Erholungsflächen	1665,0	6,7
Wasserflächen	528,5	2,1
Flächen anderer Nutzung	238,4	1,0
Betriebsflächen	67,1	0,3

Tabelle 1: Flächennutzung im Stadtgebiet Frankfurt am Main im Jahre 2007 (nach: Stadt Frankfurt am Main (2009), verändert).

Weitere Fließgewässer sind in der nördlichen Stadthälfte z. B. die Taunus-Bäche: Sulz-, Erlen- und Eschbach, die in die Nidda münden; im Süden z. B. der Königs- oder Luderbach und die Kelster, die in den Main münden.

Stillgewässer spielen eine untergeordnete Rolle, große Seen fehlen. Insgesamt gibt es über 100 Stillgewässer, von denen die größten im Schwanheimer Feld, in Enkheim, im Stadtwald und in Parks (z. B. Höchster Stadtpark, Ostpark) liegen. Fast alle sind künstlich angelegt, einige sind aber dennoch für den Naturschutz wichtig.

Das heutige Gesicht der Stadt ist vor allem durch die Eingemeindungen kleinerer Ortschaften geprägt. So haben sich in Frankfurt zahlreiche alte Ortskerne mit teils dörflichem Charakter erhalten können. Außerdem sind die Stadtteile z. T. durch landwirtschaftliche Nutzflächen voneinander getrennt (Abb. 3), was man auf Abb. 4 insbesondere im Norden auch noch gut erkennen kann.

Obwohl der Anteil an Landwirtschaftsflächen in den vergangenen Jahren stetig gesunken ist, hat die Landwirtschaft in Frankfurt mit fast 25 % der Fläche noch immer eine große Bedeutung (Tab. 1). Insbesondere der Norden des Gebietes ist deutlich von der Landwirtschaft geprägt. Ungewöhnlich für eine deutsche Großstadt ist der hohe Waldanteil, der mehr als 15 % des Stadtgebietes ausmacht. Bis auf wenige kleine Waldstücke (z. B. Enkheimer Wald, Niedwald, Biegwald) befindet sich fast der gesamte Wald als zusammenhängende Fläche im Süden des Stadtgebietes.

Senckenbergische Sammlungen – Archive der Natur in Frankfurt

Wissenschaftliche Sammlungen sind unverzichtbare Forschungsinstrumente und dienen auch der Dokumentation biologischer Vielfalt. Große Forschungsmuseen stellen umfangreiche Archive der Biodiversität dar: so umfassen alleine die Sammlungen der Senckenberg Forschungsinstitute und Naturmuseen etwa 36 Millionen Belege bzw. Sammlungsstücke. Die Erforschung der regionalen Biodiversität bildet seit der Gründung der Senckenbergischen Naturforschenden Gesellschaft 1817 einen ihrer Forschungsschwerpunkte, daher ist die Entwicklung der regionalen Flora und Fauna besonders gut in den senckenbergischen Sammlungen dokumentiert. Im Folgenden soll deren Bedeutung für die Rekonstruktion des Biodiversitätswandels am Beispiel des Herbarium Senckenbergianum illustriert werden.

Abb. 4: Übersicht über das Stadtgebiet von Frankfurt am Main mit 2 km-Raster. Dargestellt sind Stadtgrenze, Bebauung, Flüsse sowie die wichtigsten Autobahnen und Bahnstrecken. © Stadtvermessungsamt Frankfurt am Main.

Bedeutung von Herbarsammlungen

In wissenschaftlichen Sammlungen werden in einer für die Organismengruppe spezifischen, z. T. seit Jahrhunderten angewandten und bewährten Form Pflanzen-, Tier- oder Pilzexemplare konserviert. Während z. B. Amphibien, Reptilien und Fische in Alkohol oder Formollösungen aufbewahrt, Schmetterlinge und Käfer aufgespannt und getrocknet werden, ist für Pflanzen das Herbarisieren die Methode der Wahl (Pressen und Trocknen der Pflanze, anschließend Montieren auf speziellem, festem Papier). Manch einer hat schon in der Schule ein Herbar angelegt und wundert sich vielleicht, dass dies eine moderne wissenschaftliche Methode sein soll. Die Zweifel sind jedoch nicht berechtigt. Wer jemals die Gelegenheit hatte, mehrere Jahrhunderte alte Herbarbelege zu untersuchen, wird fasziniert sein, wie hervorragend die Merkmale bis in den mikroskopischen Bereich bei sachgemäßer Lagerung erhalten bleiben.

Der wissenschaftliche Wert der mehrere zehntausend Belege umfassenden und bis ins 17. Jahrhundert zurückreichenden Sammlungen aus Frankfurt in den Senckenbergischen Herbarsammlungen (Herbarium Senckenbergianum) liegt zum einen in der Dokumentation der Verbreitung seit rund 300 Jahren. Die Belege tragen üblicherweise genaue Informationen zum Fundort, Funddatum und auch zum Sammler. Solche Informationen sind Grundlage für die Rekonstruktion der Einwanderungsgeschichte oder eines Rückganges. In vielen Fällen wird aber auch die rückwirkende Überprüfung von Funden oder die Bearbeitung unter Anwendung neuester Erkenntnisse notwendig. Dies kann in der Regel nur anhand der archivierten Exemplare erfolgen. Noch sind allerdings lange nicht alle Belege aus Frankfurt und der Region im Senckenberg-Herbar erfasst, ihre Bestimmung überprüft oder gar die Funddaten digitalisiert.

Die beiden ältesten Herbarien – wie zu dieser Zeit üblich in Buchform gebunden – stammen von Johann Daniel Waldschmidt (aus dem Jahr 1677) und von Johannes Philippi Huth (um 1713). Diese beiden außergewöhnlichen kultur- und wissenschaftsgeschichtlichen Dokumente sind allerdings von unterschiedlichem Wert für die Forschung zur Frankfurter Flora. Das ältere der beiden Herbarien enthält keine Fundortdokumentation, so dass keine Informationen zur Pflanzenverbreitung gewonnen werden können. Das Huth'sche Herbar

Abb. 5: Küchenschelle (*Pulsatilla vulgaris*). Herbarium Wetteravicum von Johann Philipp Huth.

Abb. 6: Herbarbeleg von J. R. & G. Forster.

dagegen bietet durch zahlreiche Fundortangaben die Möglichkeit, frühere Vorkommen z. B. seltener oder erloschener Arten zu rekonstruieren. So enthält es eine Aufsammlung der Küchenschelle (*Pulsatilla vulgaris*, Abb. 5), die früher einmal an mehreren trockenen Kalkstandorten im Stadtgebiet vorgekommen sein muss.

Nur am Rande sei auf die Vielzahl anderer alter Aufsammlungen von großem wissenschaftlichen und kulturellem Wert im Senckenberg-Herbar hingewiesen, z. B. auf die von Johann Reinhold und Georg Forster (Abb. 6) von der zweiten Weltumsegelung von James Cook oder die Aufsammlungen Eduard Rüppells aus den Gebirgen Nordostafrikas.

Johann Christian Senckenberg (1707–1772) war wie sein Vater Johann Hartmann auch ein sehr guter Kenner der Frankfurter Flora. Er besaß offensichtlich ein großes Herbar von Frankfurt und Umgebung, das leider verschollen ist und von dem nur acht Belege im Herbarium Senckenbergianum erhalten sind (Abb. 7).

Eine sehr umfangreiche Sammlung aus der Rhein-Main-Region ist das Exsikkatenwerk von Gottfried Philipp Gärtner (1754–1825), Bernhard Meyer (1767–1836) und Johannes Scherbius (1769–1813) zur „Flora der Wetterau“, die in der damaligen Fassung auch das Gebiet von Frankfurt einschloss (Baumann 1999; Buttler & Klein 2000). Das Senckenberg-Herbar besitzt einen großen Teil des Exsikkatenwerks aus der Zeit um und kurz nach 1800, es ist aber aufgrund fehlender Fundortdokumentation für unsere Fragestellung von geringem Wert.

Johannes Becker (1769–1833), Gründungsmitglied der Senckenbergischen Naturforschenden Gesellschaft (heute Senckenberg Gesellschaft für Naturforschung, SGN) und erster Sektionär der Botanik, hat eine umfangreiche Herbarsammlung hinterlassen (Abb. 8).

Abb. 7: Herbarbeleg von Johann Christian Senckenberg.

Abb. 8: Herbarbeleg von Johannes Becker aus dem Botanischen Garten.

Auch Georg Fresenius (1808–1866), der Nachfolger Beckers als Sektionär für Botanik, hat zahlreiche Aufsammlungen angelegt. Beide dokumentierten nicht nur wildwachsendes Material, sondern auch im Botanischen Garten der Dr. Senckenbergischen Stiftung kultivierte Pflanzen (Abb. 9).

Umfangreiche Herbardokumente haben im 19. und beginnenden 20. Jahrhundert Sammler wie Heinrich Ohler (1803–1876), Paul August Kesselmeyer (1813–1897) und August Wilhelm Peipers zusammengetragen, ganz besonders hervorzuheben ist aber Martin Dürer (1842–1921). Unsere Kenntnis der Artenvielfalt an heute stark veränderten Standorten wie z. B. Mooren im südlichen Stadtgebiet stützt sich ganz wesentlich auf Dürers Arbeiten (Abb. 10).

Insgesamt sind es rund 200 Arten, die in Frankfurt ehemals vorkamen und inzwischen erloschen sind. Dieses Wissen verdanken wir vor allem den Herbarsammlungen (Bönsel et al. 2008). Bei den verschwundenen Arten handelt es sich überwiegend um wieder erloschene Neo- und Archäophyten, die meisten der letzteren und einige Einheimische haben durch den Nutzungswandel im Laufe des 19. und der ersten Hälfte des 20. Jahrhunderts ihre Wuchsorte verloren.

Abb. 9: Herbarbeleg von Georg Fresenius.

Abb. 10: Herbarbeleg von Martin Dürer.

In der Kriegs- und Nachkriegszeit wuchsen die Sammlungen aus Frankfurt kaum an. Ab etwa den 1960er Jahren stieg der Zustrom wieder, er hält sich besonders seit Beginn der Biotopkartierung 1985 auf einem hohen Niveau.

Bilddokumente

Auch wenn Herbarbelege mit Abstand die wichtigste Form der Pflanzendokumentation sind, gibt es doch auch verschiedene andere Sammlungen von wissenschaftlichem Wert. Für die Frankfurter Flora von besonderem Interesse ist die Sammlung von 1262 Gouachen der Frankfurter Blumenmalerin Elisabeth Schultz (1817–1898), die sie testamentarisch Senckenberg hinterlassen hatte. Sie dokumentierte die ihr bekannte wildwachsende Pflanzenwelt Frankfurts mit hervorragenden Aquarellen und schuf damit eine ästhetisch besonders ansprechende, aber auch wissenschaftlich interessante Frankfurter „Flora". So finden sich auch in ihrer Sammlung Arten, die heute in Frankfurt nicht mehr vorkommen oder aber lange Zeit erloschen waren. Beispiele dafür sind der Gewöhnliche Wasserschlauch (*Utricularia vulgaris*; Abb. 11) oder die Wasserfeder (*Hottonia palustris*), beides Arten nährstoffarmer, stehender Gewässer. Diese Lebensräume sind heute allgemein sehr selten geworden und einige der Charakterarten – wie eben der Wasserschlauch – verschwunden.

Auch Beobachtungen sind wichtig …

Haben schon die Aquarelle von Elisabeth Schultz gegenüber Herbarsammlungen den entscheidenden Nachteil, dass das Objekt nur als Abbild und

Abb. 11: Gewöhnlicher Wasserschlauch (*Utricularia vulgaris*). Gouache von Elisabeth Schultz.

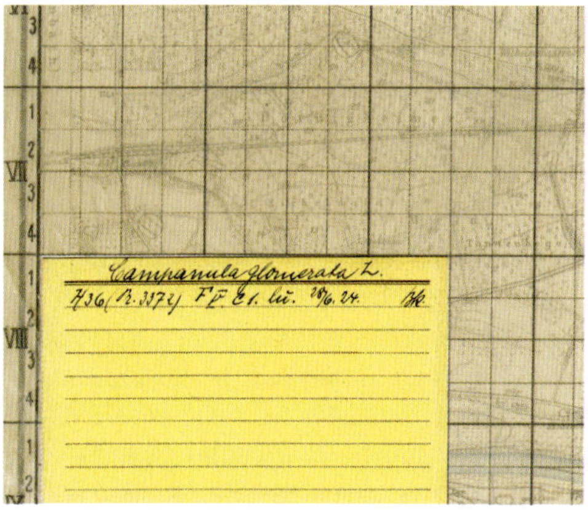

Abb. 12: Beispiel aus der Dokumentation von Otto Burck, Karteikarte und Kartenraster.

nicht als Original vorhanden ist, so bietet die Dokumentation reiner Beobachtungen in Florenwerken, Karten oder Feldnotizen (also z. B. „Diptam an der Hinkelsteinschneise") überhaupt keine Möglichkeit mehr, die Bestimmung am Objekt zu überprüfen (wenn z. B. das Vorkommen am Standort erloschen ist). Ihr wissenschaftlicher Nutzen ist also eingeschränkt. Dennoch können solche Daten von großem Wert sein, besonders dann, wenn die Fachkompetenz und Erfahrung des Beobachters die Bestimmungen besonders verlässlich macht und idealerweise die Fundorte besonders akribisch dokumentiert sind. Sehr umfangreiche, wertvolle Beobachtungen zu Pflanzenvorkommen in Frankfurt haben z. B. Martin Dürer, sein Schüler Otto Burck (1873–1966) und Otfried Nerlich (1905–1989) über Jahrzehnte hinweg archiviert. Ihre viele tausend Beobachtungen umfassenden Daten haben sie auf unterschiedliche Weise, aber immer mit wissenschaftlich genauen Fundortangaben festgehalten (Abb. 12, 13). Auch diese Sammlungen werden im Herbarium Senckenbergianum aufbewahrt und wurden speziell im Hinblick auf die Frankfurter Flora in den letzten Jahren ausgewertet. Auf diese Weise lässt sich die Verbreitung vieler Frankfurter Arten in der Geschichte gut rekonstruieren. In der ersten Hälfte des 20. Jahrhunderts wurde die Landwirtschaft mit neuen Methoden intensiviert, was zum Rückgang oder sogar Aussterben vieler Ackerunkräuter führte. Gerade in dieser Zeit wirkte Otto Burck, der den Rückgang bemerkte und in vielen Fällen dokumentierte. Otfried Nerlich dagegen erfasste u. a. verwildernde Zierpflanzen und liefert damit wichtige Hinweise zu deren Ausbreitung.

Unveränderte wissenschaftliche Aktualität

Zu den besonders bemerkenswerten Aufsammlungen aus neuerer Zeit gehören die ersten dokumentierten Vorkommen von Australischem Gänsefuß (*Chenopodium pumilio*, Abb. 14), Schmalblättrigem Greiskraut (*Senecio inaequidens*) und

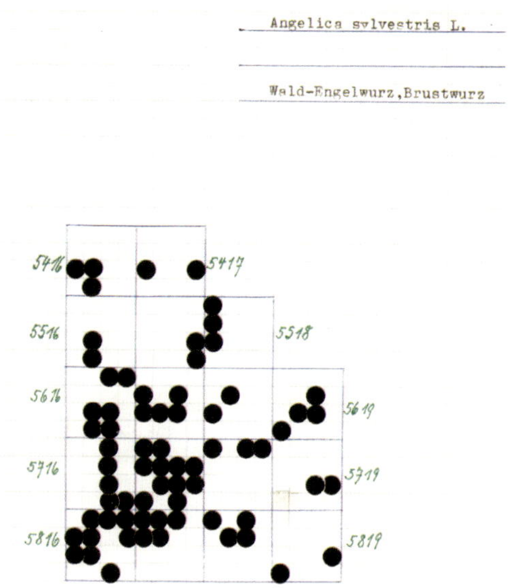

Abb. 13: Beispiel aus der Dokumentation von Otfried Nerlich, Nachweise in Messtischblatt-Quadranten.

Abb. 14: Erster Nachweis des Australischen Gänsefußes (*Chenopodium pumilio*) im Rhein-Main-Gebiet. Herbarbeleg von H. Hupke, 1947.

Kurzfrüchtigem Weidenröschen (*Epilobium brachycarpum*, Abb. 15). Der erste Beleg von *Chenopodium pumilio* stammt aus dem Jahr 1947. Die damals in Hessen noch unbekannte Art wurde zunächst verkannt und der Beleg erst Jahrzehnte später richtig bestimmt. Inzwischen wächst der Australische Gänsefuß in Frankfurt häufig, insbesondere im Pflaster der Gehwege. *Senecio inaequidens*, eine Art, die heute an Bahnstrecken, Straßenrändern und Böschungen in Frankfurt weit verbreitet ist, wurde 1988 zum ersten Mal im Stadtgebiet gesammelt. *Epilobium brachycarpum* ist dagegen noch „brandneu“: Die Art wurde 2004 zum ersten Mal beobachtet und dokumentiert. Im Falle von *Epilobium brachycarpum* wurden die ersten Pflanzen sofort als Neueinwanderer erkannt und die Artzugehörigkeit richtig bestimmt. Letzteres ist durchaus kein triviales Unterfangen, da ja in der Regel zunächst die Herkunft – und damit auch die nutzbare Literatur – nicht bekannt ist.

Das wissenschaftliche Interesse an der Dokumentation interessanter Pflanzenfunde durch Herbarbelege ist aufgrund der modernen molekularen Methoden (DNA-Analyse) weiter gestiegen. Noch an mehrere Jahrzehnte alten Belegen kann DNA erfolgreich isoliert und untersucht werden. So ist die Bestimmung genetischer Merkmale an Sammlungsmaterial möglich und damit z.B. die Rekonstruktion von Ausbreitungswegen.

Abb. 15: Erster Beleg des Kurzfrüchtigen Weidenröschens (*Epilobium brachycarpum*) aus Frankfurt. D. Bönsel, 2004.

Abb. 16: Mitarbeiter der Arbeitsgruppe Biotopkartierung bei der Begehung einer Brachfläche am Messegelände. Foto: A. Malten.

Wie im vorliegenden Band vielfach beschrieben, unterliegt die Biodiversität auch hier in Frankfurt am Main einer hohen Dynamik. Genaues Beobachten („Monitoring") und Dokumentieren der Biodiversität in wissenschaftlichen Sammlungen sowie die Analyse ihres Wandels sind also weiterhin unverzichtbare Aufgaben, gerade in städtischen Ballungsräumen.

Biotopkartierung

Wir leben in einem Ballungsraum, der trotz der hohen Besiedlungsdichte eine erstaunliche Artenvielfalt (Biodiversität) aufweist. Dies hängt natürlich mit der Lebensraumvielfalt, aber auch mit den ständigen Veränderungen zusammen, die in einer Großstadt wie Frankfurt am Main an der Tagesordnung sind (Güterbahnhof/Messegelände, Riedbergbebauung, Campus Westend, Flughafenausbau etc.). Gerade in den Ballungsräumen hat der Mensch seine Umwelt bereits seit vielen Jahrhunderten tiefgreifend verändert und tut dies weiterhin in sehr hohem Maße. Daraus resultiert auch eine hohe Dynamik von Flora, Fauna und Biotopen. Verantwortliche Planung – z. B. in einem Ballungsraum wie Rhein-Main – erfordert daher eine ständige Überwachung der menschlichen Eingriffe in die belebte Umwelt, um den anthropogenen Diversitätswandel und die ihn steuernden Faktoren erkennen und entsprechend handeln zu können. Darum benötigen wir ständig aktualisierte Informationen, um der Verantwortung gegenüber unserer Umwelt und nachfolgenden Generationen gerecht zu werden. Neben der Kenntnis von Tier-

und Pflanzenarten sowie ihrer Lebensräume kann die Veränderung im Laufe der Zeit nur auf der Grundlage von wissenschaftlichen Sammlungen mit Sicherheit rekonstruiert werden (z. B. Herbarien oder zoologische Sammlungen). Taxonomisch-systematische Forschung, die Erstellung von Arteninventaren und die Beschäftigung mit dem Großraum Rhein-Main haben bei Senckenberg eine lange Tradition. Auf sie kann sich die Biotopkartierung stützen.

Seit Juni 1985 führt die von Herrn Prof. Dr. H. J. Conert ins Leben gerufene und in der Abteilung Botanik angesiedelte Arbeitsgruppe Biotopkartierung am Senckenberg Forschungsinstitut aktuelle Untersuchungen zu Flora, Fauna und Biotopen im Stadtgebiet Frankfurt durch. Die Erhebungen bieten wissenschaftlich fundierte Informationen über den Zustand, die Gefährdung, die Schutzbedürftigkeit und die Entwicklungsmöglichkeiten der Natur in der Stadt. Sie bilden aufgrund der gesetzlichen Anforderungen (Bundesnaturschutzgesetz, Hessisches Naturschutzgesetz, europäische Flora-Fauna-Habitat-Richtlinie) eine unverzichtbare Grundlage für die mit Planungen befassten städtischen Ämter bzw. beauftragten Büros.

Abb. 17: Unterschiedliche Biotope sind in Frankfurt eng miteinander verzahnt. Foto: I. Ottich.

Daten der Biotopkartierung finden Verwendung für:

- Ausweisung von Schutzgebieten
- Artenschutzprogramme
- Landschaftspläne
- Landschaftsrahmenpläne
- Freiflächenentwicklungspläne
- Flächennutzungspläne
- Bebauungspläne
- Eingriffsbewertungen
- Ausgleichsplanungen
- landschaftspflegerische Begleitpläne
- Umweltverträglichkeitsstudien
- Pflegepläne
- Monitoring
- Renaturierungen
- Effizienzkontrollen

Die Durchführung der Stadtbiotopkartierung ist grob in vier Phasen zu gliedern. In der ersten Phase, von 1985 bis 1990, standen, mit einem im Vergleich zu heute wesentlich größeren Mitarbeiterstab, konzeptionelle Fragen im Vordergrund. Parallel dazu erfolgte die erste systematische und flächendeckende Kartierung des Stadtgebietes nach Struktur- und Biotoptypen, Gehölzdichte und deren Auswertung, insbesondere die Bewertung des Naturschutzpotentials. In einem speziell für dieses Projekt entwickelten Computerprogramm „Biotopinformationsdatei" wurden auf Einzelflächen bezogene Daten erfasst: abiotische Ausstattung, Fauna und Flora (Artenlisten), Bewertungen für die Vernetzung und den Naturschutz. Diese Daten werden auch heute noch im Rahmen so genannter „Präzisierungskartierungen" auf ausgewählten Flächen erhoben.

Sie liefern neben der Biotoptypenkartierung die biologischen Grunddaten für Landschaftsplanung, Bauleitplanung, Umweltverträglichkeitsprüfungen, Eingriffs- und Ausgleichsplanung und sind damit für die mit der Planung befassten Abteilungen der Stadtverwaltung von großer Bedeutung. Zusätzlich wurden und werden in speziellen Gutachten weitere Themenbereiche bearbeitet, so erfolgte z. B. eine Feldgehölz- und eine Streuobstkartierung.

In der zweiten Phase, von 1991 bis 1995, begann mit einem reduzierten Mitarbeiterstab die erste Aktualisierung der Biotoptypenkartierung. In gesonderten Gutachten („Materialien zur Landschaftsplanung") wurden einzelne Landschaftsausschnitte betrachtet, die vorhandenen Daten der Biotopinformationsdatei ausgewertet und ggf. neue und aktuelle Daten erhoben. Ein separates Gutachten untersuchte Entwicklungstendenzen seltener Tier- und Pflanzenarten im Stadtgebiet

Abb. 18: Stadt und Biotop – ein Widerspruch? Foto: I. Ottich.

von Frankfurt am Main als Grundlage für den Biotop- und Artenschutz.

In der dritten Phase, 1996 bis 2004, standen Revisionskartierungen der Biotoptypen im Vordergrund der Arbeit. Sie erfolgten 1996 und 1997 noch nach dem in der Anfangsphase erarbeiteten Biotoptypenschlüssel, der später aktualisiert wurde (s. u.). Gleichzeitig wurden aktuelle Fragestellungen des Naturschutzes, der Pflege konkreter Flächen und zu kommunalen Planungen für verschiedene Ämter der Stadt bearbeitet. Diese Untersuchungen beinhalten in zunehmendem Maße Begleituntersuchungen und Erfolgskontrollen von Naturschutz- und Ausgleichsmaßnahmen. Sie dienen der Optimierung laufender Maßnahmen und der Verbesserung geplanter Vorhaben sowohl hinsichtlich ihrer ökologischen Wirksamkeit als auch der Kosten.

Parallel dazu wurde in Zusammenarbeit mit dem Umweltamt und dem damit von der Stadt beauftragten Institut für Planungsdaten (ifp) auf der Basis der Ergebnisse der bundesweiten Arbeitsgruppe „Methodik der Biotopkartierung im besiedelten Bereich“ und den Erfahrungen am Forschungsinstitut Senckenberg ein neuer Schlüssel erarbeitet. Dieser ist den aktuellen Erfordernissen von Planung, Gesetzgebung und EDV-Technik angepasst und gleichzeitig so „offen“ konzipiert, dass auch künftigen Entwicklungen leichter Rechnung getragen und er ständig aktualisiert werden kann. Besonderer Wert wird auf die Nutzbarkeit in einem modernen Geographischen Informationssystem (GIS) gelegt, das in der dritten Revisionskartierung 1998–2003 zum Einsatz kam.

In der vierten Phase seit 2005 erfolgt die 4. Revisionskartierung, die sich auf den nicht bebauten Bereich und den Frankfurter GrünGürtel beschränkt. Gleichzeitig wurde mit einer biotoptypenbezogenen Auswertung der 3. Revisionskartierung begonnen.

Besonders wichtig sind die Biotoptypenabgrenzungen im Stadtgebiet, die seit der Digitalisierung blattschnittfrei im städtischen GIS-System vorliegen und die die verschiedenen Ämter der Stadt (neben dem Umweltamt z. B. Stadtplanungsamt und Grünflächenamt) bei ihren Aufgaben nutzen. Hervorzuheben sind auch zahlreiche unveröffentlichte Berichte, Gutachten und Stellungnahmen, die einen sehr unterschiedlichen Umfang haben können.

Durch die enge Verbindung des Senckenberg Forschungsinstitutes mit der Goethe-Universität sind in der Arbeitsgruppe Biotopkartierung auch zahlreiche floristische und vegetationskundliche Doktor-, Diplom- und Staatsexamensarbeiten entstanden, die sich z. B. mit den Nidda-Altarmen, den Kirchhöfen, dem Hauptfriedhof, dem Osthafengelände, dem ehemaligen Hubschrauberlandeplatz, den Neophyten, den Gewässern oder einzelnen Artengruppen in Frankfurt am Main beschäftigen.

Die Ergebnisse der Biotopkartierung schlagen sich jedoch nicht nur in Karten, Berichten und Examensarbeiten nieder, sondern es werden auch zahlreiche Anfragen zu naturschutzfachlichen Themen nicht nur von der Verwaltung, sondern auch von interessierten Bürgern an die Arbeitsgruppe herangetragen und beantwortet oder an Fachleute im Hause Senckenberg weitergeleitet.

Die Arbeit der Biotopkartierung nimmt somit in vielerlei Hinsicht Einfluss. Die Ergebnisse der Erhebungen können und sollen dazu beitragen, die Lebensqualität für Menschen, Tiere und Pflanzen im Ballungsgebiet zu sichern und die Reste der Natur- und traditionellen Kulturlandschaft in die Stadtlandschaft zu integrieren bzw. die Stadtnatur zu fördern.

Lebensräume im Stadtgebiet

Streuobst – Wo Frankfurts Apfelwein wächst

Streuobst ist die traditionelle Form des Obstanbaus in unseren Breiten. Dabei handelt es sich um lockere Anpflanzungen hochstämmiger Obstbäume auf Wiesen- und Weideflächen, früher auch häufig auf Äckern. Die Baumbestände sind in der Regel aus mehreren Baumarten sowie verschiedenen Sorten aufgebaut und weisen, bedingt durch die Einzel-Nachpflanzung abgegangener Bäume, oft ein sehr unterschiedliches Alter und einen hohen Strukturreichtum auf.

Die ursprünglich in vorchristlicher Zeit im Orient entstandene Obstbaumnutzung wurde von dort nach Griechenland überführt. Von Syrien und Griechenland brachten die Römer den Obstanbau zunächst ins heutige Italien und mit ihrem Vordringen nach Germanien schließlich auch in unser Gebiet.

Im Mittelalter erlangte der Obstanbau durch die Klöster eine erste Blüte, und er wurde der klosternahen Bevölkerung vermittelt. Vom 15. bis Ende des 19. Jahrhunderts setzte, von einzelnen Rückschlägen unterbrochen wie beispielsweise dem 30jährigen Krieg, eine starke Verbreitung des Obstanbaus ein. Gestützt durch Verordnungen und Erlasse der Landesherren kam es zu einer

Abb. 19: Speierling (*Sorbus domestica*). Foto: D. Bönsel.

Abb. 20: Mispel (*Mespilus germanicus*). Foto: D. Bönsel.

wahren „Anbauflut" um die Dörfer, an Wegen und Grenzen. Seinen Höhepunkt erlebte der Streuobstanbau gegen Ende des 19. Jahrhunderts, als er zum Kennzeichen ganzer Landschaften wurde.

In den 1930er Jahren wurden aus Rationalisierungsgründen die ersten Obstbaumrodungen durchgeführt. Nach einer kurzen Renaissance des Obstanbaus nach dem 2. Weltkrieg kam durch den allgemeinen wirtschaftlichen Aufschwung in den 1950er Jahren der Selbstversorgerobstanbau sukzessive zum Erliegen. Erwerbsobstanbau und Handelsklassengebote schwächten die Konkurrenzfähigkeit des Streuobstbaus. Mit Rodungsprämien für Streuobstbestände und durch ersatzlose Vernichtung bei Baumaßnahmen und Flurbereinigungen schritt die Talfahrt des Streuobstbaus bis in die jüngste Vergangenheit rasch voran (Hegemeister 1987, Heimen & Riehm 1987, Hölzinger 1987, Rüblinger 1988, Dreher & Sperber 1989, Stadt Frankfurt am Main 1991, Simon 1992).

In Osten Frankfurts (Berger Hang) etablierte sich der Streuobstbau als Folgenutzung des Weinbaus, der hier im 18. und 19. Jahrhundert betrieben wurde. Die letzten Rebgärten verschwanden erst mit Beginn des 20. Jahrhunderts (Hölzel et al. 1997).

In Frankfurt gehört der zur Most- und Apfelweinherstellung genutzte Apfel (*Malus domestica*) traditionsgemäß zur dominierenden Baumart derartiger Streuobst-Lebensräume. Weitere Arten sind Zwetschge (*Prunus domestica*), Kirsche (*Prunus avium*) und Birne (*Pyrus communis*). Seltener finden sich Walnuss (*Juglans regia*), Speierling (*Sorbus domestica*, Abb. 19), Reineklaude (*Prunus insititia* var. *italica*) sowie Deutsche Mispel (*Mespilus germanicus*, Abb. 20) als Begleiter in den Beständen.

Je nachdem, wie Streuobstbestände angelegt sind, wird in Frankfurt zwischen linienhaften und flächigen Streuobstbeständen unterschieden. Linienhafte Streuobstbestände sind als ein- und zweireihige Obstbaumbestände mit noch typischem Baumreihencharakter definiert (Abb. 21). Flächige Streuobstbestände bestehen dagegen aus mindestens drei Obstbaumreihen.

Nach Erhebungen in den Jahren 1998 bis 2003 nehmen linienhaft ausgebildete Streuobstbestände innerhalb des Frankfurter Stadtgebietes

Abb. 21: Linienhafter Streuobstbestand im Bereich des Heiligenstocks. Foto: D. Bönsel.

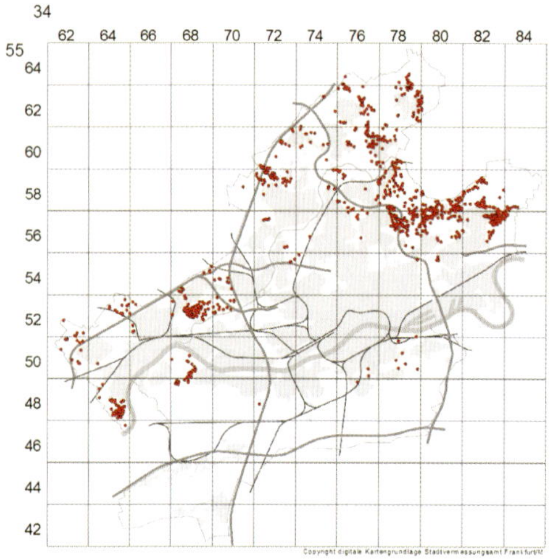

Abb. 22: Vorkommen von Streuobstbeständen im Stadtgebiet. © Kartengrundlage: Stadtvermessungsamt Frankfurt am Main.

eine Fläche von ca. 35,1 ha ein. Dies entspricht einem Anteil von 0,14 % der Stadtfläche. Im selben Zeitraum wurden flächige Streuobstbestände auf einer Fläche von 319,3 ha erfasst. Ihr Anteil an der Stadtfläche beträgt demnach 1,29 %. Der Gesamtanteil von Streuobstbeständen an der Stadtfläche macht 1,43 % aus (Abb. 22).

Streuobstbestände werden weiterhin nach ihrem Unterwuchs bzw. ihrer Unternutzung untergliedert. Man unterscheidet Streuobstbestände mit:

- Unterwuchs: trockenes oder mageres Grünland,
- Unterwuchs: mesophiles Grünland,
- Unternutzung: Intensivgrünland,
- Unternutzung: Acker,
- Unterwuchs: Graslandbrachen, Kraut- oder Staudenfluren,
- Unterwuchs: Gehölze.

Unterwuchs und Unternutzung bringen eine charakteristische Artenzusammensetzung mit sich. Daraus resultiert eine unterschiedliche Bedeutung für den Natur- und Artenschutz. Im Folgenden werden daher die in Frankfurt vorkommenden Streuobsttypen, ihr charakteristisches Arteninventar und ihre Entwicklungstendenzen gesondert besprochen.

Streuobstbestände mit magerem Grünlandunterwuchs sind eher selten. Es wurden lediglich 41 Flächen dieses Biotoptyps erfasst. Sie nehmen innerhalb des Stadtgebietes nur wenig mehr als 20 ha ein und machen damit rund 6 % des Streu-

Abb. 23: Streuobstgebiete im Bereich Heiligenstock, Lohrberg und Berger Hang; rote Flächen = Streuobstbestände.

Abb. 24: Streuobstgebiete im Bereich Sossenheimer Unterfeld; rote Flächen = Streuobstbestände.

obstbestandes aus. Ihr Vorkommen konzentriert sich im Wesentlichen auf den Berger Hang (Abb. 25), einzelne Flächen finden sich zudem am Vilbeler Hang (Berger Nordhang) sowie im Bereich des Heiligenstocks.

Der Unterwuchs ist in diesen Beständen besonders artenreich. Zu den charakteristischen Arten gehören (besonders geschützte Arten fett gedruckt):

- Acker-Glockenblume (*Campanula rapunculoides*)
- Aufrechte Trespe (*Bromus erectus*)
- Echtes Labkraut (*Galium verum*)
- Feld-Hainsimse (*Luzula campestris*)
- Flaumhafer (*Helictotrichon pubescens*)
- Gewöhnlicher Hornklee (*Lotus corniculatus*)
- Gewöhnliches Ferkelkraut (*Hypochaeris radicata*)
- Glatthafer (*Arrhenatherum elatius*)
- Kleine Bibernelle (*Pimpinella saxifraga*)
- **Knöllchen-Steinbrech (*Saxifraga granulata*)**
- Knolliger Hahnenfuß (*Ranunculus bulbosus*)
- Pyramiden-Schillergras (*Koeleria pyramidata*)
- Rapunzel-Glockenblume (*Campanula rapunculus*)
- Rauer Löwenzahn (*Leontodon hispidus*)
- Rotes Straußgras (*Agrostis capillaris*)
- Rot-Schwingel (*Festuca rubra*)
- Rundblättrige Glockenblume (*Campanula rotundifolia*)
- **Sand-Grasnelke (*Armeria maritima* subsp. *elongata*)**
- Schmalblättrige Wicke (*Vicia angustifolia*)
- Schwielen-Löwenzähne (*Taraxacum* sect. *Erythrosperma*)
- Tauben-Skabiose (*Scabiosa columbaria*)
- Wiesen-Labkraut (*Galium album*)
- Wiesen-Salbei (*Salvia pratensis*)

Die Ergebnisse der Jahre 1998–2003 zeigen eine deutliche Gefährdung der Bestände durch Verbuschung sowie aufkommenden Gehölzaufwuchs. Zudem sind zahlreiche Vorkommen dieses Biotoptyps durch Totholzreichtum ausgezeichnet, was wiederum auf eine fehlende Obstbaumpflege bzw. Überalterung vieler Bestände hindeutet.

Abb. 25: Streuobstbestand mit Magerrasenunterwuchs im Flurteil Pohlsberg am Berger Südhang. Foto: D. Bönsel.

Es wurden 372 **Streuobstbestände mit Unterwuchs aus mesophilem Grünland** (Abb. 26) erfasst, die insgesamt 103,55 ha bedecken. Dies sind etwa 30 % des Frankfurter Streuobstbestandes. Mesophiles Grünland ist damit die häufigste Form des Unterwuchses. Die meisten Einzelflächen besitzen nur eine Größe zwischen 500 und 4000 m². Es wurden nur zwölf Bestände

Abb. 26: Streuobstbestand mit Unterwuchs aus mesophilem Grünland in Harheim. Foto: D. Bönsel.

mit einer Größe von jeweils mehr als einem Hektar erfasst.

Das mesophile Grünland ist weniger artenreich als das magere Grünland, jedoch sind die typischen Glatthafer-Wiesen durch ihre Artenzusammensetzung gut charakterisiert. Folgende Arten sind in diesen Beständen regelmäßig anzutreffen:

- Acker-Fuchsschwanzgras (*Alopecurus pratensis*)
- Glatthafer (*Arrhenatherum elatius*)
- Großer Wiesenknopf (*Sanguisorba officinalis*)
- Rot-Klee (*Trifolium pratense*)
- Rundblättrige Glockenblume (*Campanula rotundifolia*)
- Weiß-Klee (*Trifolium repens*)
- Wiesen-Bärenklau (*Heracleum sphondylium*)
- Wiesen-Kerbel (*Anthriscus sylvestris*)
- Wiesen-Margerite (*Leucanthemum ircutianum*)
- Wiesen-Pippau (*Crepis biennis*)
- Wiesen-Schaumkraut (*Cardamine pratensis*)

Viele der erfassten Bestände weisen Bruthöhlen auf. Allerdings sind zahlreiche Bestände durch eine lückige Ausprägung ausgezeichnet, die auf das fehlende Nachpflanzen abgängiger Altbäume zurückgeführt werden kann. Andererseits sind besonders unter den linienhaften Beständen noch zahlreiche sehr junge, so dass sie noch nicht ihre volle Bedeutung als Lebensraum für unterschiedliche Tierarten entwickelt haben. Ferner ist bei einem geringen Prozentsatz der erfassten Bestände eine Verbuschung und damit auch ein Nutzungswegfall festzustellen.

Streuobstbestände mit Intensivgrünland als Unternutzung sind die zweitgrößte Gruppe der Streuobsttypen. Es wurden 366 solcher Bestände erfasst, die zusammen ungefähr 90 ha bedecken und damit über 25 % des gesamten Streuobstbestandes ausmachen.

Das Intensivgrünland ist artenarm. Durch die Dominanz von Gräsern fehlt der farbenprächtige Blühaspekt magerer Wiesen (Abb. 27). Seltene oder bedrohte Pflanzenarten sind hier nicht zu finden. Die charakteristischen Pflanzenarten in solchen Beständen sind:

- Ausdauerndes Weidelgras (*Lolium perenne*)
- Glatthafer (*Arrhenatherum elatius*)
- Weiche Trespe (*Bromus hordeaceus*)
- Wiesen-Bärenklau (*Heracleum sphondylium*)
- Wiesen-Fuchsschwanzgras (*Alopecurus pratensis*)
- Wiesen-Kerbel (*Anthriscus sylvestris*)
- Wiesen-Lieschgras (*Phleum pratense*)
- Wiesen-Löwenzähne (*Taraxacum* sect. *Ruderalia*)
- Wolliges Honiggras (*Holcus lanatus*)

Auch bei dieser Ausprägung des Streuobstes lässt sich der generelle Trend feststellen, dass die Nutzung der Obstgehölze und damit verbunden auch ihre Pflege zurückgeht. Mehr als 100 Bestände wurden als „lückig“ erfasst, da abgestorbene Bäume nicht mehr ersetzt werden. 60 Flächen wurden als Altbaumbestand kartiert. Zudem wurden einige der Flächen für Müll-, Schutt-,

Abb. 27: Streuobstbestand mit Unternutzung Intensivgrünland am Berger Südhang. Foto: D. Bönsel.

Abb. 28: Der Acker-Gauchheil (*Anagallis arvensis*), ein Vertreter der „Unkrautflora". Foto: I. Ottich.

Holz- und andere Ablagerungen benutzt, ebenso wie als Abstellplatz für Container, Baumaterialien etc.

Streuobstbestände auf Äckern sind heute die am seltensten anzutreffende Form der Streuobstnutzung mit nur 30 bekannten Beständen. Diese umfassen zusammen nur knapp 5 ha und machen damit nicht einmal 2 % des Streuobstbestandes in Frankfurt aus.

Die Artenzusammensetzung kann sehr verschieden sein, denn sie hängt natürlich von der Bewirtschaftungsform und -intensität des Ackers ab. Hackfruchtäcker (Kartoffeln, Rüben) weisen eine andere charakteristische „Unkrautflora" auf als Getreideäcker.

Bedauerlicherweise gehören im Frankfurter Stadtgebiet rund ein Fünftel der Streuobstflächen zu den **Streuobstbeständen mit Unterwuchs Graslandbrachen oder hochwüchsigen Kraut- oder Staudenfluren** (Abb. 29). Die insgesamt 277 Flächen umfassen über 65 ha.

Häufig wird der Unterwuchs auf diesen nicht mehr gepflegten Beständen von Brennnesseln oder der aus Nordamerika stammenden Kanadischen Goldrute dominiert. Charakteristische Arten sind:

- Acker-Kratzdistel (*Cirsium arvense*)
- Beifuß (*Artemisia vulgaris*)
- Gewöhnliche Kratzdistel (*Cirsium vulgare*)
- Giersch (*Aegopodium podagraria*)
- Glatthafer (*Arrhenatherum elatius*)
- Große Brennnessel (*Urtica dioica*)
- Kanadische Goldrute (*Solidago canadensis*)
- Kletten-Labkraut (*Galium aparine*)
- Krause Distel (*Carduus crispus*)
- Rainfarn (*Tanacetum vulgare*)
- Weg-Distel (*Carduus acanthoides*)
- Wiesen-Knäuelgras (*Dactylis glomerata*)

Die mangelnde Nutzung des Unterwuchses geht in aller Regel mit einer fehlenden Pflege der Obstgehölze einher. So wurde auch für einen besonders hohen Anteil dieser Flächen im Rahmen der Untersuchungen zwischen 1998 und 2003 angegeben, dass die Bestände lückig seien (abgestorbene Bäume werden nicht ersetzt), dass viel Totholz vorhanden sei, die Bestände bereits verbuschten, keine Pflege mehr stattfände, die Flächen als Lagerplatz verwendet würden, sie verwildert und viele Bestände überaltert seien.

Abb. 29: Brachliegende Streuobstfläche im Bereich des Heiligenstocks. Foto: D. Bönsel.

229 **Streuobstbestände mit stark verbuschtem Unterwuchs** bedecken eine Fläche von rund 70 ha. Das sind fast 20 % der Frankfurter Streuobstbestände. Diese Bestände sind langjährig nicht mehr genutzt und gepflegt worden. Auf das Brachestadium mit Kraut- oder Staudenfluren (siehe oben) folgt die zunehmende Verbuschung. Der offene Charakter der Streuobstwiesen und damit auch ihre Strukturvielfalt schwindet nach und nach, wenn junge Büsche und Bäume nicht mehr entfernt werden. Allmählich verwandelt sich die einstige Streuobstwiese in ein geschlossenes Gehölz (Abb. 31). Typische Arten, die sich zuerst im Unterwuchs der Obstbäume ansiedeln, sind:

- Armenische Brombeere (*Rubus armeniacus*)
- Schlehe (*Prunus spinosa*)
- Schwarzer Holunder (*Sambucus nigra*)
- Weißdorn-Arten (*Crataegus* spp.)
- Wildrosen (*Rosa* spp.)

Kennzeichnend für viele Flächen dieses Streuobsttyps ist ein hoher Anteil an abgestorbenen oder überalterten Bäumen, die nicht mehr durch Nachpflanzungen ersetzt werden, dadurch sind die Bestände häufig bereits lückig.

Abb. 30: Reife Früchte des Schwarzen Holunders (*Sambucus nigra*). Foto: I. Ottich.

Abb. 31: Brachliegende Streuobstfläche, die bereits stark verbuscht ist. Foto: D. Bönsel.

Tiere in Streuobstwiesen

Streuobstbestände bieten je nach Ausprägung einer großen Zahl von Tieren Lebensraum. Die Schätzungen reichen bis weit über 5.000 Tierarten, die Streuobstbestände nutzen. Systematische und damit sehr aufwändige Untersuchungen der Tierwelt verschiedenster Tiergruppen der Frankfurter Streuobstbestände fehlen und es kann lediglich auf Erhebungen zu Teilaspekten zurückgegriffen werden, die im Rahmen der Biotopkartierung oder bei der Ausweisung und Pflegeplanung von Schutzgebieten (Schwanheimer Düne, Berger Hang, Berger Nordhang), also in den besonders großen Beständen, erhoben wurden.

Für die Besiedlung der Streuobstbestände spielen viele Faktoren eine Rolle. Manche Arten nutzen lediglich einen kleinen Teil, z. B. eine Baumhöhle, einen morschen Ast (z. B. Totholzkäfer), andere sind abhängig von der Verfügbarkeit verschiedenster Strukturen, z. B. zur Anlage des Nestes bei der Fortpflanzung, von entsprechenden Ressourcen zur Nahrungssuche und geeigneten Stellen zur Überwinterung. Entsprechend der Vielfalt der Arten sind die Kombinationen der Nutzung der unterschiedlichsten Teillebensräume der Streuobstwiese sehr unterschiedlich ausgeprägt.

Wichtige Faktoren sind die Größe des Bestandes, das Klima, die Bodenart, die Baumarten und deren Zusammensetzung, die Art und Intensität der Nutzung der Unterkultur, das Kleinklima, die Exposition, der Verbund mit anderen Biotoptypen und der Strukturreichtum.

Man kann die unterschiedlichsten Habitattypen im Lebensraum Streuobst unterscheiden und diese immer weiter unterteilen. Folgende Auflistung soll dies nur beispielhaft verdeutlichen und ist keinesfalls vollständig:

Boden
- Wurzeln
- Lückensystem
- gegrabene Gänge und Höhlen

Bodenoberfläche
- abiotische Strukturen
  - Steine
  - Fels
  - Sand
  - Lehm
- Vegetation der Bodenoberfläche
  - Blüten
  - Blätter
  - Stängel
  - Streu

Baum
- Wurzeln
- Stamm
  - Baumhöhle
    - Mulm
- Rinde
- Äste
  - Rinde
  - abgestorbene Äste
    - Höhlen
  - lebende Äste
    - Höhlen
    - Blätter
    - Blüten
    - Früchte

Jede dieser Strukturen hat ihre eigene Artenzusammensetzung bzw. sie bewohnende Spezialisten und ihre Nutzung durch verschiedene Tierarten ist in unterschiedlichem Ausmaß miteinander verknüpft bzw. sie sind auch einzeln nutzbar.

Auch der Raum zwischen den Strukturen wird von der Tierwelt genutzt, z. B. zur Anlage eines Netzes bei den Spinnen und als Jagdraum für Vögel, Fledermäuse, Libellen und andere Arten.

In Frankfurt sind die Streuobstbestände sehr unterschiedlich strukturiert, was sich stark auf die Tierwelt auswirkt. Im Schwanheimer Bereich dominieren ebene, sandige Böden, wohingegen am Berger Hang stellenweise Kalkfelsen zu Tage treten und anderenorts Lößböden vorherrschen.

Typische Säugetiere der Streuobstbestände sind z. B. die Fledermäuse, die, von ihren Tagesquartieren in den Beständen selbst oder auch aus dem Siedlungs- oder Waldbereich kommend, die reich strukturierten Streuobstbestände aufgrund des Insektenreichtums zur Nahrungssuche befliegen. Gerade alte Streuobstbestände bieten mit ihren Höhlenbäumen ein großes Potential an Fledermausquartieren zur Jungenaufzucht und zur Überwinterung. Regelmäßig sind z. B. auch

Abb. 32: Das Eichhörnchen (*Sciurus vulgaris*) gehört zu den zahlreichen Bewohnern von Streuobstwiesen. Foto: A. Malten.

Fuchs, Steinmarder, Eichhörnchen, Spitzmäuse und Igel in Streuobstbeständen zu finden.

Die Vogelwelt von Streuobstgebieten ist besonders artenreich, da hier eine Vergesellschaftung von Arten der offenen Agrarlandschaft, der Gärten, Hecken, Gebüsche und der Waldbereiche zu finden ist. Typische Vertreter dieser Tiergruppe sind Gartenrotschwanz (*Phoenicurus phoenicurus*), Neuntöter (*Lanius collurio*, Abb. 33), Wendehals (*Jynx torquilla*, Abb. 34), Kleinspecht (*Dendrocopos minor*) und ganz besonders der Steinkauz (*Athene noctua*). Sie alle sind noch in den Frankfurter Streuobstwiesen zu finden. Andere sind dagegen hier schon vor längerer Zeit ausgestorben, wie z. B. der Wiedehopf (*Upopa epops*) und der Rotkopfwürger (*Lanius senator*). Aber es gibt auch positive Entwicklungen in der Vogelwelt der Streuobstwiesen. Beispielsweise ist der Grünspecht (*Picus viridis*) in den vergangenen Jahren in Hessen immer häufiger geworden und er besiedelt auch in Frankfurt jeden größeren Streuobstbestand.

Abb. 33: Die Vogelwelt der Streuobstwiesen ist besonders artenreich. Ein typischer Vertreter ist der Neuntöter (*Lanius collurio*). Foto: M. Sattler.

Abb. 34: Auch der bei uns seltene Wendehals (*Jynx torquilla*) bevorzugt strukturreiche Kulturlandschaft wie Streuobstwiesen als Lebensraum. Foto: M. Sattler.

Eine besonders erfreuliche Entwicklung haben die Brutbestände des Steinkauzes in Frankfurt am Main genommen. Nach den schon hohen Zahlen von 54 Brutpaaren im Jahr 2006 und 59 im Jahr 2007 wurden 2008 insgesamt 79 Brutpaare gezählt. Diese positive Entwicklung ist – trotz des faktischen Rückgangs an Streuobstbeständen durch verschiedene Bauprojekte in den letzten Jahren – auf die unermüdliche ehrenamtliche Arbeit der Arbeitsgruppe der Hessischen Gesellschaft für Ornithologie und Naturschutz „HGON-Steinkauzschutz Frankfurt/Main“ (Werner Peter, Ingo Rösler) zurückzuführen, die – finanziell unterstützt durch das Umweltamt der Stadt Frankfurt am Main – zahlreiche Niströhren aufgehängt und die Bestände kontrolliert hat. Sie stellte fest, dass gerade in Jahren mit geringer Kleinsäugerdichte (der Hauptnahrung des Steinkauzes) die Qualität der jeweiligen Standorte für den Bruterfolg des Steinkauzes von entscheidender Bedeutung ist. Gegenüber verwilderten und ungepflegten Streuobstbeständen wurde in beweideten bzw. gemähten Streuobstwiesen ein wesentlich größerer Bruterfolg festgestellt. In verwilderten und ungepflegten Beständen ist für den Steinkauz die Jagd nach Kleinsäugern, Insekten und Regenwürmern viel schwerer, oft auch unmöglich.

Reptilien sind auf Grund der überwiegend extensiven Nutzung in Streuobstbereichen regelmäßig anzutreffen. Weit verbreitet und wahrscheinlich das häufigste Reptil in diesem Biotoptyp ist die Blindschleiche (*Anguis fragilis*, Abb. 35). Sie lebt sehr versteckt und wird wesentlich seltener gesehen als sie in Wirklichkeit ist – was prinzipiell für alle Reptilienarten gilt. Ebenfalls auf den Streuobstflächen weit verbreitet ist die Zauneidechse (*Lacerta agilis*). Sie findet man vorzugsweise an besonnten Stellen. Eher selten sind dagegen Schlangen. Die Ringelnatter (*Natrix natrix*) kommt vor allem dann in Streuobstgebieten vor, wenn sich in der Umgebung Gewässer oder Feuchtflächen befinden, wie das am Berger Hang der Fall ist. Zur Eiablage suchen die Tiere Komposthaufen in Gärten auf, in denen die Eier durch die bei der Verrottung des organischen Materials entstehenden Wärme erbrütet werden. Als zweite Schlangenart findet sich am Berger Hang die Schlingnatter (*Coronella austriaca*), die im Gegensatz zur Ringelnatter lebendgebärend ist.

Abb. 35: Die Blindschleiche (*Anguis fragilis*) ist häufig in Streuobstwiesen anzutreffen. Foto: A. Malten.

Amphibien sind keine typischen Bewohner von Streuobstflächen. Sind jedoch Gewässer in der Nähe, werden auch die angrenzenden Streuobstbestände als Landlebensraum genutzt. Insbesondere die Erdkröte (*Bufo bufo*) nutzt die Strukturen, z. B. am Enkheimer Ried.

Die Vielfalt der Insekten, Spinnen und anderer Wirbellosengruppen ist noch wenig untersucht. Eine Zusammenstellung der zoologischen Daten für das Naturschutzgebiet „Am Berger Hang“ – als einem besonders wertvollen Teil des ausgedehnten Streuobstwiesenkomplexes zwischen Frankfurt und Maintal – erfolgte durch Nawrath (2002). Dort wurden nach Hallmen & Wolf (1993) allein 122 Bienenarten nachgewiesen.

Gefährdung und Schutz

Streuobstbestände wurden innerhalb der letzten 50–60 Jahre landesweit stark dezimiert, so dass die historisch gewachsene Landnutzungsform mit ihrer typischen Artengemeinschaft heute als gefährdet einzustufen ist. Heidt & Huck (1988) schätzen, dass sich die Zahl der Obstbäume in Hessen von 1965 bis heute von ca. 3,5 Millionen auf ca. 1–1,2 Millionen reduziert hat, was einem Rückgang um rund 70 % innerhalb weniger Jahrzehnte gleichkommt. Dies entspricht in etwa auch der Schätzung von Diehl (1986), der den Verlust von Streuobstbeständen in Hessen seit 1951 mit 80 % beziffert. Zu den Hauptgefährdungsursachen, die zur Beeinträchtigung und Zerstörung des Lebensraumtyps führen, zählen aktuell vor allem:

- Siedlungs- und Gewerbegebietserweiterungen,
- Straßenbaumaßnahmen wie Ortsumgehungen und Straßenverbreiterungen,
- Rodung und Umwandlung in Ackerflächen oder Intensivgrünland,
- Umwandlung in fest eingefriedete Kleingartengrundstücke und Wochenendkolonien,
- Fehlende Erhaltungsmaßnahmen (Obstbaum-

schnitt, Nachpflanzung abgängiger Altbäume) infolge mangelnden Nutzungsinteresses, die zu Überalterung und Absterben des Obstbaumbestandes führen,

- Aufgabe der Unternutzung (mittelfristige Verbuschungs- und Verwaldungstendenz),
- Ersatz und Durchmischung von Streuobstbeständen durch/mit Intensiv-Obstkulturen,
- Beseitigung von Kleinstrukturen wie Holzhaufen, Rainen, Hecken und Totholz (Verlust der Lebensraumvielfalt),
- Obstbaumkrankheiten wie Krebsbefall, Birnengitterrost, Valsa- und Monilia-Kranheit.

Auch im Stadtgebiet von Frankfurt sind Streuobstbestände in den letzten Jahrzehnten insbesondere durch Siedlungserweiterungen, Straßenbau sowie Umwandlung in Acker- oder Intensivgrünland reduziert worden. Besonders die Streuobstgürtel in Siedlungsnähe fielen und fallen immer noch neuen Baugebieten zum Opfer. Als Beispiele für zukünftige Siedlungserweiterungen auf Kosten von Streuobstflächen seien der Berger Nordring, die Leuchte, die Riedbergbebauung sowie geplante Baugebiete bei Harheim und Bonames anzuführen. Obstbaumreihen und Obstbaumalleen wurden und werden zusätzlich durch Straßenausbau reduziert. Auf diese Weise dürfte sich der Anteil historisch gewachsener Streuobstflächen im Stadtgebiet nach unserer Einschätzung in den letzten 50–60 Jahren um ca. ein Drittel verringert haben. Auf der anderen Seite versucht man durch die Neuanlage von Streuobst im Zuge von Ausgleichsmaßnahmen einen ökologischen Ersatz zu schaffen, der jedoch durch die anfangs nur geringe Biodiversität erst nach Jahrzehnten zum Tragen kommt.

Zu den Hauptgefährdungsfaktoren der im Zeitraum zwischen 1998 und 2003 erfassten Streuobstflächen zählt in erster Linie die Nutzungsaufgabe. Weit mehr als 35 % der Streuobstflächen in Frankfurt sind dadurch gefährdet. Hierbei nicht berücksichtigt ist der Pflegezustand der Obstbäume in den übrigen Streuobsttypen, so dass der Anteil der gefährdeten Bestände noch deutlich höher liegen dürfte. So ermittelten Hölzel et al. (1999) am Beispiel des Berger Nordhanges, dass dort nur an 16 % der Obstbäume eine sachgerechte Pflege vorgenommen wird. Das Gros der Bäume (64 %) wird dagegen nur noch gelegentlich geschnitten und weist deutliche Pflegedefizite auf, 20 % sind bereits seit längerem völlig ungepflegt.

Brachliegende und zunehmend durch Verbuschung gekennzeichnete Streuobstbestände (Abb. 36) sind in allen klassischen Obstanbaugebieten Frankfurts zu beobachten und ihr Anteil nimmt stetig zu. Sie finden sich überall dort, wo sich die Landwirtschaft auf dem Rückzug befindet bzw. in Gegenden, wo das Nutzungsinteresse durch bevorstehende Bautätigkeit zum Erliegen gekommen ist. Nach Beobachtungen im Rahmen der aktuell stattfindenden Revisionskartierung ist die Zunahme verbrachten und verbuschten Streuobstes im Sossenheimer Unterfeld, im Schwan-

Abb. 36: Brachgefallener, Brennnessel-durchsetzter Streuobstbestand am Heiligenstock. Foto: D. Bönsel.

heimer Feld, im Bereich Niederursel sowie zwischen Preungesheim und Bergen-Enkheim besonders auffällig. Sollte hier nicht kurzfristig gegengesteuert werden, dürfte sich das Erscheinungsbild dieser „Stadtlandschaften“ in den nächsten Jahren gravierend verändern.

Streuobstbestände im Außenbereich gehören zu den geschützten Lebensräumen nach § 31 HENatG, d. h. eine Zerstörung oder eine sonstige erhebliche Beeinträchtigung dieses Biotoptyps ist nach derzeitiger Gesetzeslage verboten. Von den kartierten, rund 354 ha Fläche umfassenden, linienhaften und flächigen Streuobstbeständen Frankfurts wurden 281,3 ha (79,5 %) als geschützt eingestuft.

Auch hinsichtlich der Flora-Fauna-Habitat-Richtlinie der EU sind Streuobstbestände von naturschutzfachlicher Bedeutung, da es ein wesentliches Ziel der FFH-Richtlinie ist, einen günstigen Erhaltungszustand der natürlichen Lebensraumtypen zu bewahren beziehungsweise wiederherzustellen. Nach Artikel 11 der Richtlinie sind die Mitgliedstaaten verpflichtet, im Rahmen der Berichtspflicht nicht nur Daten über FFH-Lebensraumtypen in FFH-Gebieten, sondern repräsentative Daten über den jeweiligen Erhaltungszustand insgesamt, d. h. auch außerhalb von FFH-Gebieten, zur Verfügung zu stellen (Kommission der Europäischen Gemeinschaft 1997). Im Bereich der Frankfurter Streuobstbestände sind insbesondere zwei Lebensraumtypen des Anhangs I der FFH-Richtlinie anzuführen, die im Unterwuchs der Obstbäume auftreten. Es handelt sich um die LRT (*)6212 (Submediterrane Halbtrockenrasen) und LRT 6510 (Magere Flachland-Mähwiesen), die vor allem im Streuobstgebiet Berger Hang nachgewiesen wurden. 91,6 ha der Streuobstbestände verfügen über einen derartigen erhaltenswerten Unterwuchs. Dies entspricht einem Flächenanteil von etwa 26 %.

Der vergleichsweise junge Biotoptyp Streuobst weist weniger Merkmale in sich geschlossener Ökosysteme auf als andere Lebensraumtypen, was eine Zuordnung zu bestimmten Lebensgemeinschaften (biozönotische Klassifikation) schwierig bzw. wenig sinnvoll erscheinen lässt. Seine Bedeutung leitet sich daher stärker von artbezogenen, landschaftsökologischen und kulturellen als von biozönosebezogenen Kriterien ab (Kornprobst 1994). Wesentliche, aus naturschutzfachlicher Sicht bedeutsame und wertgebende Funktionen von Streuobstbeständen sind:

1. Erhaltung von Pflanzenarten

Streuobstbestände sind vielerorts letzte Rückzugsgebiete geschützter sowie seltener und gefährdeter Pflanzenarten. Zu den in Frankfurter Streuobstgebieten auftretenden Pflanzenarten mit naturschutzfachlicher Bedeutung gehören die nach BNatSchG besonders geschützten Arten Sand-Grasnelke (*Armeria elongata*, Abb. 37),

Abb. 37: Sand-Grasnelke (*Armeria elongata*). Foto: D. Bönsel.

Knöllchen-Steinbrech (*Saxifraga granulata*), Feldmannstreu (*Eryngium campestre*), diverse Orchideenarten wie beispielsweise Helm-Knabenkraut (*Orchis militaris*), Mücken-Händelwurz (*Gymnadenia conopsea*), Großes Zweiblatt (*Listera ovata*) u. a.

Frühjahrsgeophyten wie z. B. Gelbsternarten (*Gagea* spp.), die früher deutlich häufiger waren, finden sich heute im Stadtgebiet nur noch in Parks und Grünanlagen sowie in Streuobstlebensräumen, wo sie bevorzugt unter den Baumkronen siedeln. Auch für einige seltenere epiphytische Pflanzenarten sind die lockeren Obstbaumbestände von Bedeutung. So wachsen u. a. auf Apfelbäumen die Laubholzmistel (*Viscum album*, Abb. 38) sowie zahlreiche Krusten- und Blattflechten, die zudem wichtige Bioindikatoren zur Beurteilung der Luftverschmutzung sind.

2. Erhaltung von Tierarten
Eine ganz besondere Bedeutung hat dieser Lebensraumtyp für den Schutz des streng geschützten Steinkauzes, da dieser bei uns weitgehend an Streuobst gebunden ist. Gleichzeitig beherbergen die Frankfurter Streuobstbestände

Abb. 38: Junge Exemplare der Laubholz-Mistel (*Viscum album*) am Ast eines Kultur-Apfels. Foto: D. Bönsel.

Abb. 39: Durch Streuobst strukturierte Landschaft des Berger Südhanges. Foto: D. Bönsel.

ein artenreiches Inventar geschützter, gefährdeter und seltener Arten aus vielen Tiergruppen von den Fledermäusen über die Reptilien bis hin zu den Insekten und Spinnentieren.

3. Erhaltung von Lebensgemeinschaften
Im Stadtgebiet besitzt der Lebensraumtyp insbesondere auch Erhaltungsfunktion für magere Grünlandlebensgemeinschaften, wie sie insbesondere im Bereich Heiligenstock und Berger Hang anzutreffen sind. Dabei handelt es sich einerseits um extensive, blütenreiche Salbei-Glatthaferwiesen, die überwiegend einer Mähnutzung unterliegen, andererseits um untergrasreiche magere Weiden, deren Bild durch Vorkommen des Rotschwingels und des Kammgrases geprägt ist.

4. Klimaausgleich
Streuobstgürtel haben einen ausgleichenden Einfluss auf das Lokalklima. Positive Effekte sind u. a. die Verringerung der Windgeschwindigkeit durch die Erhöhung der Oberflächenrauigkeit, die Milderung der Tag/Nacht-Temperaturschwankungen, eine Luftverbesserung sowie eine Erhöhung der Luftfeuchtigkeit durch die Transpiration der Bäume (vgl. Kornprobst 1994).

Abb. 40: Grünland ist ein prägendes Landschaftselement. Foto: A. Malten.

5. Boden- und Wasserschutz
Der Lebensraumtyp besitzt eine nicht zu unterschätzende Funktion in Bezug auf Bodenerosion. Sowohl durch ihre Kronen als auch durch den Unterwuchs und das Baumwurzelsystem können Streuobstbestände Bodenerosion abmildern bzw. verhindern.

6. Landschaftsbild und Erholung
Streuobstbestände sind entscheidende Träger landschaftlicher Eigenart, die dem Menschen, der in einer bestimmten Landschaft lebt, zu räumlicher Identifikation verhilft. Eine durch Streuobstwiesen strukturierte Landschaft wird in der Regel als schön empfunden und zu Erholungszwecken genutzt. Durch die Pflanzen- und Tierartenvielfalt kommt zudem ein Erlebniswert hinzu.

Grünland – Viel mehr als „nur" Gras

Grünlandflächen sind ein prägendes Landschaftselement in unserer Region (Abb. 40). Das war nicht immer so, denn die Wiesen und Weiden, wie wir sie heute kennen, sind das Ergebnis jahrtausendelanger Nutzung und Bewirtschaftung durch den Menschen einerseits und der Reaktion der Natur auf diese Nutzung andererseits. Viel stärker als bei unseren anderen Kulturlandschaften – Äckern und Wäldern – prägen im Grünland die vielfältigen Reaktionen der Natur das Bild.

Das Ökosystem Grünland ist von regelmäßiger Nutzung in Form von Mahd oder Beweidung (Abb. 41) abhängig. Andernfalls kommen recht bald Keimlinge von Gehölzen auf, das Grünland

Abb. 41: Beweidung ist eine der traditionellen Nutzungsformen des Grünlands. Rinderweide in Frankfurt-Schwanheim. Foto: I. Ottich.

verbuscht, so wie es auch beim Unterwuchs in nicht gepflegten Streuobstbeständen geschieht. Eine zu intensive Nutzung kann jedoch auch zu einer Verarmung, also zu einer Herabsetzung der Artenzahlen im Grünland führen.

Die ursprüngliche Form der Grünlandnutzung war ausbeutend. Es wurde genommen, was die Natur hergab. Diese Form der Nutzung konnte natürlich nur so lange funktionieren, wie man das Grünland weitläufig nutzte, etwa einige wenige Tiere auf einer sehr großen Fläche grasen ließ. Diese weitläufige Nutzung wird als extensiv bezeichnet.

Insbesondere in den letzten 200 Jahren entwickelte sich die intensive Grünlandnutzung. Sie wurde möglich, nachdem man standortverbessernde Maßnahmen, so genannte Meliorationen, einführte. Dazu gehören beispielsweise Regulierungen des Wasserstandes und Düngung sowie das Einbringen von besonders produktiven Pflanzenarten und geregelte Abläufe der Mahd- und Weidenutzung (Dierschke & Briemle 2002).

Das Ergebnis dieser Bewirtschaftung ist das Ökosystem Kulturgrasland, wie wir es kennen.

Je nach den Gegebenheiten am Standort unterscheidet man verschiedene Typen des Grünlandes, da sich diese Standortbedingungen sehr stark auf die Artenzusammensetzung auswirken. Diese Grundtypen des Grünlandes werden dann in der Regel nach dem Grad ihrer Nutzung weiter unterteilt. Die Grundtypen sind:

- Grünland frischer Standorte,
- Grünland wechselfeuchter Standorte,
- Grünland feuchter bis nasser Standorte.

Ähnlich wie bei den verschiedenen Typen des Streuobstes haben auch die Grünlandtypen eine jeweils charakteristische Artenzusammensetzung, was auch hier zu einer unterschiedlichen Bewertung für den Natur- und Artenschutz führt. Daher werden im Folgenden auch die Grünlandtypen und ihr Vorkommen in Frankfurt näher beschrieben.

Die häufigste Form des Grünlandes in Frankfurt ist das **Grünland auf frischen Standorten.** Darunter fallen Wiesen und Weiden sowie noch grünlandartige Brachestadien auf frischen oder höchstens leicht wechselfeuchten Standorten. Die Bodenqualität reicht von nährstoffarm bis nährstoffreich. Die Nutzung erfolgt i. d. R. als zwei-, seltener

Abb. 42: Gräben im Grünland bei Nieder-Eschbach. Foto: A. Malten.

auch ein- oder dreischürige Wiese, Weide oder auch als Mähweide.

Insgesamt wurden 1240 Flächen des Frischgrünlandes kartiert. Sie umfassen rund 500 ha und machen damit ca. 2 % der gesamten Stadtfläche aus.

Je nach Nutzungsintensität kann man das Frischgrünland weiter untergliedern in:

- extensiv genutzte, meist artenreiche Bestände,
- intensiv genutzte, eher artenarme Bestände,
- brachliegende Bestände.

Nur 224 Flächen, die zusammen rund 85 ha ausmachen und damit einen Anteil von 0,34 % an der Stadtfläche haben, sind dem extensiv genutzten Grünland zuzurechnen. Sie konzentrieren sich auf den Berger Nord- und Südhang sowie den Heiligenstock. Kleinere Vorkommen befinden sich im Bereich der Schwanheimer Wiesen sowie im Sossenheimer Unterfeld.

Die extensiv genutzten Flächen sind krautreich und werden von so genannten „Unter- und Mittelgräsern“ geprägt. Wiesen-Salbei, verschiedene Glockenblumen (Abb. 43), Knöllchen-Steinbrech und zahlreiche weitere Kräuter sorgen für abwechslungsreiche Blühaspekte im Frühjahr und Sommer.

Zu den charakteristischen Pflanzenarten im extensiv genutzten Frischgrünland gehören:

- Acker-Glockenblume (*Campanula rapunculoides*)
- Aufrechte Trespe (*Bromus erectus*)
- Feld-Simse (*Luzula campestris*)
- Flaumhafer (*Helictotrichon pubescens*)
- Gewöhnlicher Hornklee (*Lotus corniculatus*)
- Gewöhnliches Ferkelkraut (*Hypochaeris radicata*)
- Kleine Bibernelle (*Pimpinella saxifraga*)
- Knöllchen-Steinbrech (*Saxifraga granulata*)
- Knolliger Hahnenfuß (*Ranunculus bulbosus*)
- Pyramiden-Schillergras (*Koeleria pyramidata*)
- Rapunzel-Glockenblume (*Campanula rapunculus*)
- Rauer Löwenzahn (*Leontodon hispidus*)
- Rotes Straußgras (*Agrostis capillaris*)
- Rot-Schwingel (*Festuca rubra*)
- Rundblättrige Glockenblume (*Campanula rotundifolia*)
- Schmalblättrige Wicke (*Vicia angustifolia*)
- Schwielen-Löwenzähne (*Taraxacum* sect. *Erythrosperma*)
- Tauben-Skabiose (*Scabiosa columbaria*)
- Wiesen-Salbei (*Salvia pratensis*)

Erwartungsgemäß macht das intensiv genutzte, artenarme Grünland leider den Löwenanteil der Grünlandflächen im Stadtgebiet aus. 766 Bestände, die eine Gesamtfläche von rund 355 ha bedecken und damit einen Anteil von rund 1,43 % an der Gesamtfläche des Stadtgebietes haben, wurden als Intensivgrünland auf frischen Standorten kartiert.

Abb. 43: Rundblättrige Glockenblume (*Campanula rotundifolia*). Foto: D. Bönsel.

Abb. 44: Glatthafer (*Arrhenatherum elatius*). Foto: I. Ottich.

Das Intensivgrünland, das infolge von häufiger Mahd und Düngung entstanden ist, weist gegenüber den extensiv genutzten Beständen eine deutliche Artenverarmung auf. Es wird von so genannten „Obergräsern“, also kräftigen, hochwüchsigen Grasarten dominiert (Abb. 44). Der einstige Blütenreichtum ist nicht selten durch den Blühaspekt der Wiesen-Löwenzähne ersetzt worden. Charakteristische Arten des intensiv genutzten Grünlandes auf frischen Standorten sind:

- Ausdauerndes Weidelgras (*Lolium perenne*)
- Glatthafer (*Arrhenatherum elatius*)
- Weiche Trespe (*Bromus hordeaceus*)
- Wiesen-Bärenklau (*Heracleum sphondylium*)
- Wiesen-Fuchsschwanzgras (*Alopecurus pratensis*)
- Wiesen-Kerbel (*Anthriscus sylvestris*)
- Wiesen-Lieschgras (*Phleum pratense*)
- Wiesen-Löwenzähne (*Taraxacum* sect. *Ruderalia*)
- Wolliges Honiggras (*Holcus lanatus*)

Werden Bestände aus der Nutzung genommen, wandern Saum- und Ruderalarten ein. Der durch die fehlende Mahd oder Beweidung entstehende Altgrasfilz kennzeichnet die Flächen, auch wenn häufig die hochwüchsigen Obergräser noch dominieren.

250 Flächen (rund 60 ha und damit 0,24 % der Stadtfläche) liegen brach.

Beim **Grünland wechselfeuchter Standorte** handelt es sich um ungedüngte, ein- bis zweischürig gemähte bzw. extensiv beweidete Grünlandgesellschaften auf wechselfeuchten bis wechselnassen, nährstoffarmen Standorten.

Im Frankfurter Stadtgebiet wurden lediglich 42 solcher Grünlandbestände kartiert. Diese umfassen eine Gesamtfläche von 15,58 ha, was einem Anteil von nur 0,05 % an der Stadtfläche entspricht.

Zudem tritt dieser Biotoptyp im Stadtgebiet nur in stark fragmentierten Ausbildungen auf, d. h. die für wechselfeuchte Standorte charakteristischen Pfeifengraswiesen im engeren pflanzensoziologischen Sinne existieren faktisch nicht. Es kann

Abb. 45: Wiesen-Löwenzahn (*Taraxacum* sect. *Ruderalia*). Foto: I. Ottich.

Abb. 46: Früchte des Wiesen-Bärenklaus (*Heracleum sphondylium*). Foto: I. Ottich.

davon ausgegangen werden, dass diese Form des Grünlands in Frankfurt schon immer am seltensten gewesen ist, aber dennoch im 19. Jh. noch bedeutend häufiger vorkam. Nach der Kartierung von Knapp (1950/51) scheint wechselfeuchtes Grünland jedoch bereits um die Mitte des 20. Jh. stark rückläufig gewesen zu sein.

Bei den im Rahmen der Biotopkartierung 1998–2003 erfassten Beständen handelt es sich ausschließlich um verarmtes Auengrünland, das von den Wechselfeuchtezeigern Großer Wiesenknopf (*Sanguisorba officinalis*) oder Wiesensilge (*Silaum silaus*) geprägt und pflanzensoziologisch der Wiesenknopf-Silgenwiese zuzuordnen ist. Weitere charakteristische Arten sind:

- Bleiche Segge (*Carex pallescens*)
- Heil-Ziest (*Betonica officinalis*)
- Knollige Spierstaude (*Filipendula vulgaris*)
- Knäuel-Binse (*Juncus conglomeratus*)
- Knollige Kratzdistel (*Cirsium tuberosum*)
- Kümmel-Silge (*Selinum carvifolium*)
- Pfeifengras (*Molinia caerulea*)
- Teufelsabbiss (*Succisa pratensis*)
- Wirtgens Labkraut (*Galium wirtgenii*)

In den letzten Jahren lässt sich in verstärktem Maße eine Entwicklung vieler Bestände hin zu wechselfeuchten Glatthafer-Wiesen beobachten.

In vielen Grünlandbeständen auf wechselfeuchten Standorten ist infolge von Nutzungsintensivierung bereits eine Verarmung der Artenvielfalt eingetreten. Häufig sind auch Störungszeiger wie Krauser Ampfer (*Rumex crispus*) und Stumpfblättriger Ampfer (*Rumex obtusifolius*) vorhanden.

Das **Grünland feuchter bis nasser Standorte** kann recht unterschiedlich ausgeprägt sein. Dazu gehören Weiden oder ein- bis zweischürige Mähwiesen auf mittleren bis nährstoffreichen Standorten, aber auch brachliegende Bestände und so genannte Flutrasen über verdichteten

Abb. 47: Der Teufelsabbiss (*Succisa pratensis*) ist in wechselfeuchtem Grünland zu finden. Foto: D. Bönsel.

Bodensenken. Man unterscheidet daher je nach Ausprägung vier Typen:

- extensiv genutzte, meist artenreiche Feucht- bis Nasswiesen,
- intensiv genutzte, artenarme Feucht- und Nasswiesen,
- brachliegende Bestände,
- Flutrasen-Bestände.

Innerhalb des Frankfurter Stadtgebietes spielen Feucht- und Nasswiesen heute nur eine untergeordnete Rolle. Es wurden 60 Bestände mit einer Gesamtfläche von 13,57 ha erfasst. Das sind nur ca. 0,05 % der Stadtfläche.

Zu den charakteristischen Pflanzenarten der Feucht- und Nasswiesen gehören:

- Flatter-Binse (*Juncus effusus*)
- Gewöhnlicher Hornklee (*Lotus uliginosus*)
- Großer Wiesenknopf (*Sanguisorba officinalis*)
- Kuckucks-Lichtnelke (*Silene flos-cuculi*)
- Scharfkantiges Sumpf-Vergissmeinnicht (*Myosotis nemorosa*)
- Sumpfdotterblume (*Caltha palustris*)
- Sumpf-Pippau (*Crepis paludosa*)
- Sumpf-Vergissmeinnicht (*Myosotis scorpioides*)
- Traubige Trespe (*Bromus racemosus*)
- Wald-Engelwurz (*Angelica sylvestris*)
- Wasser-Greiskraut (*Senecio aquaticus*)

Abb. 48: Sumpfdotterblume (*Caltha palustris*) im Grünland. Foto: A. Malten.

Abb. 49: Großer Wiesenknopf (*Sanguisorba officinalis*) im Sossenheimer Unterfeld. Foto: I. Ottich.

Charakteristische Arten der stickstoffliebenden Flutrasen sind:

- Brennender Hahnenfuß (*Ranunculus flammula*)
- Knick-Fuchsschwanzgras (*Alopecurus geniculatus*)
- Kriechender Hahnenfuß (*Ranunculus repens*)
- Weißes Straußgras (*Agrostis stolonifera*)

Feucht- und Nasswiesen beschränken sich im Wesentlichen auf Auenlagen sowie quellnasse Standorte. In früherer Zeit war Feuchtgrünland innerhalb der Auen von Main und Nidda jedoch weiter verbreitet (vgl. Knapp 1950/51). Auch die häufigen Angaben von Feuchtwiesenarten aus älteren Floren im heute bebauten Bereich (z. B. bei Becker 1827, Fresenius 1832/33) lassen auf große Verluste dieses Habitats besonders im vergangenen Jahrhundert schließen.

Durch die Gewässerregulierung und die Intensivierung der Landwirtschaft verbunden mit Meliorationen, Düngung und Vielschnitt sind viele der ehemaligen Bestände in hochproduktives Wirtschaftsgrünland umgewandelt worden.

Die heute noch vorhandenen Reliktvorkommen sind meist verarmt. Bei den im Rahmen der Kartierung erfassten Beständen handelt es sich ausschließlich um rudimentäre Bestände, die meist von einzelnen Pflanzenarten beherrscht werden. Am Bestandsaufbau häufig beteiligt sind Großseggen (wie *Carex acuta* oder *Carex acutiformis*) sowie Röhrichtarten (wie *Phalaris arundinacea*). Stichprobenuntersuchungen im Jahre 2005 ergaben, dass viele der erfassten Bestände in jüngster Vergangenheit brachgefallen sind, so dass sich die ermittelte Biotopfläche mittlerweile weiter verringert haben dürfte. Die Entwicklung dieser brachgefallenen Bestände führt zu Feuchtbrachen und Hochstaudenfluren.

Dominierende Arten der erfassten Bestände sind:

- Kohl-Kratzdistel (*Cirsium oleraceum*)
- Rohr-Glanzgras (*Phalaris arundinacea*)
- Schlank-Segge (*Carex acuta*)
- Sumpf-Segge (*Carex acutiformis*)
- Wald-Simse (*Scirpus sylvaticus*)
- Zweizeilige Segge (*Carex disticha*)

Tierwelt im Grünland

Vögel sind in den Grünlandflächen hauptsächlich zur Nahrungssuche anzutreffen. Mäusebussard (*Buteo buteo*), Turmfalke (*Falco tinnunculus*) oder Drosseln (*Turdus* div. spec.) brüten in der Regel in den in der Nähe liegenden Gebüsch- und Baumbeständen. Brutvögel im Grünland selbst können Rohrammer (*Emberiza schoeniclus*) und Feldlerche (*Alauda arvensis*) sein. In angrenzenden oder eingestreuten Hochstaudenfluren ist der Sumpfrohrsänger (*Acrocephalus palustris*) typisch. Artenreicher ist die Insektenfauna. Typische Tagfalterarten sind z. B. der Blauschwarze Ameisenbläuling (*Maculinea nausithous*, Abb. 50), der seine Eier in den Blütenköpfchen des Großen Wiesenknopfes (*Sanguisorba officinalis*) ablegt und der Schwalbenschwanz (*Papilio machaon*, Abb. 51), dessen Raupe an Doldenblütlern frisst.

Im Sommer sind die Heuschrecken die beherrschende Tiergruppe. Abhängig von Bodenfeuchte und Nutzungsintensivität kann hier eine artenreiche Heuschreckenfauna vorkommen. In den feuchteren Bereichen ist die Sumpfschrecke (*Stethophyma grossum*, Abb. 52) anzutreffen, wohingegen der Wiesengrashüpfer (*Chorthippus dorsatus*) auch die trockenen Bereiche besiedelt.

Die früher in feuchten und nassen Wiesen charakteristischen Arten wie Kiebitz (*Vanellus vanellus*), Bekassine (*Gallinago gallinago*) oder Wiesenpieper

Abb. 50: Der Blauschwarze Ameisenbläuling (*Maculinea nausithous*) ist in seinem Lebenszyklus eng an den Großen Wiesenknopf (*Sanguisorba officinalis*) gebunden. Foto: A. Malten.

Abb. 51: Der auffällige Schwalbenschwanz (*Papilio machaon*) gehört zu den Tagfalterarten im Grünland. Foto: A. Malten.

(*Anthus pratensis*) sind heute weitgehend verschwunden oder haben sich – wie der Kiebitz – auf angrenzende Ackerflächen zurückgezogen. Als Durchzügler und Gäste sind diese Arten und zudem noch Zwergschnepfe (*Lymnocryptes minimus*) und Schafstelze (*Motacilla flava*) zur Nahrungssuche anzutreffen. Vielfach entstehen Vertiefungen (z. B. durch Wühltätigkeit der Wildschweine oder Wagenspuren), in denen lange Zeit im Frühjahr das Wasser steht. Viele dieser Standorte sind Laichplätze für den Grasfrosch (*Rana temporaria*). In den im Frühjahr nur lückig bewachsenen Feuchtflächen sind die Säbeldornschrecke (*Tetrix subulata*) und die Sumpfschrecke (*Stethophyma grossum*) regelmäßig zu finden. In den brachliegenden oder von Seggen dominierten Bereichen findet man die in Frankfurt seltene Kurzflügelige Schwertschrecke (*Conocephalus dorsalis*) sowie die Langflügelige Schwertschrecke (*Conocephalus fuscus*). Aufgrund der hohen Feuchtigkeit ist in diesem Wiesentyp eine ganz andere Wirbellosenfauna auf der Bodenoberfläche anzutreffen. Es finden sich dort z. B. Wolfsspinnen der Gattung *Pirata* und von den Laufkäfern die hygrophilen *Bembidion*-Arten, *Chlaenius nigricornis* und Arten der Gattung *Elaphrus*.

Gefährdung und Schutz

Zwar ist auch die extensiv genutzte Frischwiese ein von Menschen geschaffenes und gepflegtes Biotop, doch gehören ungedüngte Frischwiesen zu den artenreichsten Lebensräumen Mitteleuropas. In Probeflächen von nur 25 m² können bis zu 60 Arten Höherer Pflanzen gefunden werden!

In den 1960er und verstärkt in den 1970er Jahren hat eine Monotonisierung unseres Kulturgraslandes eingesetzt (Dierschke & Briemle 2002). In den meisten Bereichen wurden die traditionellen Bewirtschaftungsformen von der modernen Landwirtschaft mit Vielschnitt und Düngung abgelöst. Dadurch gingen regionale und lokale Unterschiede verloren, die moderne Nutzungsform führte zu einer Standort-Nivellierung. Durch Vielschnitt und Düngung werden hochwüchsige Obergräser gefördert, so dass der Artenreichtum der früher extensiv genutzten Wiesen verschwindet.

So ist in Frankfurt wie anderswo das artenreiche Extensivgrünland auf dem Rückzug. Auch die noch unter diesem Biotoptyp erfassten Bestände sind nicht mehr alle im besten Zustand. Einige weisen bereits eine Tendenz zur Artenverarmung auf. Die wertvollsten heute noch erhaltenen Bestände von Extensivgrünland befinden sich am Berger Hang und am Heiligenstock.

Wechselfeuchtes Grünland zählt aufgrund seiner Anfälligkeit gegenüber Düngung und Eutrophierung zu den am stärksten gefährdeten Lebensgemeinschaften Deutschlands und hat in den vergangenen Jahrzehnten massive qualitative und quantitative Einbußen erlitten. Die im Stadtgebiet von Frankfurt anzutreffenden Bestände sind bereits größtenteils degradiert. Aufgrund veränderter Standort- und Nutzungsverhältnisse ist zu befürchten, dass sie in naher Zukunft vollständig verschwinden und sich zu (wechselfeuchten) Glatthaferwiesen entwickeln werden.

Wenngleich der Zustand der meisten erfassten Wiesenknopf-Silgenwiesen nicht mehr als optimal einzustufen ist, muss ihre Erhaltung und Entwicklung dennoch ein Ziel des Naturschutzes sein, denn diese Pflanzengesellschaft zählt landes- und bundesweit zu den gefährdeten Phytozönosen (Bergmeier & Nowak 1988, Rennwald 2000). Hierbei sollte besonderes Augenmerk auf die aktuell hochwertigsten Bestände gelegt werden, die sich im Bereich der Niddaaue südlich Bonames sowie in der Erlenbachaue südlich Nieder-Erlenbach befinden. Eine langfristige Sicherung der Bestände erfordert eine extensive zweischürige Wiesennutzung ohne zusätzliche Düngung, die über Pflege- bzw. Bewirtschaftungsverträge mit den Nutzern gewährleistet werden könnte.

Feuchtgrünland zählt mit zu den stark gefährdeten Lebensgemeinschaften im Frankfurter Stadtgebiet. Durch die Intensivierung der Grünlandwirtschaft seit Mitte des letzten Jahrhunderts mit Vielschnitt sowie standortverbessernden Maßnahmen wie Düngung und Melioration hat der Lebensraumtyp in den vergangenen Jahrzehnten massive qualitative und quantitative Einbußen erlitten. Die aktuell noch vorhandenen Bestände sind bereits größtenteils stark degradiert. Viele Arten sind bereits verschwunden. Häufig zu beobachtender Nutzungswegfall deutet darauf hin, dass in naher Zukunft weitere Feuchtwiesen zugunsten von Feuchtbrachen, Hochstaudenfluren und Großseggenrieden verschwinden werden.

Feuchtwiesen unterliegen dem gesetzlichen Schutz des HENatG und BNatSchG. Gut ausgebildete Bestände verfügen über ein reichhaltiges Inventar an seltenen und rückläufigen Arten. Ihr Schutz ist umso wichtiger, als sie nicht Bestandteil des Anhangs I der FFH-Richtlinie sind und somit auch nicht über FFH-Gebietsmanagement erhalten werden können. Erhaltungs- und Förderungsmaßnahmen sollten sich auf die aktuell hochwertigsten Bestände konzentrieren. Sie befinden sich u. a. in der Erlenbachaue südlich Nieder-Erlenbach, in der Niddaaue bei Eschersheim sowie im Bereich des Sossenheimer Unterfeldes. Eine langfristige Sicherung der Bestände setzt eine extensive zweischürige Wiesennutzung ohne zusätzliche Düngung voraus, die über Pflege- bzw. Bewirtschaftungsverträge mit den Nutzern gewährleistet werden könnte. Zur Förderung erscheint es zudem sinnvoll, einige der artenreicheren Feuchtbrachen, wie sie entlang der A 66 im Sossenheimer Unterfeld zu finden sind, wieder in eine regelmäßige Nutzung zu überführen.

Abb. 52: Die Sumpfschrecke (*Stethophyma grossum*) ist in den feuchteren Bereichen des Grünlandes anzutreffen. Foto: A. Malten.

Abb. 53: Blütenreicher Magerrasen am Berger Nordhang. Foto: M. Sattler.

Magerrasen und Heiden – Die bunten Kleinode

Wie das Grünland sind auch Magerrasen und Heiden infolge der zunehmenden Entwaldung während der letzten Jahrtausende entstanden. Mit der Schaffung von Freiflächen veränderten sich die mikroklimatischen Bedingungen. Gegenüber dem halbwegs ausgeglichenen feucht-kühlen Klima der Wälder schwanken Temperatur und Feuchtigkeit im Offenland stärker. Ohne die ausgleichende Wirkung der Wälder können die Sommer trockener und wärmer, die Winter aber wesentlich kälter sein als zuvor.

Das Klima auf waldfrei gewordenen Flächen ähnelt daher in bestimmter Hinsicht eher dem Klima kontinentaler Steppen oder auch manchen Gebirgs- oder mediterranen Regionen. Dementsprechend haben sich Wärme und Licht liebende Pflanzen und Tiere angesiedelt, wenn sie Trockenheit oder Kälteperioden überstehen können. Unter dem weiteren Einfluss des Menschen und der Nutzung durch Beweidung oder Mahd sind so neue Pflanzengesellschaften entstanden, in denen auch Arten zu finden sind, die in der ursprünglichen mitteleuropäischen Landschaft ihren Platz auf Felsen, Dünen, Steinhalden und anderen Sonderstandorten hatten (Ellenberg 1996).

Die feinen Unterschiede vor allem der Bodenbeschaffenheit, die sich in Wäldern nur geringfügig auswirkten, führten im Offenland zur Herausbildung zahlreicher Pflanzengesellschaften.

Auf nährstoffarmen Böden entstehen die so genannten Magerrasen oder Halbtrockenrasen. Je nach Bodentyp unterscheidet man:

- Magerrasen auf Sandböden (Sandmagerrasen),
- Magerrasen auf basenreichen Böden (Kalkmagerrasen),
- Magerrasen auf sauren Böden (Silikatmagerrasen).

Allen Magerrasen sind die „Hungerkünstler" gemeinsam, also Pflanzenarten, die mit geringsten Mengen von Stickstoff im Boden auskommen. Außerdem sind Pflanzen der Magerrasen stets besonders lichtliebend. Gerade diese Arten sind konkurrenzschwach und werden bereits durch geringe Beschattung verdrängt. Sie sind daher durch die zunehmende Eutrophierung besonders gefährdet, da das höhere Nährstoffangebot andere Arten begünstigt (Ellenberg 1996).

Die durch das Heidekraut (*Calluna vulgaris*, Abb. 54) geprägten Heiden im Tiefland sind in Folge des Zusammentreffens von Holzschlag, Brand und Verbiss mit bestimmten Bodenbedingungen entstanden. Die Heide-Böden sind in der Regel sehr sauer und durch Streunutzung zusätzlich verarmt. Wintermildes, feuchtes Klima fördert die Heide-Bildung (Ellenberg 1996).

Wie in den vorangegangenen Kapiteln werden auch hier die verschiedenen **Magerrasentypen** mit ihrer charakteristischen Artenzusammensetzung und ihren Vorkommen im Stadtgebiet beschrieben. Der in Frankfurt seltene Lebensraum Heide wird anhand des **Lönswäldchens** vorgestellt.

Die **Sandtrockenrasen** sind eine Form der Magerrasen auf Sandböden. Im Stadtgebiet wurden 42 Sandtrockenrasen mit einer Gesamtfläche von 2,97 ha erfasst. Dies entspricht einem Anteil an der Stadtfläche von ca. 0,1 %. Dazu kommen jedoch weitere ca. 9 ha innerhalb des NSG „Schwanheimer Düne", die im Rahmen der Biotopkartierung nicht bearbeitet wurden (vgl. Wittig et al. 2002).

Vegetationskundlich gehören die dortigen Bestände größtenteils zur Frühlingsspark-Silbergras-Flur, einer artenarmen Pioniergesellschaft offener, saurer, humus- und nährstoffarmer Sandböden. Ebenfalls in diesem Lebensraumtyp kommen Kleinschmielenrasen vor, die durch die Gesellschaft des Frühen Schmielenhafers, Nelkenhaferfluren und die Gesellschaft des Mäuseschwanz-Federschwingels repräsentiert sind. Sie bevorzugen ähnliche Böden wie die Silbergrasflur und kommen kleinflächig an Böschungsanrissen, sandigen Waldlichtungen, Waldsäumen oder Wegen vor. Größere Vorkommen finden sich auf dem Niederräder Golfplatz (im Innenbereich der Galopp-Rennbahn, Abb. 55). Gefördert werden alle der genannten Sandmagerrasengesellschaften durch Bodenverwundungen und die damit verbundene Neubildung von Rohböden. Im Innenstadtbereich treten Kleinschmielenrasen und Silbergrasfluren sekundär auf Gleisflächen von

Abb. 54: Das Heidekraut (*Calluna vulgaris*) ist die prägende Pflanzenart der Heide. Foto: I. Ottich.

Güter-, Haupt- und Ostbahnhof sowie auf Parkplatzflächen des Rebstockgeländes auf. Sie sind dort aber meist nur rudimentär entwickelt.

Charakteristische Pflanzenarten der Sandtrockenrasen sind:
- Acker-Filzkraut (*Filago arvensis*)
- Berg-Sandglöckchen (*Jasione montana*)
- Feld-Beifuß (*Artemisia campestris*)
- Frühe Haferschmiele (*Aira praecox*)
- Gewöhnliches Silbergras (*Corynephorus canescens*)
- Kahler Bauernsenf (*Teesdalia nudicaulis*)
- Kleiner Sauerampfer (*Rumex acetosella*)
- Kleiner Vogelfuß (*Ornithopus perpusillus*)
- Kleines Filzkraut (*Filago minima*)
- Nelken-Haferschmiele (*Aira caryophyllea*)
- Rispen-Flockenblume (*Centaurea stoebe* s. l.)
- **Sand-Grasnelke (*Armeria maritima* subsp. *elongata*)**
- **Sand-Strohblume (*Helichrysum arenarium*)**
- Silber-Fingerkraut (*Potentilla argentea*)

Abb. 55: Großer Bestand der besonders geschützten Sand-Grasnelke (*Armeria maritima* subsp. *elongata*) auf dem Golfplatz im Innenbereich der Galopp-Rennbahn in Niederrad. Foto: D. Bönsel.

Abb. 56: Fransenenzian (*Gentianella ciliata*). Foto: D. Bönsel.

Auf basenreichen, meist flachgründigen, mageren Böden besonders über Kalkgestein und bevorzugt in Hanglagen entwickeln sich Kalkmagerrasen. In Frankfurt wurden 13 zu diesem Biotoptyp gehörende Bestände erfasst. Sie haben eine Gesamtfläche von 2,42 ha, was nur 0,01 % der Stadtfläche entspricht. Weitere 2,43 ha Halbtrockenrasen befinden sich nach Untersuchungen von Wittig et al. (2003) im Bereich des Naturschutzgebietes „Am Berger Hang", das im Rahmen der Biotopkartierung nicht bearbeitet wurde.

In Frankfurt ist dieser Lebensraumtyp beschränkt auf den Bereich des Berger-Bischofsheimer Hanges und ist hier durch blüten- und artenreiche Bestände der Trespen-Halbtrockenrasen repräsentiert. Der größte Teil der orchideenreichen Vorkommen ist durch das bereits 1954 ausgewiesene Naturschutzgebiet „Am Berger Hang“ gesichert (Nawrath 2002), das mittlerweile auch als FFH-Gebiet an die EU gemeldet wurde. Es bestehen jedoch auch Bestände außerhalb des Schutzgebietes.

Neben typisch entwickelten Trespen-Halbtrockenrasen finden sich am Berger Hang vielerorts kleinflächige Brachestadien ehemaliger Magerrasen, die von der Fieder-Zwenke (*Brachypodium pinnatum*) beherrscht werden und die wieder in Nutzung genommen werden sollten. Der nach Bad Vilbel hin abfallende so genannte Berger

Abb. 57: Mücken-Händelwurz (*Gymnadenia conopsea*) am Berger Hang. Foto: D. Bönsel.

Nordhang beherbergt im Flurteil „Im Metzgergraben“ östlich des Schalksborn einen weiteren bedeutenden Halbtrockenrasen mit dem letzten Frankfurter Vorkommen des Gewöhnlichen Fransenenzians (*Gentianella ciliata*, Abb. 56).
Charakteristische Pflanzenarten der Kalkmagerrasen sind:

- Artengruppe Schaf-Schwingel (*Festuca ovina* agg.)
- Aufrechte Trespe (*Bromus erectus*)
- **Bienen-Ragwurz (*Ophrys apifera*)**
- Blaugrüne Segge (*Carex flacca*)
- Dornige Hauhechel (*Ononis spinosa*)
- Fieder-Zwenke (*Brachypodium pinnatum*)
- Filz-Segge (*Carex tomentosa*)
- Gelbe Sommerwurz (*Orobanche lutea*)
- **Gewöhnlicher Fransenenzian (*Gentianella ciliata*)**
- Gewöhnlicher Hufeisenklee (*Hippocrepis comosa*)
- Golddistel (*Carlina vulgaris*)
- Großes Windröschen (*Anemone sylvestris*)
- Großes Zweiblatt (*Listera ovata*)
- **Helm-Knabenkraut (*Orchis militaris*)**
- Kleiner Wiesenknopf (*Sanguisorba minor*)
- Knäuel-Glockenblume (*Campanula glomerata*)
- Knolliger Hahnenfuß (*Ranunculus bulbosus*)
- Kriechende Hauhechel (*Ononis repens*)
- **Mücken-Händelwurz (*Gymnadenia conopsea*)**
- Pyramiden-Schillergras (*Koeleria pyramidata*)
- Schopfiges Kreuzblümchen (*Polygala comosa*)
- Stängellose Kratzdistel (*Cirsium acaule*)
- Zierliches Schillergras (*Koeleria macrantha*)

Bei den Silikatmagerrasen handelt es sich um niedrigwüchsige Magerrasen auf kalkfreien, sauren bis mäßig basenreichen Standorten, meist mit Piониercharakter, die eine Zwischenstellung zwischen Halbtrockenrasen, Borstgrasrasen/Heiden sowie Sandmagerrasen einnehmen.

Der Magerrasentyp, von dem 30 Bestände mit einer Gesamtfläche von 3,16 ha (entspricht 0,01 % der Stadtfläche) erfasst wurden, beschränkt sich auf das südliche Stadtgebiet, in dem saure Flugsandböden verbreitet sind. Neben kleineren Vorkommen innerhalb des Frankfurter Stadtwaldes, wie beispielsweise entlang von Bahn- und Wegböschungen, ist der Lebensraumtyp u. a. im Bereich der Schwanheimer Wiesen zu finden. Die dortigen Bestände sind als sehr bedeutend einzustufen und treten eng vergesellschaftet mit Borstgrasrasen auf. Von den Sandtrockenrasen unterscheiden sich die bodensauren Magerrasen durch das weitgehende Fehlen der einjährigen Sandrasenarten. Nur die Berg-Sandrapunzel (*Jasione montana*) kommt regelmäßig in den Beständen vor. Vermutlich stellen einige Bestände ältere Sukzessionsstadien von Sandtrockenrasen dar, deren Charakterarten nach Ausbleiben von Störungen und dem Schließen der Grasnarbe nicht mehr konkurrenzfähig sind und ausfallen.

Abb. 58: Heide-Nelke (*Dianthus deltoides*). Foto: D. Bönsel.

Charakteristische Pflanzenarten der Silikat-Magerrasen sind:

- Berg-Sandrapunzel (*Jasione montana*)
- Echter Wiesenhafer (*Helictotrichon pratense*)
- Färber-Ginster (*Genista tinctoria*)
- Feld-Hainsimse (*Luzula campestris*)
- Flügelginster (*Chamaespartium sagittale*)
- Gewöhnliches Frühlings-Fingerkraut (*Potentilla tabernaemontani*)
- Gewöhnliches Kreuzblümchen (*Polygala vulgaris*)
- Grannenloser Schaf-Schwingel (*Festuca filiformis*)
- Heidekraut (*Calluna vulgaris*)
- **Heide-Nelke (*Dianthus deltoides*)**
- Hunds-Veilchen (*Viola canina*)
- Kleiner Sauerampfer (*Rumex acetosella*)
- Kleiner Vogelfuß (*Ornithopus perpussilus*)
- Knäueliges Hornkraut (*Cerastium glutinosum*)
- Rotes Straußgras (*Agrostis capillaris*)
- Sand-Straußgras (*Agrostis vinealis*)
- Thymianblättriges Sandkraut (*Arenaria serpyllifolia*)

Tierwelt der Magerrasen

Die Sandtrockenrasen weisen eine Vielzahl spezialisierter, seltener und gefährdeter Tierarten, insbesondere der Insekten und anderer Wirbellosengruppen auf, typische Vogelarten fehlen. Früher gab es in der Schwanheimer Düne z. B. Ziegenmelker (*Caprimulgus europaeus*), Wiedehopf (*Upupa epops*) und Heidelerche (*Lullula arborea*, Abb. 59), die dort heute nicht mehr zu finden sind.

Auch die Säugetiere haben keine an diesen Biotoptyp gebundenen Arten. Regelmäßig ist dagegen die Zauneidechse (*Lacerta agilis*, Abb. 60) anzutreffen, wobei sie aber mehr die Randbereiche und Übergänge zu den Gebüschen bewohnt, da sie

Abb. 59: Die Heidelerche (*Lullula arborea*) kam einst in der Schwanheimer Düne vor. Foto: A. Malten.

Abb. 60 Die Zauneidechse (*Lacerta agilis*) ist regelmäßig in Magerrasen anzutreffen. Foto: A. Malten.

dort durch die dichtere Vegetation besser vor Beutegreifern geschützt ist. Wenn geeignete Laichgewässer in der weiteren Umgebung vorhanden sind, hält sich die Kreuzkröte (*Bufo calamita*, Abb. 61) bevorzugt in den offen sandigen Bereichen auf, wo sie tagsüber vergraben oder unter Steinen zu finden ist.

Im Frühjahr sind die Vielzahl der Bienen und Wegwespen auffällig. Sehr charakteristisch ist außerdem der Dünen-Sandlaufkäfer (*Cicindela hybrida*), der wesentlich auffälliger ist als die meist versteckt lebenden Laufkäferarten wie z. B. *Amara fulva* und *Masoreus wetterhallii*. Von den Heuschrecken sind die Blauflügelige Ödlandschrecke (*Oedipoda caerulescens*) und die Gefleckte Keulenschrecke (*Myrmeleotettix maculatus*) typisch. Speziell auf den Sandtrockenrasen sind z. B. die Wolfsspinnen *Alopecosa fabrilis* und *Arctosa perita* sowie die Zwergspinne *Styloctetor romanus* und die Dornfingerspinne *Cheiracanthium pennyi* zu finden. An geschützten Stellen, z. B. unter Baumstämmen, findet man die Trichter der so genannten Ameisenlöwen, bei denen es sich um die Larven der Ameisenjungfer (Myrmeleonidae) handelt.

Neuntöter (*Lanius collurio*) und Dorngrasmücke (*Sylvia communis*) sind typische Vogelarten, die in den Gehölzen auf oder am Rande von Kalk-Halbtrockenrasen angetroffen werden. Von den Reptilien ist hier stetig die Zauneidechse (*Lacerta agilis*), viel seltener dagegen die Schlingnatter (*Coronella austriaca*) zu finden. Die Insektenfauna ist ausgesprochen artenreich. Dabei ist vor allem die Artenvielfalt der Schmetterlinge, insbesondere der Bläulinge, Perlmutterfalter, Widderchen und Dickkopffalter hervorzuheben. Auch die Heuschrecken sind in der Regel artenreich vertreten.

Abb. 61: Kreuzkröte (*Bufo calamita*). Foto: A. Malten.

Es dominieren die Arten der Gattung *Chorthippus*, darunter der bei uns seltene *Chorthippus apricarius*. Aber auch Feldgrillen (*Gryllus campestris*), Weinhähnchen (*Oecanthus pellucens*) und die Dornschrecke (*Tetrix tenuicornis*) werden hier angetroffen. Von den Laufkäfern sind es kalkliebende Arten aus den Gattungen *Ophonus* und *Harpalus*, wie *Ophonus puncticollis* und *Harpalus dimidiatus*. Besonderheiten aus der Spinnenfauna sind die Tapezierspinne *Atypus piceus*, die Krabbenspinne *Oxyptila claveata* und die Zwergspinne *Nematogmus sanguinolentus*.

Die Tierwelt der Silikatmagerrasen unterscheidet sich kaum von der der Sandtrockenrasen, zumal dieser Typ in Frankfurt meist nur kleinflächig in den Sandgebieten zu finden ist.

Gefährdung und Schutz

Sandmagerrasen benötigen zu ihrem Fortbestand mechanische Störungen. Nur durch gelegentliche Bodenverwundungen lassen sie sich mittelfristig bis langfristig erhalten. Bleiben diese Störungen aus, werden die therophytenreichen Pioniergesellschaften im Laufe der Sukzession sehr rasch von Folgegesellschaften verdrängt.

Die Mehrzahl der kartierten Sandmagerrasen konzentriert sich auf das Schwanheimer Feld. Durch die Ausweisung des NSG „Schwanheimer Düne“ (Abb. 62) und dessen Erweiterung im Rahmen der FFH-Gebietsmeldung sind die dortigen Vorkommen größtenteils in ihrem Bestand gesichert und werden durch gezielte Pflegemaßnahmen gefördert. Bei den übrigen erfassten Vorkommen handelt es sich entweder um sehr kleinflächige, saumartige Sonderstandorte oder sekundäre Vorkommen im Stadtgebiet, die kaum zu sichern und zu erhalten sind. Kontrollbegehungen in der Vegetationsperiode 2005 zeigten, dass einige der innerstädtischen Bestände durch Verbuschung bzw. Überbauung bereits verschwunden sind. Im Gegenzug dazu können auf geeigneten Standorten derartige Pionierrasen vergleichsweise schnell entstehen.

Sandmagerrasen gehören in Hessen zu den seltenen Lebensgemeinschaften mit einem deutlichen Verbreitungsschwerpunkt in Südhessen. Zu den wertvollsten Lokalitäten im weiteren Rhein-Main-Gebiet gehören die Viernheimer Düne, die Sandgebiete rund um Darmstadt, die Schwanheimer Düne, der Mainzer Sand sowie das Dünengebiet zwischen Mainz und Ingelheim. Aufgrund des Arteninventars mit zahlreichen geschützten, seltenen, gefährdeten sowie rückläufigen Arten ist der Lebensraumtyp aus naturschutzfachlicher Sicht als sehr bedeutend einzustufen, so dass die dokumentierten primären Vorkommen soweit irgend möglich mittel- bis langfristig zu erhalten sind. Ferner wäre es wünschenswert, verbrachte oder aufgeforstete Binnendünenbereiche freizustellen und die dort ehemals vorhandene Sandrasenvegetation durch gezielte Pflege- und Bewirtschaftungsmaßnahmen zu regenerieren. Geeignete Bereiche hierfür befinden sich im Norden des Schwanheimer Waldes sowie im Bereich der „Leuchte“, einer stark verbrachten

Abb. 62: Naturschutzgebiet „Schwanheimer Düne“. Foto: I. Ottich.

und verbuschten Binnendüne am östlichen Ortsrand von Enkheim.

In den Jahren 1998–2003 wurden insgesamt 2,42 ha Kalkmagerrasen im Stadtgebiet erfasst, die Tendenz war jedoch rückläufig. Die wesentliche Gefährdung der Halbtrockenrasen liegt im Wegfall der Nutzung begründet. Infolge der Brache ändert sich die Artenzusammensetzung innerhalb weniger Jahre. Auffällig ist zunächst eine starke Zunahme der Fieder-Zwenke, die dominant auftreten kann und viele konkurrenzschwache Magerrasenvertreter im Laufe der Sukzession verdrängt. Von den Rändern her vordringende Gehölze führen schließlich zum völligen Verlust des Lebensraumes. Am Berger Südhang finden sich zahlreiche dieser artenarmen Fieder-Zwenken-Brachestadien. Die Regeneration von artenreichen Halbtrockenrasen kann nur über die Wiedereinführung einer regelmäßigen Bewirtschaftung durch Mahd oder Schafbeweidung funktionieren. Auf einigen städtischen Grundstücken wird seit einigen Jahren mit gutem Erfolg eine Pflegemahd durchgeführt.

Die auf das östliche Stadtgebiet beschränkten Trespen-Halbtrockenrasen umfassen, einschließlich der außerhalb des NSG „Berger Hang" gelegenen Flächen, nach Schätzungen von Gregor (1992) ca. 25 % des hessischen Gesamtbestandes dieser Pflanzengesellschaft. Magerrasen auf basenreichen Böden gehören auch in Frankfurt zu den seltenen Lebensräumen. Sie beherbergen eine große Zahl wärme- und trockenheitsliebender Pflanzen- und Tierarten, von denen zahlreiche als selten, gefährdet oder rückläufig anzusehen sind. Einige der Arten, wie beispielsweise Großes Windröschen (*Anemone sylvestris*, Abb. 63), Gewöhnlicher Fransenenzian (*Gentianella ciliata*, Abb. 56) oder die Orchideenarten Helm-Knabenkraut (*Orchis militaris*) und Bienen-Ragwurz (*Ophrys apifera*), gehören zu den geschützten

Abb. 63: Großes Windröschen (*Anemone sylvestris*). Foto: D. Bönsel.

Pflanzen der Bundesartenschutzverordnung. Die meisten Pflanzenarten sind eng an diesen Biotoptyp gebunden und kommen andernorts in Frankfurt nicht vor. Aus naturschutzfachlicher Sicht scheint es daher geboten, auch die außerhalb von Naturschutz- und FFH-Gebieten gelegenen Vorkommen zu sichern und zu entwickeln. So finden sich unmittelbar außerhalb des NSG „Berger Hang" eine Reihe solcher wertvoller Flächen, die auf Initiative der Stadt Frankfurt gepflegt werden und deren Entwicklung seit 1996 anhand von Dauerbeobachtungsflächen dokumentiert wird (Bönsel 2005). Eine konsequente Pflege in Form einer einschürigen Mahd bzw. einer Schafbeweidung ist die Mindestanforderung zur langfristigen Erhaltung dieses Magerrasentyps.

Magerrasen bodensaurer Standorte gehören zu den rückläufigen Lebensraumtypen im Frankfurter Stadtgebiet. Ihre naturschutzfachliche Bedeutung liegt in der großen Zahl am Bestandsaufbau beteiligter seltener, gefährdeter und rückläufiger Pflanzenarten. Die meisten erfassten Magerrasen dieses Typs sind durch mechanische Störungen an Sonderstandorten wie Böschungen entstanden und lassen sich durch gezielte Maßnahmen nur schwer erhalten. Dies erscheint auch nicht unbedingt notwendig, da derartige Lebensgemeinschaften in relativ kurzen Zeiträumen auf gestörten Standorten neu entstehen können. Im Rahmen von Erhaltungsmaßnahmen sollte daher das Hauptaugenmerk auf die großflächigen Magerrasen gelegt werden.

Eine dieser bedeutenden Flächen ist der Magerrasen am Südrand der Schwanheimer Wiese, der seit langem brachliegt und dringend einer regelmäßigen Pflege in Form von Mahd oder Beweidung bedarf. Zu seiner langfristigen Erhaltung muss zudem das Schwarzwildproblem im Bereich des Schwanheimer Waldes gelöst werden, denn zur fehlenden Nutzung der Fläche kommen massive Wühlschäden durch Schwarzwild hinzu, die dem Magerrasen in den letzten Jahren sehr stark zugesetzt haben.

Die meisten der erfassten Silikatmagerrasen-Bestände unterliegen keiner Nutzung und werden häufig nur durch Kaninchenfraß offengehalten, so dass die Hauptgefährdungsursache im Brachfallen der Magerrasen liegt. Der Nutzungswegfall bzw. der Wegfall von Störungen führt ähnlich wie bei den Sandtrockenrasen zu einer Zunahme an Gras- und Saumarten und schließlich zur Verbuschung der Bestände.

Abb. 64: Magerrasen und Streuobstbestände strukturieren die Landschaft am Berger Südhang. Foto: D. Bönsel.

Biodiversität erleben: Lönswäldchen

Zwergstrauchheiden gehören zu den seltenen und rückläufigen Lebensraumtypen im Frankfurter Stadtgebiet, deren wenige Vorkommen auf saure Flugsandböden im südlichen Stadtgebiet beschränkt sind.

Zur Erhaltung und Entwicklung der größten Frankfurter Heide, dem so genannten „Lönswäldchen" im südlichen Stadtwald, wurden der Stadt Frankfurt am Main von der Fraport AG finanzielle Mittel zur Verfügung gestellt. Ziel war es, die zum großen Teil überalterte, vergraste und in Teilen verbuschte Zwergstrauchheide zu verjüngen und somit eine mittel- bis langfristige Sicherung dieses Lebensraumes zu erzielen. Begründet durch die verfügbaren finanziellen Mittel soll zunächst auf drei Versuchsflächen, die zur Erhaltung und Förderung am besten geeignete Pflege ermittelt werden. Verschiedene Pflegeverfahren werden zunächst über einen Zeitraum von fünf Jahren wissenschaftlich begleitet. Der nachfolgend dargestellte aktuelle Zustand des Lönswäldchens dient als Grundlage für spätere Erfolgskontrollen der durchgeführten Pflege.

Das Lönswäldchen liegt im Forstrevier Gehspitz, in der Abteilung 330 1C (Abb. 65). Es handelt sich um eine weitgehend offene, ca. 1 ha umfassende Fläche, die von Heide und Landreitgras-Fluren eingenommen wird und mit zahlreichen Einzelbäumen, Baumgruppen und Büschen durchsetzt ist. Vorherrschende Baumarten sind Hänge-Birke (*Betula pendula*) und Wald-Kiefer (*Pinus sylvestris*). Begrenzt wird das Lönswäldchen im Westen und Süden von Nadelholzforsten sowie im Osten und Norden von der Mittel- und Lönswaldschneise sowie einer wallartigen Aufschüttung, deren Ursache unbekannt, die aber vermutlich mit der Entstehung des Geländes unmittelbar in Zusammenhang zu bringen ist. Geologisch ist das Gebiet durch Flugsandablagerungen geprägt, auf denen sich nach der Bodenkarte vorwiegend Braunerden und kleinräumig auch Parabraunerden entwickelt haben. Durch eine vermutlich während des 2. Weltkrieges erfolgte Abtragung des Oberbodens wurde der Flugsandhorizont freigelegt, auf dem sich anschließend die Zwergstrauchheide entwickeln konnte.

Die eigentliche Heide nimmt ungefähr eine Fläche von 5.800 m² ein und befindet sich aktuell in einem stark degradierten Zustand. Durch Überalterung besitzen die Heidepflanzen zu einem großen Teil nur noch eine geringe Vitalität. Die seit Jahrzehnten fehlende Nutzung ermöglichte es Störzeigern wie Land-Reitgras (*Calamagrostis epigejos*) sowie Gehölzjungwuchs in Form von Brombeeren (*Rubus fruticosus* agg.) einzuwandern, sich auszubreiten und den Fortbestand der Heidevegetation zu gefährden. Ende der 1980er Jahre war noch eine größere intakte Heidefläche vorhanden; 2001 ist diese schon von zahlreichen jungen Gehölzen durchsetzt (Abb. 66); 2007 ist das überalterte Heidekraut überwiegend abgestorben, Gehölze sind aufgewachsen, Birkenstämme liegen herum, der Heideaspekt ist fast verloren gegangen (Abb. 67).

Abb. 65: Abgrenzung des Lönswäldchens (Luftbild). © Stadtvermessungsamt Frankfurt am Main.

Abb. 66: Lönswäldchen im Jahre 2001. Foto: D. Bönsel.

Abb. 67: Lönswäldchen im Jahre 2007. Foto: D. Bönsel.

Die aktuelle Biotoptypenausstattung des Lönswäldchens umfasst Zwergstrauchheiden und Schlagfluren. Die von Natur aus artenarme Zwergstrauchheide ist geprägt von der Dominanz der Calluno-Ulicetalia-Ordnungskennart Besenheide (*Calluna vulgaris*). Weitere regelmäßig am Bestandsaufbau beteiligte Klassenkennarten (Calluno-Ulicetea) sind Pillen-Segge (*Carex pilulifera*, Abb. 68), Harzer Labkraut (*Galium saxatile*), Grannenloser Schaf-Schwingel (*Festuca filiformis*) und Wald-Ehrenpreis (*Veronica officinalis*). Deutlich seltener finden sich Dreizahn (*Danthonia decumbens*) und Hunds-Veilchen (*Viola canina*, Abb. 69). Zu den steten Begleitarten zählen Azidophyten wie Draht-Schmiele (*Deschampsia flexuosa*), Kleiner Sauerampfer (*Rumex acetosella*) und Salbei-Gamander (*Teucrium scorodonia*). Aufgrund der nur spärlichen Ausstattung der Heidebestände mit Kennarten niederen soziologischen Ranges lässt sich die Phytozönose lediglich als *Calluna-vulgaris*-[Calluno-Ulicetalia]-Basalgesellschaft (Basalgesellschaft der Besenheide) ansprechen. In den Randbereichen der Heidevegetation nimmt die Artmächtigkeit der Besenheide deutlich ab. Hier beherrschen azidophile Gräser wie Draht-Schmiele (*Deschampsia flexuosa*) und Haar-Schwingel (*Festuca filiformis*) sowie Sauergräser wie Pillen-Segge (*Carex pilulifera*) die Vegetationsbestände. Umgeben ist die Heidefläche des Lönswäldchens von Schlagflurgesellschaften, die vom Land-Reitgras (*Calamagrostis epigejos*) dominiert werden.

Abb. 68: Zu den typischen Pflanzenarten der Calluna-Heiden zählt die Pillen-Segge (*Carex pilulifera*). Foto: K. Baumann.

Im Rahmen der Geländebegehungen 2007 wurden im Lönswäldchen insgesamt 43 Arten Höherer Pflanzen festgestellt (Tabelle I im Anhang). Die Phanerogamenflora setzt sich im Wesentlichen aus typischen Vertretern bodensaurer Magerrasen und Zwergstrauchheiden sowie Schlagflur-Arten zusammen. Hinzu kommen Gehölzarten, die in Form von Einzelbüschen und -bäumen sowie als Jungwuchs das Gelände durchsetzen, sowie ruderale Störzeiger, die die Degradation der Heidevegetation anzeigen. Unter den nachgewiesenen Arten befinden sich zwei, die in Hessen als rückläufig (Vorwarnliste) eingestuft werden. Nach den Roten Listen (Korneck et al. 1996, 1998, Hemm et al. 2008) gefährdete Arten sowie gesetzlich besonders geschützte Pflanzen wurden nicht nachgewiesen.

Auf das Lönswäldchen wirken zahlreiche Beeinträchtigungen und Störungen ein, die den Fortbestand der Heidevegetation gefährden. Als wesentliche Faktoren sind die Überalterung der Heidepflanzen (Abb. 70) und die jahrzehntelange Rohhumusansammlung anzusehen.

Des Weiteren ist es durch die fehlende Bewirtschaftung bzw. Pflege zu einer Ausbreitung von Gehölzjungwuchs gekommen. Insbesondere Brombeeren konnten sich dies zu Nutze machen und sollten im Zuge von Erhaltungs- und Entwicklungsmaßnahmen effektiv bekämpft werden. Die Brombeerausbreitung dürfte durch die hohen Stickstoffeinträge aus der Luft zudem begünstigt werden.

Eine massive Schädigung erfuhren die Heidepflanzen durch die große Trockenheit und Hitze des Sommers 2003.

Eine starke Behinderung für die Pflegemaßnahmen ergibt sich durch die zahlreich herumliegenden, umgestürzten Birkenstämme, die auf der Fläche belassen wurden (Abb. 71). Ein Entfernen der Stämme oder zumindest eine Lagerung am Rande der Fläche ist dringend zu empfehlen.

Abb. 69: Das Hunds-Veilchen (*Viola canina*) ist eine weitere typische Art der Calluna-Heiden. Foto: K. Baumann.

Die Lage des Lönswäldchens in der östlichen Einflugschneise des Rhein-Main-Flughafens unweit der Autobahn A 3 hat neben einer enormen Lärmbelastung auch erhöhte Einträge von Schadstoffen zur Folge, deren Auswirkungen auf die Heidevegetation nur schwer abzuschätzen sind.

Zur Verjüngung und Förderung der Heidevegetation werden drei Pflegeverfahren erprobt und wissenschaftlich begleitet. Dabei handelt es

Abb. 70: Überalterte, teilweise abgestorbene Besenheide. Foto: D. Bönsel.

Abb. 71: Herumliegende Birkenstämme behindern die Pflege der Heide. Foto: D. Bönsel.

sich um Mahd, Mulchmahd sowie das so genannte Abplaggen. Im Dezember 2006 wurde durch Mitarbeiter von Umweltamt und Senckenberg eine erste Fläche gemäht, wobei das Schnittgut entfernt wurde. In den Wintermonaten 2006/2007 wurden durch das Forstamt mehrere Mulchstreifen angelegt und Anfang April 2008 wurden ungefähr 600 je 50 x 50 cm große Flächen über das gesamte Heideareal verteilt abgeplaggt. Die Auswirkungen sowie die Vor- und Nachteile dieser drei Pflegeverfahren werden nachfolgend kurz dargestellt und zudem die Beweidung mit Schafen als zusätzliche Alternative zum Mähen, Mulchen und Abplaggen erläutert.

Zwar gehörte die **Mahd** nur in seltensten Fällen zur typischen Bewirtschaftungsform von Zwergstrauchheiden, sie wird aber heute gelegentlich zur Pflege derartiger Lebensgemeinschaften eingesetzt. Die Besenheide (*Calluna vulgaris*) wird durch Mähen kurzgehalten, aber nicht eliminiert. Hohe Regenerationsfreudigkeit kann die mahdbedingte Blühminderung zum gewissen Grade ausgleichen. Ausreichende Samenbildung erfolgt bereits bei ein- bis zweijähriger Unterbrechung der Mahd.

Im Rahmen der Pflegemaßnahmen im Lönswäldchen wurde eine kleine Fläche Anfang Dezember 2006 einmalig gemäht (Abb. 72), wobei das Schnittgut möglichst vollständig von der Fläche beseitigt wurde (Abb. 73).

Beim **Mulchen** wird der pflanzliche Aufwuchs geschnitten oder abgeschlagen, dabei gehäckselt und anschließend auf der Fläche liegen gelassen. Das Mulchen bietet sich als besonders kostengünstige Alternative zur Mahd an, da keine Entsorgungsprobleme für das Schnittgut auftreten. Mulchen führt, ebenso wie der Heuschnitt, zu einer Unterbrechung der Lichtkonkurrenz und der Entwicklung der Bestandsbildner. Während der Vegetationsperiode wird gehäckseltes Schnittgut auf der Vegetationsdecke mineralisiert. Dadurch erfolgt ein gegenüber der Brache, auf der kein Eingriff vorgenommen wurde, veränderter flächeninterner Nährstoffkreislauf. Die Narbe wird kurzzeitiger, zu einer anderen Jahreszeit und in anderer Form als durch abgestorbenen Bracheaufwuchs bedeckt. Probleme ergeben sich durch nachhaltige Narbenschäden und Aspektstörungen durch zu lange und starke Abdeckung insbesondere bei großen Schnittgutmengen und unter ungünstigen Abbaubedingungen (Trockenheit, niedrige Temperaturen, schwer zersetzbare, stickstoffarme Phytomasse). Die Mulchstreifen im

Abb. 72: Heidemahd im Dezember 2006. Foto: D. Bönsel.

Abb. 73: Zustand der Mähfläche nach Abtransport des Schnittgutes. Foto: D. Bönsel.

Untersuchungsgebiet wurden mit Hilfe eines Forstmulchers im Winter 2006/2007 angelegt.

Der **Plaggenhieb** gehört zur klassischen Nutzungsform von *Calluna*-Heiden. Es handelt sich um einen Standorteingriff, bei dem Sprosse und Wurzeln in Form von ca. 10 cm mächtigen Sohlen abgetragen werden (Abb. 74), die früher Verwendung als Einstreu und anschließend als Ackerdüngung hatten. Plaggen bedeutet:

- abrupte Rückführung aus einer fortgeschrittenen in eine frühe Sukzessionsphase (Schaffung von Pionierstandorten),
- Rotationssystem mit relativ langer „Umtriebszeit" (Wechsel von plötzlicher Entnahme und allmählicher Regeneration bis zu einem mittleren Stoffvorratsniveau),
- schlagartiges Aufbrauchen jahrzehnte- bis jahrhundertelang angehäufter Rohhumusvorräte.

Nicht nur in den klassischen Heidegebieten ermöglicht der Plaggenhieb eine rasche Erneuerung überalterter Zwergstrauchheiden. Abgeschälte, humusarme Sand- oder Silikatböden erlauben z. B. eine rasche Neukeimung und Ausbreitung der Besenheide (Steidl & Ringler 1996). Bei der Standortwahl und Durchführung von Plaggmaßnahmen ist vorteilhaft:

- Kontakt zu ausgedehnteren mageren Offenlandflächen mit Artenursprungsfunktion (bereits stark verbuschte Bestände sind für einen Plaggenhieb weniger gut geeignet),
- Flächen mit relativ hohem Strahlungsgenuss und zeitweise intensiver Austrocknung,
- kleinflächige Rotation, d. h. es ist ein eng vernetzter Komplex aus geplaggten und nicht geplaggten Flächen anzustreben.

Die **Beweidung** mit Schafen kann als Alternative bzw. Ergänzung zu den zuvor beschriebenen Pflegeverfahren angesehen werden. Ähnlich wie die Mahd bewirkt Beweidung eine vegetative Verjüngung und fördert die generative Erneuerung der Heidekrautbestände. Der Tritt der Schafe reißt den Rohhumus auf und erleichtert den Samen der Besenheide das Keimen. Damit erweist sich die Beweidung als wirksame Pflegemaßnahme zur Stabilisierung noch nicht überalterter Zwergstrauchheiden (Jeschke & Reichhoff 1998).

Beweidung ist zur Regeneration der Heidevegetation des Lönswäldchens derzeit nicht vorgesehen und aufgrund seiner abgeschiedenen

Abb. 74: Eine der rund 600 abgeplaggten Stellen im Lönswäldchen. Foto: D. Bönsel.

Lage auch nur schwer realisierbar, soll aber der Vollständigkeit halber hier erwähnt werden. Dabei hat die Schafbeweidung möglichst im Durchtrieb zu erfolgen. Ist nur eine Koppelung möglich, so sind die Tiere zumindest nachts in einen Pferch außerhalb der eigentlichen Heidefläche zu halten. Zur Bewirtschaftung ertragsarmer Heidestandorte muss nach Quinger et al. (1994) eine Schafrasse in erster Linie verbissfreudig sowie anspruchslos gegenüber der Futtergrundlage sein. Die Tiere sollten zudem einen ausgeprägten Herdentrieb besitzen, pferchfähig und widerstandsfähig gegenüber Krankheiten und Wetterhärte sein. Als besonders geeignet erwiesen sich anspruchslose Landschafrassen wie das „Rhönschaf" oder die in Norddeutschland früher verbreiteten „Moorschnucken" (Steidl & Ringler 1996). Sie sind im Hinblick auf die Beseitigung von Gehölzjungwuchs durch einzelne Ziegen zu ergänzen. Auf diese Weise werden selbst Draht-Schmiele, alte Besenheide und Problemgehölze verbissen (Steidl & Ringler 1996).

Die Pflegeverfahren Mahd, Mulchmahd und Plaggen (Tab. 2) wurden zunächst auf kleineren, aber weitgehend offenen Teilflächen des Lönswäldchens versuchsweise einmalig durchgeführt und sollen zunächst wissenschaftlich über fünf Jahre begleitet werden. Zwischen den einzelnen Pflegevarianten werden Bereiche ohne Pflege belassen.

Brachen – Wildnis in der Stadt

Frankfurt ist eine dynamische Stadt, oft auch als „schnelllebig" bezeichnet. Brachen – das sind ehemals genutzte Flächen, deren Nutzung oder Pflege aufgegeben wurde – sind Ausdruck des damit verbundenen Wandels. Jedes Jahr entstehen neue Brachen, andere verschwinden, zumeist werden sie bebaut. Jede Angabe zu Brachen im Einzelnen ist daher schon nach kürzester Zeit überholt. In der Summe jedoch stellen sie einen wichtigen, allerdings zerstreut und „zufällig" auftretenden Lebensraum in einer Stadt dar, der für die Stadtnatur von großer Bedeutung ist.

Auch auf jeder einzelnen Brache vollzieht sich ein rascher, beständiger Wandel, v. a. während der ersten Jahre. Ohne Zutun des Menschen kann die Vegetation einer Brache im zweiten Jahr nach ihrer Entstehung völlig anders aussehen als im ersten. Diese Entwicklung verläuft dennoch nach bestimmten Gesetzmäßigkeiten. Eine solche gerichtete Abfolge von Pflanzengesellschaften auf einer Fläche im Laufe der Jahre bezeichnet man als Sukzession.

Eine Brache entsteht, wenn vormals genutzte Flächen nicht mehr bewirtschaftet oder gepflegt werden. Je nach vorangegangener Nutzung können Brachen also unterschiedliche Bodentypen aufweisen und sehr unterschiedlich aussehen.

Variante	Maßnahmenbeschreibung	Durchführung
Mahd	einmalige Mahd mit Entfernen des Mähgutes	Dezember 2006
Mulchmahd	einmalige Mulchmahd unter Belassung des Mulchgutes auf der Fläche	Winter 2006/2007
Plaggenhieb	Anlage von Plaggflächen verteilt über den gesamten Heidebereich, Tiefe ca. 10 cm	April 2008

Tabelle 2: Übersicht der im Lönswäldchen angewandten Pflegevarianten.

Abb. 75: Wildnis in der Stadt. Brachliegendes Gleisfeld des ehemaligen Güterbahnhofs. Foto: A. Malten.

Sie können sich z. B. aus Gärten oder Äckern entwickeln, aber auch auf Abrissgrundstücken, ungenutzten Industrieflächen oder aufgegebenen Gleisabschnitten. Kurzlebige und kleinflächige Brachen sind oft auch im Bereich von Baustellen zu finden. Das Arteninventar zum Zeitpunkt des Brachfallens kann sehr unterschiedlich aussehen: Abrissgrundstücke können im Extremfall völlig vegetationslos sein, während in aufgelassenen Gärten die einstigen Zierpflanzen mit eindringenden Wildpflanzen in Konkurrenz treten.

Der Verlauf der Sukzession hängt ganz wesentlich vom Boden ab. Auf guten Böden, z. B. ehemaligen Äckern und Gärten, erfolgt sehr rasch eine dichte Besiedlung. Oft sind solche Flächen im ersten Jahr sehr artenreich, wobei Arten aus dem Spektrum der Ackerunkräuter überwiegen. In den folgenden Jahren sinkt die Artenzahl wieder, einzelne Arten setzen sich durch und je nach Bodentyp entsteht eine Pflanzengesellschaft, die über einen relativ langen Zeitraum stabil sein kann. In Frankfurt ist die Kanadische Goldrute (*Solidago canadensis*) häufig dominierend, nicht selten vermischt mit Rainfarn (*Tanacetum vulgare*, Abb. 76) und verschiedenen Gräsern. Im Laufe der Zeit setzen sich jedoch Gehölze durch, es entwikkeln sich Vorwaldstadien z. B. mit Birke (*Betula pendula*) oder Pappel (*Populus* spp.). Auf städti-

Abb. 76: Rainfarn (*Tanacetum vulgare*) auf einer Ackerbrache in Sossenheim. Foto: I. Ottich.

schen Brachen haben eingeführte Gehölze in der Regel einen großen Anteil, etwa Robinie (*Robinia pseudoacacia*), Götterbaum (*Ailanthus altissima*), neuerdings auch hin und wieder Platanen (*Platanus* x *hispanica*) und verschiedene Zierbäume wie der Trompetenbaum (*Catalpa bignonioides*).

Auf armen Böden, z. B. Sand oder Schotter, geht die Besiedlung nur sehr langsam voran (Abb. 77) und wird wesentlich von der Verfügbarkeit von Wasser bestimmt. Es dauert oft viele Jahre, bis sich eine geschlossene Vegetationsdecke herausbildet. Allerdings können Gehölze sehr viel früher eine dominierende Rolle einnehmen, da ihre Keimlinge nicht in Konkurrenz zu ausdauernden Stauden treten müssen. Besonders der Schmetterlingsflieder (*Buddleja davidii*, Abb. 78) bildet auf solchen Brachen große Bestände.

In den Jahren 2003 und 2004 wurden insgesamt 220 Vegetationsaufnahmen von je 25 m^2 Größe auf Brachflächen in 52 Untersuchungsgebieten innerhalb der Stadt Frankfurt durchgeführt (Ottich 2007). In vielen Fällen war der Zeitpunkt des Brachfallens nicht bekannt. Anhand der beobachteten Vegetation, also des Sukzessionsstadiums,

Abb. 77: Spärlich besiedelte Brachfläche am Frankfurter Berg. Foto: I. Ottich.

Abb. 78: Tagpfauenauge (*Inachis io*) auf Schmetterlingsflieder (*Buddleja davidii*). Foto: A. Malten.

ließen sich dennoch Angaben über das Brachealter treffen.

Die wenigsten Brachen erreichen ein Alter von mehr als 5 Jahren. Selbst von den im ersten Untersuchungsjahr bearbeiteten Flächen waren im Folgejahr rund ein Fünftel nicht mehr vorhanden, zumeist bebaut, seltener wurde auch die Nutzung wieder aufgenommen. Es gibt jedoch auch einige wenige Flächen in Frankfurt, auf denen Brachen ein Alter von mehreren Jahrzehnten erreichen und sich bereits waldartige Bereiche herausbilden konnten.

Im Rahmen der Untersuchungen wurden insgesamt 378 Pflanzensippen auf Brachen erfasst. Sie haben damit eine wichtige Funktion für die Phytodiversität in Frankfurt!

Obwohl Brachen vor allem durch Veränderung geprägt sind, gibt es dennoch einige typische Pflanzenarten, die man häufig dort antrifft. Brachen stehen zwar oft in dem Ruf, ein „Einwanderungstor" für pflanzliche Neubürger zu sein, jedoch sind die beiden Pflanzenarten, die man am häufigsten auf Brachen antreffen kann, einheimisch (Tab. 3), nämlich Echtes Johanniskraut (*Hypericum perforatum*, Abb. 79) und Gewöhnlicher Beifuß (*Artemisia vulgaris*).

Abb. 79: Das Echte Johanniskraut (*Hypericum perforatum*) kann man regelmäßig auf Brachen antreffen. Foto: G. Zizka.

Dennoch sind die Pflanzengesellschaften auf Brachen oft eine bunte Mischung einheimischer und erst später zu uns gekommener Pflanzen. Man unterteilt sie nach dem Zeitpunkt der Einwanderung. Dabei gilt die Entdeckung Amerikas 1492 n. Chr. allgemein als Grenze (i. d. R. aufgerundet zu 1500). Pflanzen die davor einwanderten oder eingeführt wurden, bezeichnet man als Archäophyten (Alteinwanderer). Sie stammen häufig aus dem Mittelmeerraum. Arten, die erst nach diesem Zeitpunkt zu uns gekommen sind, werden als Neophyten (Neubürger) bezeichnet.

Unter den zehn häufigsten Arten auf Brachen sind immerhin vier Neophyten zu finden, von denen das Kanadische Berufkraut (*Conyza canadensis*, Abb. 80), das in 100 Vegetationsaufnahmen angetroffen wurde, insgesamt die dritthäufigste Art ist.

Art	Status	Anz. Aufnahmen
Echtes Johanniskraut (*Hypericum perforatum*)	I	136
Gewöhnlicher Beifuß (*Artemisia vulgaris*)	I	108
Kanadisches Berufkraut (*Conyza canadensis*)	N	100
Wilde Möhre (*Daucus carota*)	I	98
Kanadische Goldrute (*Solidago canadensis*)	N	94
Einjähriges Berufkraut (*Erigeron annuus* s.l.)	N	92
Gewöhnliche Kratzdistel (*Cirsium vulgare*)	I	86
Schmalblättriges Greiskraut (*Senecio inaequidens*)	N	84
Acker-Kratzdistel (*Cirsium arvense*)	I	78
Rainfarn (*Tanacetum vulgare*)	A	72

Tabelle 3: Die zehn am häufigsten auf Brachen gefundenen Pflanzenarten und ihr Status in Frankfurt sowie die Anzahl der Vegetationsaufnahmen, in denen sie vorkamen (Gesamtanzahl: 220) (nach Ottich 2007).
Status: I = einheimisch, N = Neophyt (Einwanderung nach 1500 n. Chr.), A = Archäophyt (Einwanderung vor 1500 n. Chr.).

Abb. 80: Vom Kanadischen Berufkraut (*Conyza canadensis*) dominierte Brachfläche am Flughafen. Foto: I. Ottich.

Die zehn häufigsten Arten sind alle krautig. Betrachtet man dagegen die Liste der zehn häufigsten Neophyten (Tab. 4), so fällt auf, dass darunter mit dem Schmetterlingsflieder (*Buddleja davidii*) bereits ein Gehölz und mit der Armenischen Brombeere (*Rubus armeniacus*) eine weitere verholzende Pflanze vorkommen.

Noch auffälliger ist jedoch, dass die häufigsten fünf Arten zur Familie der Asteraceen gehören, also zu den Korbblütlern. Diese Familie bildet Blütenstände aus zahlreichen Einzelblüten aus, die den Anschein einer großen Einzelblüte erwekken, so wie das vom Gänseblümchen gut bekannt ist. Aus den vielen Einzelblüten entwickeln sich jedoch ebenso viele Früchte, die oft sehr leicht sind und vom Wind verbreitet werden, wie beispielsweise die auffälligen Früchte des Löwenzahns. Weniger auffällig, aber sehr effektiv macht dies die Kanadische Goldrute (*Solidago canadensis*, Abb. 81), die an einem Trieb bis zu 19.000 einsamige Früchte bilden kann.

Offensichtlich sind viele Asteraceen hervorragend zur Besiedlung kurzlebiger Biotope in der Stadt geeignet. Die vielen tausend Samen werden z. B. mit dem Wind über die ganze Stadt ausgebreitet. Wenn eine Fläche brachfällt, sind die Samen gleich vor Ort und können, sobald die Bedingungen geeignet sind, austreiben. Es wundert daher

Neophyt (Neubürger)	Familie	Anz. Aufnahmen
Kanadisches Berufkraut (*Conyza canadensis*)	Asteraceae	100
Kanadische Goldrute (*Solidago canadensis*)	Asteraceae	94
Einjähriges Berufkraut (*Erigeron annuus* s.l.)	Asteraceae	92
Schmalblättriges Greiskraut (*Senecio inaequidens*)	Asteraceae	92
Geruchlose Kamille (*Tripleurospermum perforatum*)	Asteraceae	55
Nachtkerzen (*Oenothera* spp.)	Onagraceae	42
Schmetterlingsflieder (*Buddleja davidii*)	Buddlejaceae	38
Armenische Brombeere (*Rubus armeniacus*)	Rosaceae	37
Graukresse (*Berteroa incana*)	Brassicaceae	27
Schmalblättriger Doppelsame (*Diplotaxis tenuifolia*)	Brassicaceae	22

Tabelle 4: Die zehn am häufigsten auf Brachen angetroffenen Neophyten, ihre Familienzugehörigkeit und die Anzahl der Vegetationsaufnahmen, in denen sie vorkamen (Gesamtanzahl: 220) (nach Ottich 2007).

nicht, dass auch unter den zehn häufigsten Archäophyten immerhin vier Arten aus dieser Familie zu finden sind (Tab. 5).

Auf den ersten Blick spielen die Archäophyten auf Brachen nur eine untergeordnete Rolle. Unter den zehn häufigsten Arten findet sich gerade mal der Rainfarn (*Tanacetum vulgare*, Abb. 76) auf Platz 10. Allerdings konnten in 25 m^2 bis zu 19 verschiedene Archäophyten-Arten angetroffen werden! Die in Tabelle 5 genannten Archäophyten sind krautig und haben bei uns auch eine „Vergangenheit" als Nutzpflanzen, sind aber bis auf die Echte Kamille (*Matricaria recutita*) heute kaum noch in Gebrauch.

Allgemein lässt sich sagen, dass es sich bei vielen Archäophyten auf Brachen um Acker-Unkräuter handelt, die infolge der modernen Landwirtschaft heute selten geworden sind, einige drohen zu verschwinden. Zwar erreichen sie nicht die Stetigkeit der stadtangepassten Arten, doch lassen sich auch seltenere Archäophyten wie der Kleinfrüchtige Ackerfrauenmantel (*Aphanes australis*) auf Frankfurter Brachflächen nachweisen.

Abb. 81: Brachfläche nahe der Stadtgrenze zu Offenbach mit dichtem Bestand der Kanadischen Goldrute (*Solidago canadensis*). Foto: I. Ottich.

Gerade für die einstigen Acker-Unkräuter stellen Brachen in der Stadt demnach ein Refugium zum Überleben dar. Viele Menschen stören sich

Archäophyt	Familie	Anz. Aufnahmen
Rainfarn (*Tanacetum vulgare*)	Asteraceae	72
Weißer Steinklee (*Melilotus albus*)	Fabaceae	45
Weißer Gänsefuß (*Chenopodium album* agg.)	Chenopodiaceae	41
Weg-Distel (*Carduus acanthoides*)	Asteraceae	31
Färber-Resede (*Reseda luteola*)	Resedaceae	30
Schwarzer Nachtschatten (*Solanum nigrum* s.l.)	Solanaceae	29
Natternkopf (*Echium vulgare*)	Boraginaceae	27
Echtes Eisenkraut (*Verbena officinalis*)	Verbenaceae	18
Wegwarte (*Cichorium intybus*)	Asteraceae	17
Echte Kamille (*Matricaria recutita*)	Asteraceae	14

Tabelle 5: Die zehn am häufigsten auf Brachen angetroffenen Archäophyten, ihre Familienzugehörigkeit und die Anzahl der Vegetationsaufnahmen, in denen sie vorkamen (Gesamtanzahl: 220) (nach Ottich 2007).

an den „Dreckecken", für Pflanzen und für Tiere sind sie jedoch wichtige Rückzugsgebiete. Auf nicht bewirtschafteten Flächen entstehen oft nach kurzer Zeit Tümpel, die von Libellen und Amphibien besiedelt werden, trocken-warme Bahnbrachen werden zur Heimat von Eidechsen.

Es ist nicht nötig und in einer modernen Stadt kaum möglich, Brachen unter Schutz zu stellen. Entstehen und Verschwinden gehört zu ihrer Natur und die sie besiedelnden Arten sind an diese Veränderungen angepasst. Es reicht, wenn man sie als unbeständiges, aber wichtiges und gesetzmäßig auftretendes Element der Stadtnatur begreift, die aufkommende Vielfalt nicht unnötig bekämpft und ihnen auch im gepflegten Stadtbild den nötigen Raum lässt.

Abb. 82: Natternkopf (*Echium vulgare*) auf nicht gepflegtem Bahngelände in Frankfurt-Höchst. Foto: I. Ottich.

Biodiversität erleben: Alter Flugplatz

Die amerikanischen Streitkräfte errichteten ab 1948 in den Wiesen bei Kalbach/Bonames in der Niddaaue den Flugplatz „Maurice-Rose-Airfield". 1992 wurde das Gelände von den US-Streitkräften geräumt. Teile des Geländes und sämtliche Gebäude werden seitdem von der „Werkstatt Frankfurt e. V." genutzt. Der weitaus größere Teil – Start- und Landebahn, das Flugvorfeld sowie die Hubschrauberabstellplätze – lagen seitdem brach. Die versiegelten Flächen wurden jedoch nur sehr zögerlich von der Natur zurückerobert.

Die Stadt Frankfurt am Main (1994) plante zunächst, dieses Gelände wieder in die frühere Wiesenlandschaft der Niddaaue mit Grünlandnutzung zurückzuführen, zumal es Teil des Landschaftsschutzgebietes „GrünGürtel und Grünzüge in der Stadt Frankfurt" ist. Aufgrund zahlreicher Ungewissheiten, die mit einem vollständigen Rückbau verbunden waren, wurde eine Teilentsiegelung (Zerstörung der Beton- und Asphaltflächen) geprüft (vgl. Malten et al. 1996) und schließlich umgesetzt, ohne eine gleichzeitige Renaturierung im Sinne einer Wiederherstellung des ursprünglichen Auencharakters durchzuführen.

Das ca. 5 ha große Flugfeld des ehemaligen Hubschrauberlandeplatzes wurde 2003 umgestaltet. Die Entsiegelung umfasste die Asphalt- und Betonflächen des Flugplatzvorfeldes und der Hubschrauberabstellplätze. Etwa 25 % der Landebahn wurden aufgebrochen und das Material zur Entsorgung abtransportiert. Die andere Hälfte der Landebahn blieb bestehen und dient seither der Freizeitnutzung. Alle übrigen Flächen wurden aufgebrochen, der unbelastete Asphalt und Beton aber nicht abtransportiert, sondern an Ort und Stelle in unterschiedliche Kornfraktionen zerkleinert. So entstand im Norden des Geländes eine

Abb. 83: Der Abschnitt des sogenannten „Schollenfeldes" mit dem gröbsten Betonschutt nach der Entsiegelung 2003. Foto: I. Ottich.

große, als „Schollenfeld" bezeichnete Fläche (Abb. 83) mit sieben Teilbereichen, die durch unterschiedliche „Korngrößen" des Betonschutts ausgezeichnet sind.

2005 wurden weitere Veränderungen vorgenommen, so erfolgte eine Aufweitung des vorhandenen Grabens zu einem Stillgewässer mit Flachufern und Röhrichtzonen. Etwa zeitgleich verstopfte der Abfluss, der zur Entwässerung der zentral gelegenen Wiese gedient hatte. Er wurde nicht wieder freigelegt, so dass seither Teile der Wiese und des so genannten Schollenfeldes im Norden dauerhaft überflutet sind.

Im Auftrag des Umweltamtes der Stadt Frankfurt am Main war die Arbeitsgruppe Biotopkartierung seit der „Stunde Null" dabei, um die Wiederbesiedlung dieser Schutt- und Schollenfelder durch Pflanzen und Tiere zu dokumentieren.

Pflanzen besiedelten den aufgebrochenen Betonschutt sehr rasch. In der Vegetationsperiode 2004 war die Deckung der Arten noch sehr gering (Abb. 84) und viele Exemplare waren nur kümmerlich entwickelt, es ließen sich im Bereich des Schollenfeldes aber bereits 125 Arten nachweisen. 2007 war diese Zahl auf fast 200 Arten angestiegen und insbesondere in den vernässten Bereichen haben sich zwischen den Betonschollen dichte, etwa 2 m hohe Gehölze aus Weiden und Pappeln ausgebildet.

Zum Arteninventar des Schollenfeldes gehören zwei Arten, die in Hessen als gefährdet gelten (Rote-Liste-Kategorie 3, Hemm et al. 2008): Kleines Tausendgüldenkraut (*Centaurium pulchellum*, Abb. 85) und Ruhr-Flohkraut (*Pulicaria dysenterica*, Abb. 86). Das nur bis 5 cm hohe Kleine Tausendgüldenkraut ist schon seit den 1990er Jahren auf dem Gelände bekannt. Die Art bildet eine lang-

Abb. 84: Die Wiederbesiedlung auf dem Schollenfeld beginnt. Foto: I. Ottich.

lebige Samenbank und besiedelt offene, nasse Flächen. Da derartige Bedingungen rar sind, ist sie entsprechend selten nachweisbar. Eine Samenbank der Pflanze muss aber an vielen Stellen im Boden vorhanden sein. Anders ist ihr plötzliches Auftreten an Standorten mit passenden Bedingungen nicht erklärbar. Das Flohkraut wurde bereits Mitte der 1980er Jahre an Gräben westlich des Flugplatzes nachgewiesen. Auf dem Schollenfeld wurde es dagegen erstmals 2005 beobachtet. Es kommt bisher nur in wenigen Exemplaren vor, während sich das Tausendgüldenkraut im Schollenfeld zu Hunderten findet.

Eine weitere Besonderheit auf dem Schollenfeld ist das Niedrige Fingerkraut (*Potentilla supina*, Abb. 87). Es ist auf den spärlich bewachsenen Flächen mit viel Feinmaterial zu finden und gehört zu den ersten Pionieren, die sich nach den Umbaumaßnahmen angesiedelt haben. Für Hessens Botaniker nicht unwichtig ist ein weiterer Fund: 1996 sammelte einer der Autoren hier einen Storchschnabel. Bei späterer Bestimmung (Gregor 2008) stellte sich heraus, dass es sich um den hessischen Erstfund des Glattfrüchtigen Storchschnabels (*Geranium aequale*) gehandelt hatte, dessen Existenz in Deutschland erst seit wenigen Jahren bekannt ist.

Die Besiedlung der einzelnen Teilflächen erfolgt sehr unterschiedlich. Dies liegt an der unterschiedlichen Korngrößenzusammensetzung und der damit verbundenen Wasserhaltekraft des Bodens. Seit 2005 ist außerdem die dauerhafte Vernässung einiger Bereiche hinzugekommen.

Das hat dazu geführt, dass die Vegetation des Schollenfeldes sich einerseits aus Arten eher trockener Ruderalflächen, andererseits aus feuchte- und nässeliebenden Arten zusammensetzt. Die unterschiedlichen Bedingungen, die hier auf engem Raum nebeneinander geschaffen wurden, erklären den Artenreichtum dieser Fläche. Zu den Arten trockener, offener Bereiche gehören beispielsweise:

- Dreifinger-Steinbrech (*Saxifraga tridactylites*)
- Graugrünes Weidenröschen (*Epilobium tetragonum* subsp. *lamyi*)

Abb. 85: Kleines Tausendgüldenkraut (*Centaurium pulchellum*) auf dem Alten Flugplatz. Foto: D. Bönsel.

Abb. 86: Ruhr-Flohkraut (*Pulicaria dysenterica*). Foto: D. Bönsel.

- Kompass-Lattich (*Lactuca serriola*)
- Quendelblättriges Sandkraut (*Arenaria serpyllifolia*)
- Silber-Fingerkraut (*Potentilla argentea*)

Einige Beispiele der vorwiegend auf Feuchtstandorten wachsenden Arten sind:

- Blaugrüne Binse (*Juncus inflexus*)
- Blut-Weiderich (*Lythrum salicaria*)
- Gewöhnliche Kröten-Binse (*Juncus bufonius*)
- Glanzfrüchtige Binse (*Juncus articulatus*)
- Korb-Weide (*Salix viminalis*)
- Zusammengedrückte Binse (*Juncus compressus*)

Die Besiedlung der Bereiche, in denen Teile der Landebahn abgeräumt wurden, verlief anders als die auf dem Betonschutt des Schollenfeldes. Die aufgebrochenen Teile der asphaltierten Landebahn wurden abtransportiert. Die entstandenen Freiflächen bestanden daher nicht aus zerkleinertem Beton, sondern aus offenem Boden. Damit ähnelten sie eher einem brachliegenden Acker und entsprechend verlief die Besiedelung. Im ersten Jahr stellten sich viele Ackerunkräuter ein, beispielsweise:

- Acker-Stiefmütterchen (*Viola arvensis*)
- Behaartes Franzosenkraut (*Galinsoga ciliata*)
- Echte Kamille (*Matricaria recutita*)
- Geruchlose Kamille (*Tripleurospermum perforatum*)
- Persischer Ehrenpreis (*Veronica persica*)

Nach nur wenigen Jahren wurde das Bild jedoch von der Kanadischen Goldrute (*Solidago canadensis*) bestimmt, die auf Ackerbrachen ausgedehnte und dichte Bestände bilden kann. Daneben kommen Rainfarn (*Tanacetum vulgare*) und verschiedene Gehölze wie Birke (*Betula pendula*), Weiden (*Salix* spp.) und Pappeln (*Populus* spp.) vor.

Eine umfangreiche Liste der auf dem gesamten Gebiet des Alten Flugplatz nachgewiesenen

Abb. 87: Niedriges Fingerkraut (*Potentilla supina*) auf dem Schollenfeld. Foto: I. Ottich.

Höheren Pflanzen findet sich im Anhang (Tab. II). Darin sind auch Arten enthalten, die auf dem Gelände nur an Sonderstandorten, etwa an oder in dem 2005 ausgebauten Gewässer, vorkommen. Hierzu gehören einige ungewöhnliche Vertreter, z. B. der Fieberklee (*Menyanthes trifoliata*), der vermutlich angesalbt wurde.

Die nachträgliche Vernässung von Teilen des Gebietes wirkte sich positiv für viele **Vogelarten** aus. Insbesondere an Feuchtgebiete gebundene Durchzügler profitieren von den seit 2005 vorhandenen nassen Wiesen- und Schotterflächen. Zu den rastenden Arten zählen z. B. Bekassine (*Gallinago gallinago*), Waldwasserläufer (*Tringa ochropus*), Bruchwasserläufer (*Tringa glareola*) und Knäkente (*Anas querquedula*, Abb. 90). Jedoch war das Gebiet auch zuvor mit 54 beobachteten Vogelarten bereits als für Vögel besonders wertvoll eingestuft worden. Dabei wurden die meisten Arten in den Gebüsch-, Schilf- und Waldbereichen angetroffen.

Abb. 88: Blut-Weiderich (*Lythrum salicaria*) auf dem Schollenfeld. Foto: I. Ottich.

Abb. 89: Die Echte Kamille (*Matricaria recutita*) gehört zu den Pflanzenarten, die in den ersten Jahren im Bereich der abgetragenen Landebahn siedelten. Foto: I. Ottich.

26 Arten wurden, meist in einzelnen Exemplaren, auch auf dem Schollenfeld beobachtet. Einiges Aufsehen erregten Beobachtungen von Steinschmätzer (*Oenanthe oenanthe*) und Brachpieper (*Anthus campestris*) in 2004. Für den Steinschmätzer, der im Herbst gelegentlich bei uns als Durchzügler auf Ackerflächen beobachtet werden kann, bestand Brutverdacht. Der Brachpieper ist, wie der Name vermuten lässt, an extrem spärlich bewachsene Flächen angepasst und tritt nur noch sporadisch als Brutvogel in südhessischen Sandgebieten auf. Auch der ebenfalls an schütter bewachsene Flächen angepasste Flussregenpfeifer (*Charadrius dubius*, Abb. 91) wurde im Bereich der Schotterflächen mehrfach beobachtet. Aufgrund der starken Freizeitnutzung, insbesondere durch Spaziergänger mit Hunden, ist – eben-

so wie beim Kiebitz (*Vanellus vanellus*) – trotz der für diese Arten augenscheinlich günstigen Lebensräume nicht mit Bruten im Untersuchungsgebiet zu rechnen. Hier zeigen sich Grenzen der ansonsten auf dem Gelände des Alten Flugplatzes gut funktionierenden Doppelnutzung der Fläche für Natur und Naherholung. Eine Liste der in den Jahren 2004 und 2005 auf dem Gelände des Alten Flugplatzes nachgewiesenen Vogelarten findet sich im Anhang (Tab. III).

Wer auf dem Alten Flugplatz spazieren geht, wird ihnen mit großer Wahrscheinlichkeit begegnen: **Amphibien.** Sie waren ursprünglich gar nicht im Untersuchungsprogramm enthalten. Durch die großflächige Überflutung der Wiesenbereiche und der Schotterflächen haben sich jedoch günstige Lebensräume für diese Tiergruppe entwickelt.

Der Grasfrosch (*Rana temporaria*) laicht in recht großer Zahl in den an das Untersuchungsgebiet grenzenden Gräben (Malten et al. 1996). 2005 konnten dort etwa 200 Laichballen gezählt werden. In den neu überschwemmten Flächen war die Art bereits im ersten Jahr mit etwa 20 Laichballen zu finden. Diese Flächen wurden auch schnell vom Teichfrosch (*Rana* kl. *esculenta*) und Seefrosch (*Rana ridibunda*) besiedelt. Mehr als 50 rufende Individuen dieser Arten hatten sich im Mai eingefunden. Im Herbst 2004 wurde die seltene Wechselkröte (*Bufo viridis*, Abb. 92) aus einem Neubaugebiet auf den Alten Flugplatz umgesiedelt. Anfang Juni 2005 konnten bereits die ersten frisch metamorphisierten juvenilen Wechselkröten registriert werden.

Abb. 90: Männchen der Knäkente (*Anas querquedula*) auf dem Alten Flugplatz am 6.4.2005. Foto: A. Malten.

Abb. 91: Flussregenpfeifer (*Charadrius dubius*). Foto: A. Malten.

Der Laubfrosch (*Hyla arborea*) wurde im Sommer 2005 von I. Grabow aus den überschwemmten Wiesenbereichen gehört und G. Calla fand 2005 eine Kreuzkröte (*Bufo calamita*) in den Schollenfeldern. Von den Schwanzlurchen sind auf dem Gebiet des Alten Flugplatzes der Bergmolch (*Triturus alpestris*) und der Teichmolch (*Triturus vulgaris*) bekannt. Damit sind auf dem recht kleinen Gelände insgesamt 9 Amphibienarten nachgewiesen (Tab. 6).

Die Vernässung von Teilen des Flugplatzgeländes wirkte sich nicht nur positiv auf Vögel und Amphibien aus, auch die **Libellen** haben seither zugenommen. Sie wurden 2005 erstmals untersucht. Dabei wurden bereits 22 Arten festgestellt (vgl. Tab. IV im Anhang), von denen fünf in den Roten Listen geführt werden:

- Gefleckte Heidelibelle (*Sympetrum flaveolum*)
- Gemeine Winterlibelle (*Sympecma fusca*)
- Kleine Pechlibelle (*Ischnura pumilio*)
- Südliche Binsenjungfer (*Lestes barbarus*)
- Südlicher Blaupfeil (*Orthetrum brunneum*)

Auffällig war das starke Auftreten allgemein eher seltener Arten, wie der Kleinen Pechlibelle und des Südlichen Blaupfeils (Abb. 93).

Der Alte Flugplatz ist aufgrund der Artenvielfalt, die hier auf engem Raum beobachtet werden kann, der guten Erreichbarkeit mit Auto, U-Bahn (Station „Kalbach") oder Fahrrad (z. B. über den Nidda-Radweg) und nicht zuletzt aufgrund der zahlreichen Freizeitangebote und des Tower-Cafés in den letzten Jahren zu einem beliebten Ausflugsziel im Frankfurter GrünGürtel geworden. Wenn es gelingt, Störungen durch Menschen und besonders Hunde dauerhaft auf einen Teil der Fläche zu begrenzen, dann ist beim Alten Hubschrauberlandeplatz eine langfristige Verbindung von Natur und Erholung gelungen.

Abb. 92: Die seltene Wechselkröte (*Bufo viridis*) lebt seit 2004 auf dem Alten Flugplatz. Foto: A. Malten.

Abb. 93: Südlicher Blaupfeil (*Orthetrum brunneum*) auf Beton-Schollen. Foto: A. Malten.

Art	RLD	RLH	BNG
Erdkröte (*Bufo bufo*)	–	V	b
Kreuzkröte (*Bufo calamita*)	3	2	s
Wechselkröte (*Bufo viridis*)	2	1	s
Laubfrosch (*Hyla arborea*)	2	1	s
Teichfrosch (*Rana* kl. *esculenta*)	–	3	b
Seefrosch (*Rana ridibunda*)	3	G/D	b
Grasfrosch (*Rana temporaria*)	V	V	b
Bergmolch (*Triturus alpestris*)	–	V	b
Teichmolch (*Triturus vulgaris*)	–	V	b

Tabelle 6: Liste der 2005 im Untersuchungsgebiet festgestellten Amphibienarten.
RLD = Einstufung in der Roten Liste Deutschlands (Beutler et al. 1998)
RLH = Einstufung in der Roten Liste Hessens (Jedicke 1996), Gefährdungsstufen: 1 = vom Aussterben bedroht, 2 = stark gefährdet, 3 = gefährdet, G/D = Gefährdung anzunehmen/ Daten mangelhaft, V = Vorwarnliste
BNG = Bundesnaturschutzgesetz
Schutzkategorien: b = besonders geschützte Art; s = streng geschützte Art

Abb. 94: Nilgänse (*Alopochen aegyptiacus*), Stockenten (*Anas platyrhynchos*) und Lachmöwen (*Larus argentatus*) am kanalartig ausgebauten Mainufer in Frankfurt-Sachsenhausen. Foto: A. Malten.

Fließgewässer – Frankfurts Wasseradern

Fließgewässer sind wichtige Ausbreitungswege für aquatische und terrestrische Organismen. Von ihrem Zustand hängt nicht nur die Funktionsfähigkeit angrenzender Lebensräume, sondern auch der Erholungswert vieler Landschaften ab. Die Geschichte Frankfurts ist eng mit seinen Fließgewässern verbunden. Wie Keramikfunde belegen, siedelten bereits während der Jungsteinzeit um 5000 v. Chr. Menschen an den Auen von Main und Nidda. Eine Furt durch den Main in der Nähe des Fahrtores gab der Stadt den Namen Franconovurd, der erstmals aus dem Jahre 794 belegt ist (Stadt Frankfurt am Main 2004). Aber nicht nur Main und Nidda prägen das Stadtbild, sondern auch eine Vielzahl kleinerer Fließgewässer, die vielen Stadtteilen ihren besonderen Charakter und auch Namen geben.

Fließgewässerlebensräume umfassen nicht nur das eigentliche Gewässerbett, sondern auch die Uferzonen. Beide sind in hohem Maße voneinander abhängig und bilden eine funktionale Einheit. Je nach Gewässermorphologie und -struktur sowie mittlerem Niedrigwasserabfluss unterscheidet der Biotoptypenschlüssel der Stadt Frankfurt (Bönsel et al. 2007) drei Haupttypen von Fließgewässern, nämlich:

- Gräben und grabenartige Bäche,
- Bäche,
- Flüsse und Ströme.

Gräben und grabenartig ausgebaute Bäche dienen der Be- oder Entwässerung. Ihre Abflussdynamik ist meist stark eingeschränkt, sie sind begradigt und die Ufer sind in ein „Regelprofil" gebracht. Im Gegensatz dazu umfassen Bäche einerseits naturnahe und strukturreiche, anderer-

Abb. 95: Grabenartig ausgebauter Kalbach bei Bonames. Foto: D. Bönsel.

seits auch wasserbaulich bereits veränderte und strukturarme Fließgewässer, die nach der aktuellen Karte über den „Biologischen Gewässerzustand" des Landes Hessen (Hessisches Landesamt für Umwelt und Geologie 2000) einen ungefähren mittleren Niedrigwasserabfluss von weniger als 1 m³/s aufweisen. Naturnahe Ausprägungen zeichnen sich durch Strukturmerkmale wie Stromschnellen, turbulente Strömungen, gewundene oder mäandrierende Gewässerverläufe, Prall- und Gleithänge, Stillwasserzonen und Kolke aus. Unter Flüssen und Strömen werden Fließgewässer mit mehr als 5 m Breite zusammengefasst, die einen ungefähren mittleren Niedrigwasserabfluss von mehr als 1 m³/s aufweisen. Im Stadtgebiet von Frankfurt erfüllen nur die Gewässerläufe von Nidda und Main (Abb. 97 und 98) dieses Kriterium.

Abb. 96: Königsbach unterhalb des Jacobiweihers im Stadtwald. Foto: D. Bönsel.

Die Auswertung der in den Jahren 1998–2003 gewonnenen Daten der Biotoptypenkartierung ergab für die oben genannten Fließgewässertypen eine Fläche von insgesamt 350,3 ha (vgl. Tab. 7), was einem Anteil von 1,4 % des Stadtgebietes entspricht. Hinzu kommen noch etwa 0,3 ha assoziierte Lebensräume wie ehemalige Flussstrecken (Altarme) und Quellbereiche.

Die Beeinträchtigung der Fließgewässerlebensräume in Frankfurt ist komplexer Natur und beruht größtenteils auf Maßnahmen, die vor langer Zeit durchgeführt wurden. Im Nachfolgenden sollen die wesentlichen Ursachen angesprochen werden.

Wasserbauliche Veränderungen stellen besonders gravierende Eingriffe in den Zustand der Gewässer dar. Zu Beginn des 19. Jahrhunderts begann nach der Regulierung der großen Flüsse auch die der Bäche (Ringler et al. 1994). Zur Verbesserung der Produktions- und Arbeitsbedingungen und durch den wachsenden Siedlungsdruck (Hochwasserschutz) wurden zahlreiche Fließgewässer begradigt, vertieft und befestigt (Abb. 100).

Der Ausbau des Mains zur Wasserstraße begann mit der Industrialisierung zu Anfang des 19. Jahrhunderts. 1846 wurde durch Einengung der

Abb. 97: Nidda zwischen Bonames und Berkersheim. Foto: D. Bönsel.

Fahrrinne der Fluss vertieft. Der Ausbau der Nidda setzte im Jahre 1824 ein, hauptsächlich fand er jedoch in zwei Ausbauphasen von 1926 bis 1931 sowie 1961 bis 1967 statt und führte zu massiven Veränderungen des Flusscharakters (Kossler et al. 1991, Stadt Frankfurt am Main Umweltamt 2004). Mit der Begradigung und der damit verbundenen Flusslaufverkürzung wurde eine Folge von Konsequenzen ausgelöst. So verstärkte sich mit der Erhöhung des Gefälles die Schubspannung auf Sohle und Ufer, wodurch sich das Gewässer eintiefte. Dies führte zur Absenkung des Grundwasserspiegels in der angrenzenden Aue. Auenbereiche mit feuchtem und wechselfeuchtem Grünland wurden daraufhin in intensiv genutztes Grünland oder Ackerland umgewandelt. Querbauwerke in Form von Sohlabstürzen oder Wehren konnten dies nicht verhindern, sondern stellten zusätzlich Migrationshemmnisse für die Fischfauna dar. Die starke Tiefen- und Seitenerosion versuchte man u. a. durch Steinsätze und Sohlschalen abzumildern. Weiterhin wurden variierende Breiten-, Tiefen- und Strömungsverhältnisse vereinheitlicht und in vielen Abschnitten Fischunterstände zerstört. Da Ufergehölze einem geregelten Abfluss entgegenstanden, wurden sie vielerorts beseitigt und durch Rasenböschungen ersetzt, nachdem die Ufer zuvor in ein pflegeleichtes und einheitliches Trapezprofil gebracht worden waren. Zur Beschleunigung des Wasserabflusses wurden zudem Hindernisse im Gewässerbett wie Kies-, Sand- und Schlammbänke beseitigt und somit den an diese Habitatstrukturen angepassten Arten der Lebensraum entzogen. Innerorts wurden ganze Bachabschnitte verrohrt, sie verlaufen heute unter Straßen, Parkplätzen oder Bahntrassen. Beispiele für diese intensivste Form des Ausbaus sind Liederbach, Kalbach oder Königsbach.

Aufgrund der umfangreichen gewässerbaulichen Veränderungen in der Vergangenheit weisen zahlreiche Fließgewässer im Stadtgebiet erhebliche Strukturdefizite auf, sie gelten nach der Gewässerstrukturgütekartierung des Landes Hessen als stark bis vollständig verändert (Hessisches Ministerium für Umwelt, Landwirtschaft und Forsten 2000). Gewässerregulierungen gehören heute weitgehend der Vergangenheit an. Durch Renaturierungsmaßnahmen versucht man

Abb. 98: Der Main im Osten Frankfurts. Foto: I. Ottich.

seit einigen Jahren, zumindest partiell Ausbaumaßnahmen wieder rückgängig zu machen oder abzumildern. So wurden an der Nidda zwischen Bonames und Berkersheim Ende der 1990er Jahre Profilaufweitungen durchgeführt (Technische Hochschule Darmstadt 1997, Malten et al. 1997, Bönsel & Malten 2009), wodurch mehr Wasser zurückgehalten werden kann. Ferner fanden Renaturierungsprojekte an Sulzbach (Bönsel & Malten 2006) und Königsbach statt; weitere sind in Planung.

Zur **Gewässerunterhaltung,** d. h. zur Erhaltung eines „ordnungsgemäßen" Wasserabflusses, gehört in Frankfurt die Pflege nicht nur ausgebauter, sondern auch naturnaher Fließgewässer. Es wird geräumt, entkrautet, teilweise wurden Sohl- und Ufersicherungen eingebaut. Zudem erfolgt vielerorts eine Mahd bzw. Mulchmahd der Ufer. Derartige Unterhaltungsmaßnahmen erfordern eine differenzierte Betrachtungsweise. So bewirken gelegentlich durchgeführte, abschnittsweise Grabenräumungen ohne wesentliche Vertiefung der Grabensohle eine Förderung seltener und gefährdeter Pionierarten.

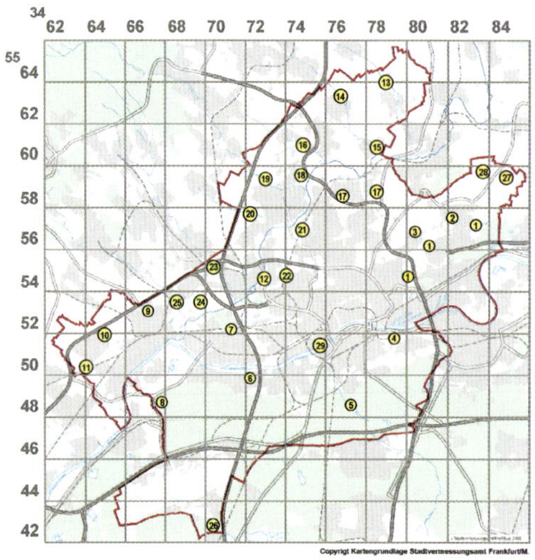

Abb. 99: Fließgewässer im Stadtgebiet (nach Stadt Frankfurt am Main, Umweltamt 2004, verändert). Erläuterungen dazu siehe Tabelle VII im Anhang.

Abb. 100: Ausbau der Nidda bei Bonames im Jahre 1962. Quelle: Institut für Stadtgeschichte Frankfurt a. M.

Die **Gewässerverschmutzung** spielt noch immer eine erhebliche Rolle. Zwar konnte durch den Kläranlagenbau der letzten Jahrzehnte die Abwasserbelastung vieler Bäche und Flüsse erheblich reduziert werden, was sich deutlich in der Gewässergüte widerspiegelt (Hessisches Landesamt für Umwelt und Geologie 2000), in intensiv landwirtschaftlich genutzten Regionen wie dem Frankfurter Umland stellen die Einträge – insbesondere an Stickstoff und Phosphor – aus angrenzenden landwirtschaftlichen Flächen aber immer noch eine erhebliche Beeinträchtigung dar, die wesentlich zur Gewässereutrophierung beiträgt und Veränderungen der Flora und Fauna zur Folge hat. In der aktuellen Fließgewässerflora Frankfurts fehlen Reinwasserarten vollständig, so dass beispielsweise in der als mäßig belastet geltenden Nidda (Gewässergüteklasse II) lediglich nährstofftolerante Pflanzen wie Kanadische Wasserpest (*Elodea canadensis*), Ähriges Tausendblatt (*Myriophyllum spicatum*) oder Kamm-Laichkraut (*Potamogeton pectinatus*) siedeln. Hinzu kommen Beeinträchtigungen durch Pestizideinträge, die zusätzlich negative Auswirkungen auf die Lebensgemeinschaften haben können.

Austrocknung lässt sich als Folgeerscheinung der allgemein festzustellenden Absenkung des Grundwasserspiegels sowie wohl auch von Klimaveränderungen immer häufiger feststellen. Einige der kleineren, aus dem Taunusvorland kommenden Bäche wie Steinbach und Westerbach führen in den Sommermonaten nur noch wenig bis überhaupt kein Wasser. Dies hat erhebliche Auswirkungen auf die bachgebundene Flora und Fauna.

Neophyten, in der Hauptsache das Indische Springkraut (*Impatiens glandulifera*, Abb. 102), gehören zum festen Bestandteil der Ufervegetation an vielen Frankfurter Fließgewässern.

Abb. 101: Müll und seltene Pflanzen: In der Nidda bei Berkersheim wachsen Gewöhnliches Pfeilkraut (*Sagittaria sagittifolia*), Igelkolben (*Sparganium emersum*) und die besonders geschützte Gelbe Teichrose (*Nuphar lutea*). Foto: I. Ottich.

Abb. 102: Indisches Springkraut (*Impatiens glandulifera*). Foto: I. Ottich.

Aufgrund ihrer hohen Konkurrenzkraft können sie heimische Pflanzenarten zurückdrängen. Wie Untersuchungen von Ottich & Bönsel (2002) am Beispiel der Niddaufer sowie der Grabenufer im Sossenheimer Unterfeld zeigen, stellen sie aktuell jedoch nur eine geringe Beeinträchtigung dar, so dass Bekämpfungsmaßnahmen derzeit nicht empfohlen werden.

Die zukünftige Entwicklung der Frankfurter Fließgewässer ist eng mit der Wasserrahmenrichtlinie der Europäischen Gemeinschaft verknüpft, die 2000 in Kraft trat. Die Richtlinie schafft einen Ordnungsrahmen für den Schutz der Oberflächengewässer und des Grundwassers. Verbindliche Umweltziele sind in Artikel 4 festgelegt, der zentralen Vorschrift der Richtlinie. Bei oberirdischen Gewässern gelten folgende Ziele:

- guter ökologischer und chemischer Zustand in 15 Jahren,
- gutes ökologisches Potenzial und guter chemischer Zustand bei erheblich veränderten oder künstlichen Gewässern in 15 Jahren,
- Verschlechterungsverbot.

Abb. 103: Strukturreicher Abschnitt des Königsbachs im Stadtwald. Foto: D. Bönsel.

Im Zuge der Umsetzung der Richtlinie müssen weitere Fließgewässerabschnitte im Stadtgebiet von Frankfurt renaturiert werden. Zahlreiche Maßnahmen, etwa der Rückbau von Wehren oder der Anschluss von Altarmen, sind in Planung. Weitere Umbaumaßnahmen werden folgen, wobei der Schwerpunkt zunächst auf stark beeinträchtigten Fließgewässern liegen sollte. Neben der Nidda bieten sich u. a. verbaute Abschnitte von Königsbach, Erlenbach, Eschbach und Kalbach an.

Naturnahe Bereiche fließender Gewässer einschließlich ihrer Ufer und der dazugehörigen uferbegleitenden natürlichen oder naturnahen Vegetation und ihrer Verlandungsbereiche gehören zu den nach § 31 HENatG geschützten Lebensräumen. Eine Zerstörung oder eine sonstige erhebliche Beeinträchtigung derartiger Biotope ist nach derzeitiger Gesetzeslage verboten. Naturferne Fließgewässer wie Gräben oder grabenartige Bäche unterliegen keinem gesetzlichen Schutz. Geschützt sein kann jedoch deren Vegetation, wenn es sich beispielsweise um Röhrichte und Großseggenbestände handelt. Von den im Stadtgebiet zwischen 1998 und 2003 erfassten Fließgewässern wurden fast 70 ha (= 19 %) aufgrund ihrer Naturnähe und/oder Vegetation als gesetzlich geschützt eingestuft. Bei getrennter Betrachtung der unterschiedlichen Fließgewässertypen ergibt sich das in Tabelle 7 dargestellte Bild.

Insbesondere bei den Gräben, den strukturarmen Bächen sowie den Flüssen und Strömen bezieht sich der Schutz nicht auf das eigentliche Gewässer, sondern auf die besiedelnde Vegetation, die häufig nicht über die gesamte Fläche des Objektes zu finden ist. Daher sind die ermittelten Hektarzahlen eher zu hoch angesetzt.

Die naturschutzfachliche Bewertung von Gräben bedarf einer differenzierten Betrachtungsweise. So stellt jeder Graben einen Eingriff in den Wasserhaushalt dar, der benachbarte Lebensräume in ihrer Qualität beeinträchtigt. Auf der anderen Seite können Grabenbiotope aber auch

Biotoptyp	Anzahl	Gesamtfläche (ha)	davon geschützt (ha)	Anteil (%)
Gräben, grabenartige Bäche	370	29,0	3,9	13,4
Bäche	135	22,6	10,9	48,0
Flüsse und Ströme	96	298,6	52,1	17,4
Gesamt	**601**	**350,3**	**66,9**	**19,1**

Tabelle 7: Übersicht der gesetzlich geschützten Fließgewässer im Stadtgebiet von Frankfurt am Main.

Abb. 104: Knollige Spierstaude (*Filipendula vulgaris*). Foto: D. Bönsel.

wichtige Sekundärlebensräume für Arten der Röhrichte und Großseggenrieder sowie für Libellen und Amphibien sein. Als Beispiel sei hier der Knotenblütige Sellerie (*Apium nodiflorum*) angeführt, dessen Vorkommen in Frankfurt ausnahmslos auf derartige Biotope beschränkt ist. Ferner sind Grabenuferböschungen oftmals wichtige Refugien für Pflanzen des Extensivgrünlandes und bedeutsam als Pufferzone zu angrenzenden, intensiv genutzten Flächen.

Die Funktion von Bach- und Fluss-Lebensräumen im Naturhaushalt ist vielschichtig. Aspekte der Erhaltung von Arten und Lebensgemeinschaften, des Stoff- und Wasserhaushaltes sowie des Landschaftsbildes stehen dabei im Vordergrund.

Bestandsbedrohte Arten kommen in und an den Fließgewässern in Frankfurt nur in geringem Maße vor. So wachsen beispielsweise an den Niddaufern zwischen Bonames und Berkersheim zerstreut die gefährdete Knollige Spierstaude (*Filipendula vulgaris*, Abb. 104) und der rückläufige und auf der so genannten Vorwarnliste verzeichnete Knöllchen-Steinbrech (*Saxifraga granulata*, Abb. 105). Beide Arten sind durch Nutzungsintensivierung aus dem benachbarten Auengrünland weitgehend verschwunden. Nachdem durch Ausbau und Verschmutzung die Fischfauna auf wenige tolerante Arten zurückgegangen war, kann man heute im Unterlauf der Nidda wieder die klassische Art derartiger Flussbereiche, die Barbe (*Barbus barbus*), beim Ablaichen auf Kiesbänken beobachten. Sie und die durch ihre Laichwanderungen bekannte Nase (*Chondrostoma nasus*) wurden erfolgreich wieder angesiedelt.

Naturnahe Fließgewässer (Abb. 106) sammeln natürliche Quell- und Oberflächenwässer ebenso wie Abflüsse aus Rohrleitungssystemen und von

Abb. 105: Knöllchen-Steinbrech (*Saxifraga granulata*) im Böschungsbereich der Nidda. Foto: I. Ottich.

Abb. 106: Naturnaher Bachabschnitt. Foto: D. Bönsel.

versiegelten Oberflächen. Bis zum Vorfluter leisten sie damit einen entscheidenden Beitrag zur Wasserrückhaltung einer Landschaft, wobei bachbegleitende Lebensräume oftmals eine wichtigere Rolle als das Gewässer selbst spielen. Im Stadtgebiet von Frankfurt ist diese Funktion bei vielen Fließgewässern durch wasserbauliche Veränderungen der Vergangenheit stark eingeschränkt worden. Durch Renaturierungsmaßnahmen an verschiedenen Fließgewässern versucht man die Wasserrückhaltung wieder zu verbessern und mehr Retentionsraum zu schaffen.

Fließgewässer und ihre Talräume besitzen einen ausgleichenden Einfluss auf das Lokalklima, der insbesondere in dicht besiedelten Räumen wie dem Stadtgebiet von Frankfurt eine erhebliche Bedeutung erlangen kann. Diese lokalklimatische Funktion resultiert u. a. aus dem Kaltluftabfluss in Auen, der Windschneisenwirkung offener Fließgewässerräume, wie beispielweise der Nidda- und Mainaue im Stadtgebiet, sowie aus der erhöhten Verdunstungsrate in Auen.

In einer sonst vielfach ausgeräumten und nivellierten Kulturlandschaft zählen Fließgewässer zu den wenigen formenden Strukturen, sie prägen durch uferbegleitende Gehölze in typischer Weise das Landschaftsbild. Sie stellen somit entscheidende Träger landschaftlicher Eigenart dar, die dem Menschen, der in einer bestimmten Landschaft lebt, zu räumlicher Identifikation verhilft. Auenlandschaften, selbst wenn sie wie in Frankfurt bereits vielerorts stark anthropogen überformt sind, werden in der Regel als schön empfunden und zu Erholungszwecken genutzt. Durch die Pflanzen- und Tierartenvielfalt kommt zudem ein Erlebniswert hinzu. Die uferbegleitenden Radwege entlang Main und Nidda gehören besonders an den Wochenenden zu den am stärksten frequentierten im Stadtgebiet.

Stillgewässer – Biotope aus Menschenhand

Seen, Weiher, Teiche und Tümpel besitzen als Lebensraum seltener Pflanzen und Tiere oft eine Schlüsselrolle im Natur- und Artenschutz. Andererseits können Stadtmenschen hier auf einfache Art mit der Natur in Kontakt kommen. Das oft negativ bewertete Entenfüttern ist für Stadtkinder mitunter ein besonderes Naturerlebnis. Ein schön angelegter Teich erfreut viele Erholungssuchende mit seinem Anblick, weshalb die Uferbepflanzung häufig nicht der Natur überlassen wird.

Über 100 Stillgewässer wurden im Rahmen der Biotoptypenkartierung auf Frankfurter Stadtgebiet zwischen 1998 und 2003 erfasst. Sie bedecken insgesamt eine Fläche von 45 ha. Nahezu ausnahmslos sind sie anthropogenen Ursprungs und in ihrer Form und Ausgestaltung durch menschliche Nutzung entscheidend geprägt. Bei der Kartierung wird unterschieden zwischen:

- Tümpeln und temporären Gewässern,
- Teichen und Weihern,
- Bagger- und Abgrabungsgewässern.

Abb. 107: Flacher Tümpel im Mühlbachtal. Foto: D. Bönsel.

Im Stadtgebiet gibt es 46 Teiche und Weiher mit einer Gesamtfläche von etwa 30 ha. In der Regel sind sie ablassbar und werden entweder durch Fließgewässer wie der Jacobiweiher, Quellen wie der Bachrainweiher oder Grundwasser wie der Teich im Martin-Luther-King-Park gespeist.

Stillgewässer begegnen uns in Frankfurt mit vielen verschiedenen Gesichtern. Sie können naturnah mit ausgedehntem Röhrichtgürtel oder naturfern und fast steril mit Betoneinfassung gestaltet sein. Von manchen ist im Sommer nicht mehr als eine kleine Pfütze übrig, auf anderen kann man Boot fahren. Die unterschiedliche Ausgestaltung der Gewässer wirkt sich natürlich auch auf die in und an ihnen lebenden Organismen aus. Im Folgenden wird eine kleine Auswahl Frankfurter Stillgewässer auch im Hinblick auf lohnenswerte Ausflugsziele vorgestellt.

Relativ ungestört präsentiert sich der Rohsee im westlichen Schwanheimer Wald (zum Rohsee führt Spaziergang 2 in diesem Band). Dieses Gewässer, das aus einem Altmainarm entstand, ist aus der Luft kaum auszumachen. Als Besonderheit wachsen die so genannten „Stelzerlen" mitten in dem flachen Gewässer (Abb. 108). Es handelt sich dabei um Schwarzerlen (*Alnus glutinosa*), die Jahrhunderte lang zur Stangenholzgewinnung geschlagen wurden. Die Erlen starben dadurch jedoch nicht ab, sondern verjüngten sich durch Stockausschläge, so dass die großen Wurzelbulte heute mehrere hundert Jahre alt sind und sich zu

Abb. 108: Der Rohsee im Stadtwald mit den charakteristischen Stelzerlen. Foto: D. Bönsel.

kleinen, teilweise bewachsenen Inseln entwickelt haben.

Der Besucherdruck ist gering, zumal der Weg nur auf einer Seite und in einigen Metern Entfernung vom Gewässer verläuft und nirgends bis direkt an das Ufer heranreicht. Durch die große Entfernung zu Parkplätzen und dem stark frequentierten Waldspielpark an der Schwanheimer Bahnstraße sowie durch den nur schmalen Zugangspfad, der bereits für Fahrradfahrer schwierig zu passieren ist, wird der Rohsee nur von wenigen Besuchern aufgesucht. Im Westen geht das Gewässer direkt in die Riedwiese über, auf der sich seit Aufgabe der Grünlandnutzung ein dichter Schilfbestand etabliert hat.

Der Wasserstand hängt vom Grundwasserspiegel ab. In manchen Jahren ist das Gebiet ohne Wasser, in anderen trocknet es im Laufe des Sommers fast aus, und in besonders regenreichen Sommern ist ein Dauergewässer vorhanden.

2006 wurden in der Ufervegetation 44 Arten höherer Pflanzen festgestellt (Abel 2006). Damit gehört der Rohsee zu den artenreichen Stillgewässern in Frankfurt. Besonders hervorzuheben ist das letzte natürliche Vorkommen der Wasserfeder (*Hottonia palustris*, Abb. 109) in Frankfurt. Auch die in Deutschland besonders geschützte Sumpf-Schwertlilie (*Iris pseudacorus*) und die in Frankfurt selten gewordene Sumpf-Dotterblume (*Caltha palustris*, Abb. 110) kommen am Rohsee vor.

Als Geheimtipp darf der **Erlen- oder Riederbruch** im Riederwald gelten (Abb. 111). Auch dieses Gewässer ist aus einem Altmainarm hervorgegangen. Obwohl das Gewässer in eine Grünanlage eingebettet ist, die zwischen der stark befahrenen Straße „Am Erlenbruch" und Schrebergärten liegt, präsentiert es sich in recht naturnahem Zustand. Teile des Ufers, v. a. auf der Nordseite des Gewässers, sind von einem Schilfröhricht bestanden. Andere Uferabschnitte werden durch

Abb. 109: Wasserfeder (*Hottonia palustris*). Foto: I. Ottich.

Abb. 110: Sumpf-Dotterblume (*Caltha palustris*). Foto: I. Ottich.

Großseggenriede beherrscht. Im Sommer bilden Blut-Weiderich (*Lythrum salicaria*), aber auch das nicht einheimische Indische Springkraut (*Impatiens glandulifera*) einen hübschen, purpurnen Blühaspekt. Interessant sind auch die ungewöhnlich geformten Blütenstände des Aufrechten Igelkolbens (*Sparganium erectum*), der im Erlenbruch häufig vorkommt (Abel 2006). Das direkt an der U-Bahn-Station Schäfflestraße gelegene Gewässer ist einen Ausflug wert, neben der artenreichen Vegetation lassen sich auch Graureiher, Eisvogel, Libellen, Fledermäuse und viele andere Tiere beobachten.

Den meisten Frankfurtern völlig unbekannt ist ein kleines, namenloses **Gewässer im Niedwald** und damit im Auengebiet der Nidda. Selbst auf den meisten Karten sucht man das südlich der Oeserstraße gelegene Gewässer vergeblich. Der Wasserstand schwankt und gelegentlich fällt das Gewässer trocken. Dennoch lohnt sich ein Besuch. Besonders üppige Vegetation bedeckt das Gewässer im Frühjahr bis auf eine etwa 30 m² große Wasserfläche. Dominierende Arten sind Flutender Schwaden (*Glyceria fluitans*), Großer Schwaden (*Glyceria maxima*), Sumpf-Schwertlilie (*Iris pseudacorus*), Blut-Weiderich (*Lythrum salicaria*, Abb. 112) und Wasser-Sumpfkresse (*Rorippa amphibia*). Neben Schwarzerlen kommen auch Eschen (*Fraxinus excelsior*) vor (Abel 2006). Hier macht sich die Siedlungsnähe bemerkbar. Ablagerungen aus nahegelegenen Gärten und Müll beeinträchtigen das Erscheinungsbild des Gewässers.

Zu den Besonderheiten der Frankfurter Gewässerlandschaft gehört auch der **Teich auf dem Alten Flugplatz** bei Kalbach/Bonames (Abb. 113). Im Verbund mit den angrenzenden Feuchtflächen ist er zu einem Brut- und Rastplatz für viele Wasservögel geworden. Sehr wenig Scheu zeigen die ursprünglich in Nordamerika beheimateten Bisams (*Ondatra zibethicus*). Sie lassen sich aus der Nähe beobachten, ebenso wie die zahlreichen Amphibien- und Libellenarten.

An diesem erst kürzlich erweiterten Gewässer entwickelte sich recht schnell eine üppige und vielfältige Vegetation, der Teich wirkt naturnah. Leider wurden hier einige Pflanzenarten vom

Abb. 111: Der Erlen- oder Riederbruch im Riederwald. Zwischen den Bäumen lassen sich bereits die U-Bahn-Station Schäfflestraße und die Brücke der nahe gelegenen A 661 erahnen. Foto: I. Ottich.

Menschen eingebracht („angesalbt"), z. B. die Wasserfeder (*Hottonia palustris*, Abb. 109), deren letztes natürliches Vorkommen in Frankfurt im Rohsee besteht, und der ansonsten in Frankfurt ausgestorbene Fieberklee (*Menyanthes trifoliata*, Abb. 114).

Das Einbringen von Pflanzenarten hat deutliche Nachteile. Nicht nur, dass der natürlichen Entwicklung des Gewässers vorgegriffen wird, es werden auch gebietsfremde Herkünfte eingebracht und damit den einheimischen Populationen die Lebensgrundlage entzogen. Manchmal wird auch die „falsche" Art gepflanzt, so wurde auf dem ehemaligen Hubschrauberlandeplatz das aus Nordamerika stammende Breitblättrige Pfeilkraut (*Sagittaria latifolia*) eingebracht. Man wollte wohl das Gewöhnliche Pfeilkraut (*Sagittaria sagittifolia*) pflanzen, das im Übrigen an der nahen Nidda nicht selten ist. Aber auch das Einbringen einheimischer Arten bleibt nicht ohne Probleme. Das in Gartencentern angebotene Material stammt üblicherweise aus entfernten Regionen. Auch wenn die Pflanzen fremder Herkunft mit den heimischen Vertretern identisch zu sein scheinen, unterscheiden sie sich genetisch oft deutlich. Sie stammen von Populationen ab, die keinen Kontakt mit den mitteleuropäischen haben. Werden diese in Mitteleuropa ausgebracht, kann es zu einer Vermischung der Gene und damit auch zu einer Verfälschung einheimischer Populationen kommen. Diese Problematik spielt in vielen Bereichen eine Rolle, z. B. auch bei der Einsaat von Straßenböschungen, und ist zunehmend Gegenstand der Forschung.

Abb. 112: Blutweiderich (*Lythrum salicaria*). Foto: I. Ottich.

Abb. 113: Teich auf dem Alten Flugplatz. Mit Wasserfeder (*Hottonia palustris*) und Sumpf-Schwertlilie (*Iris pseudacorus*). Foto: A. Malten.

In großem Maße scheinen auch im Teich im Martin-Luther-King-Park Pflanzen eingebracht worden zu sein. Dieser Teich wurde 1971 während der Entstehung der Nordweststadt in einer Tongrube angelegt. Er ist 50 bis 80 cm tief, wird durch Grundwasser gespeist und fällt üblicherweise im Sommer nicht trocken. In der Vegetation werden viele einheimische, jedoch teilweise in einem Parkteich nicht zu erwartende Pflanzenarten angetroffen, so z. B. der Zungen-Hahnenfuß (*Ranunculus lingua*). Die Vorkommen der einzelnen Pflanzenarten erscheinen unnatürlich voneinander abgegrenzt, was auf Anpflanzungen hindeutet (Abel 2006). Dennoch ist dieser Teich ein attraktives Parkgewässer. Durch die Ufergestaltung mit Röhricht-Zonen wird er kaum als Hundebadeplatz frequentiert. Das Wasser ist nicht auffallend nährstoffreich. Es lohnt sich, nach einem Spaziergang durch den Park auf einer der zahlreichen Bänke Platz zu nehmen und die Rohrkolben-Röhrichte aus Schmalblättrigem (*Typha angustifolia*) und Breitblättrigem Rohrkolben (*Typha latifolia*, Abb. 115) auf sich wirken zu lassen.

Der an der Oberschweinstiege gelegene **Jacobiweiher** ist mit 6 ha Frankfurts größtes Stillgewässer. Er entstand 1932 durch Aufstauen von Königs- bzw. Luderbach. Aufgrund seiner besonderen Form trägt er auch den Namen „Vierwaldstätter See" (zum Jacobiweiher führt Spaziergang 1 in diesem Band). Seinen besonderen Charme erhält dieses Gewässer durch die Lage im Stadtwald. Mächtige Buchen säumen das Gewässer. Von einer der zahlreichen Uferbänke kann man nicht nur Wasservögel, sondern auch Spechte, Kleiber, Hohltauben und andere Waldvögel beobachten. Abends erscheinen Fledermäuse über dem Gewässer. Im Frühjahr ist der Waldboden in der Umgebung des Weihers mit Frühblühern bedeckt, die auffällige Blühaspekte bilden. Am Jacobi-Weiher siedelt auch eine Population der aus Ostasien stammenden, sehr farbenfrohen Mandarinente. Genauso farbenprächtig, aber einheimisch ist der Eisvogel, den aufmerksame Beobachter mit ein wenig Glück am Jacobiweiher regelmäßig beobachten können. Zur Beliebtheit des Weihers als Ausflugsziel trägt nicht zuletzt das Waldgasthaus „Oberschweinstiege" bei, das sogar über einen „Parkplatz" für Pferde verfügt.

Abb. 114: Fieberklee (*Menyanthes trifoliata*) auf dem Alten Flugplatz. Foto: I. Ottich.

Abb. 115: Südlicher Blaupfeil (*Orthetrum brunneum*) auf Breitblättrigem Rohrkolben (*Typha latifolia*). Foto: A. Malten.

Wald – Frankfurts schrumpfende Lunge

Mit rund 5.900 ha Waldbesitz gehört Frankfurt zu den waldreichsten Städten in der Bundesrepublik Deutschland. Ungefähr 3.400 ha des städtischen Waldes liegen im Süden der Metropole und erstrecken sich hier in Form eines durchschnittlich drei Kilometer breiten und in seiner Ost-West-Ausdehnung ungefähr 16 km langen Bandes auf der südlichen Mainseite entlang der Stadtteile Oberrad, Sachsenhausen, Niederrad und Schwanheim (Forstamt der Stadt Frankfurt am Main 1993, Stadt Frankfurt am Main 2009). Zumeist wird nur dieses Gebiet als „Stadtwald“ bezeichnet, obwohl es auch nördlich des Mains gelegene Waldflächen innerhalb des Stadtgebietes gibt, z.B. Nied-, Bieg- und Enkheimer Wald. Zudem besitzt die Stadt Frankfurt Waldungen außerhalb des Stadtgebietes im Taunus bei Kelkheim, Oberursel, Friedrichsdorf sowie im Vogelsberg (Ebert & Langer 1992).

Der südlich des Mains gelegene Wald, also der Stadtwald im engeren Sinne, wurde im Rahmen von umfangreichen Untersuchungen in den Jahren 2000 und 2001, die im Zusammenhang mit der geplanten Erweiterung des Rhein-Main-Flughafens standen, floristisch-vegetationskundlich untersucht (Malten et al. 2003). Zudem wurden die Lebensräume (Biotoptypen) kartiert und naturschutzfachlich bewertet. Dieses Kapitel soll einen Überblick über die Ergebnisse bieten, die seither kontinuierlich durch weitere Erhebungen ergänzt wurden. Drei „Spaziergänge“ am Ende

Abb. 116: Frankfurt, die waldreiche Stadt! Foto: I. Ottich.

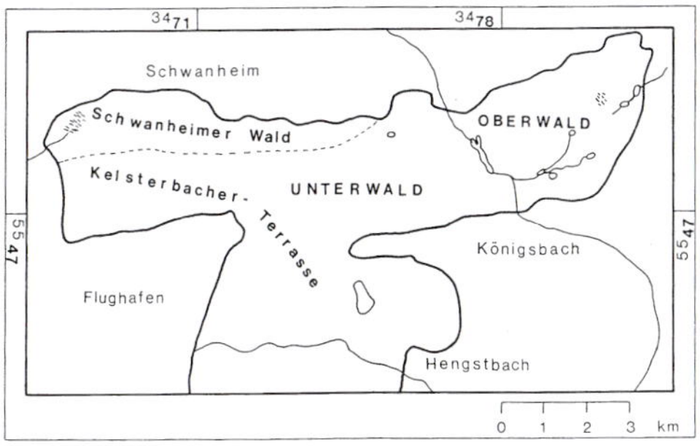

Abb. 117: Gliederung des Waldbereichs im Süden Frankfurts (aus Manzke 1993).

des Kapitels laden dazu ein, die Diversität vor Ort auf sich wirken zu lassen.

Der Wald im Süden Frankfurts

Aufgrund der unterschiedlichen Bodenverhältnisse und der davon abhängigen Ausprägungen der Vegetation gliedert sich das bearbeitete Waldgebiet in drei Teilräume, die von West nach Ost als Schwanheimer Wald, Unterwald und Oberwald bezeichnet werden (Abb. 117).

Der Schwanheimer Wald gehört zur Altaue des Mains und erstreckt sich über Höhenlagen zwischen 93 und 98 m ü. NN. Er bildet ein bis zu 2 km breites Band zwischen dem Main und einer älteren Mainterrasse (Kelsterbacher Terrasse) und besitzt aufgrund seiner Nass- und Feuchtstandorte mit Erlenbruchwäldern und (wechsel)feuchten Eichen-Hainbuchenwäldern eine große Bedeutung für die Florenvielfalt des Frankfurter Stadtwaldes. Der südlich angrenzende, auf der Kelsterbacher Terrasse gelegene Unterwald erstreckt sich nach Osten bis etwa zur Isenburger Schneise in Höhenlagen von 108 bis 120 m ü. NN. Er lässt sich als trockenes, floristisch artenarmes Waldgebiet charakterisieren, in dem die Eiche als dominierende Baumart hervortritt. Während der Unterwald als Teil einer Tiefscholle durch die bis ins Quartär wirksame Absenkung Sedimentationsgebiet war, so dass dort mächtige Kies- und Sandschichten die tertiären Sedimente überlagern, handelt es sich beim Oberwald als Teil des Frankfurter Horstes um ein Abtragungsgebiet mit einer Höhenlage von 120 bis 140 m ü. NN. Im Oberwald reichen tertiäre Ablagerungen bis nahe an die heutige Oberfläche heran. Unter geringmächtigen Flugsanddecken sind überwiegend marine Tone, Schluffe und Mergel verbreitet, die entscheidenden Einfluss auf die Grundwasserverhältnisse und die Vegetation nehmen.

Der Frankfurter Stadtwald ist Teil der Untermainebene (diese entspricht nach der Gliederung von Klausing [1988] dem Naturraum 232), die das Zentrum des Rhein-Main-Tieflandes darstellt. Diese zwischen den Mittelgebirgen Taunus, Vogelsberg, Spessart und Odenwald eingesenkte Beckenlandschaft mit Höhenlagen von 88 bis rund 150 m ü. NN umfasst den weitläufigen Niederungsbereich des Zusammenflusses von Rhein und Main. Die Gliederung der Oberflächenstruktur in Niederungen und Terrassenabschnitte ist größtenteils auf die Einwirkungen des Mains zurückzuführen. Die Untermainebene ist stark durch Sand geprägt. Eine besondere Auffälligkeit ist das weitgehende Fehlen von Löß, worin ein wesentlicher Grund für die Nährstoffarmut der überwiegend sandigen Böden zu sehen ist (Klausing 1988). Innerhalb der naturräumlichen Haupteinheit Untermainebene (232) erstreckt sich der Frankfurter Stadtwald auf Teilbereiche nachfolgend aufgeführter Grund- und Teileinheiten (Abb. 118):

Westliche Untermainniederung (232.10)
    Flörsheim-Griesheimer Mainniederung (232.100)
Sachsenhausen-Offenbacher-Rücken (232.11)
Kelsterbacher Terrasse (232.12)
    Mönchwald und Dreieich (232.120)

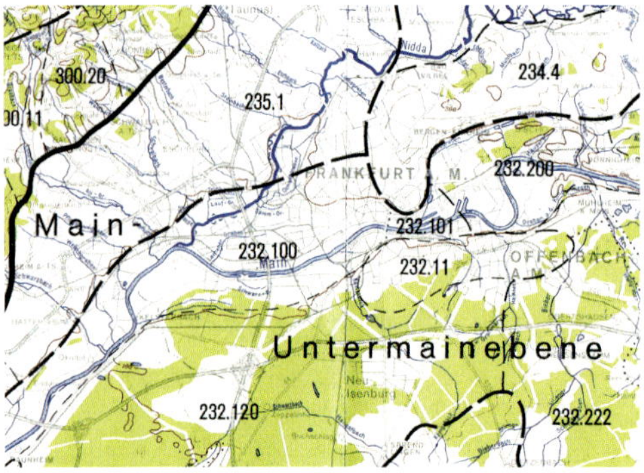

Abb. 118: Naturräumliche Gliederung der Untermainebene im Bereich Frankfurt (aus Klausing 1988).

Der Frankfurter Unterwald und die südlichen Teile des Oberwaldes liegen im Bereich der Kelsterbacher Terrasse (232.12), einer während des Alt- und Mittelpliozäns entstandenen Hochterrassenlandschaft (Schwenzer 1967). Die flache, überwiegend bewaldete Terrassenebene wird als naturräumliche Grundeinheit „Mönchwald und Dreieich" (232.120) bezeichnet, von der im Südosten noch die Einheit „Mönchbruch" (232.121) abgetrennt wird (Klausing 1988). Die Kelsterbacher Terrasse fällt an einer deutlichen Kante gegen die nördlich gelegene „Flörsheim-Griesheimer-Mainniederung" (232.100) ab, die die jungpleistozäne Niederterrasse des Mains und die in sie schwach eingesenkte holozäne Mainaue mit dem kanalisierten Mainlauf zwischen dem Sachsenhäuser Berg und Flörsheim umfasst. Der Schwanheimer Wald ist auf diesen Naturraum beschränkt.

Der östliche Teil des Stadtwaldes, der auch als Oberwald bezeichnet wird, ragt in den Naturraum Sachsenhausen-Offenbacher-Rücken (232.11) hinein, eine aus tertiären Kalken und Tonen aufgebaute Erhebung, die sich am Südufer des Mains von Sachsenhausen über Oberrad nach Offenbach hinzieht.

Auf Sand gebaut?

Den geologischen Untergrund des Frankfurter Stadtwaldes bilden in erster Linie alt- und jungpleistozäne Ablagerungen des Mains sowie pleistozäne Sanddünen. Das Gebiet ist Teil des Oberrheingrabens, dessen Einbruch im Alttertiär einsetzte. Durch die Absenkungen, die nicht überall dasselbe Ausmaß aufwiesen, entstand ein differenziertes Relief aus Graben- und Schwellenzonen. Die während des Quartärs andauernde Absenkung des Rhein-Main-Tieflandes hat zur Ausbildung einer Aufschüttungslandschaft mit nur geringfügigen Höhenunterschieden geführt. Der Main und seine Nebengewässer transportierten während der Kaltzeiten große Mengen von Sand und Kies heran, mit denen sich das absinkende Gebiet anfüllte. Auf diese Weise entstand im Altpleistozän eine weite Schotterebene, die im Norden bis nach Schwalbach und im Süden bis nach Langen nachweisbar ist und als t1-Terrasse bezeichnet wird (Golwer & Semmel 1980). Phasen der Akkumulation von Terrassensedimenten wechselten aus klimatischen Gründen mehrfach mit Phasen der Erosion ab. Da sich der Absenkungsbereich ständig einengte, schnitten sich in die t1-Terrasse treppenförmig jüngere Terrassenkörper ein, die jeweils nachfolgende Kaltzeiten oder einzelne Kälteperioden von Kaltzeiten repräsentieren. Insgesamt konnten im Rhein-Main-Tiefland sieben Terrassenkörper nachgewiesen werden (Golwer & Semmel 1980).

Die kiesig-sandigen Terrassenkörper tragen an ihrer Oberfläche örtlich lehmige bis tonige Deckschichten. Die gesamte Main-Niederterrasse wird von kalkfreien Hochflutsedimenten überdeckt, deren Zusammensetzung zwischen lehmigem Sand und Ton wechselt und die in der Bodenkarte als „Alter Hochflutsand, -lehm oder -ton" bezeichnet werden. Zur Ablagerung von Hochflutton und lehmigem Hochflutsand ist es innerhalb eines Main-Altlaufs gekommen, der den südlichen Rand der Niederterrasse in einer Breite von rund einem Kilometer einnimmt. In dem nördlich anschließenden Gebiet bis zur Mainaue sind neben lehmigem Hochflutsand Hochflutlehme weit verbreitet. Auch auf der Kelsterbacher Terrasse sind örtlich lehmige Ablagerungen zu finden. Plass (1972) deutet sie als präwürmeiszeitliche Hochflutsedimente und bezeichnet sie dementsprechend in der Bodenkarte als „älteren Hochflutsand bis -lehm". Zumindest bei Teilen dieser Ablagerungen soll es sich um umgelagerten Löß handeln (Semmel 1980).

Nach Abschluss der fluviatilen Sedimentation wurde auf die Kelsterbacher Terrasse und die Main-Niederterrasse örtlich Flugsand aufgeweht. Er überlagert die Terrassenoberfläche stellenweise in Form flacher Decken und Hügel oder in Form von Dünen, die über 10 m Mächtigkeit erreichen können. Die Flugsandvorkommen sind ausschließlich auf die Main-Niederterrasse und die linksmainischen Hochterrassen beschränkt, auf den Hochterrassen rechts des Mains wurde Löß aufgeweht.

Den oberen Abschluss der Schichtenfolge bildet auf der Niederterrasse und der Kelsterbacher Terrasse ein zwischen 30 und 60 cm mächtiges Decksediment, das sich aus Flugsand, dem jeweiligen Untergrundmaterial sowie Laacher Bimstuff zusammensetzt und den Auftauboden der letzten Kälteperiode des Würmglazials darstellt. Das Decksediment ist insbesondere auf der Kelsterbacher Terrasse von großer standörtlicher Bedeutung, da die Beimengung von Laacher Bimstuff den Wasser- und Nährstoffhaushalt der dort verbreiteten sandig-kiesigen Böden sehr verbessert. Im Bereich der Hochflutlehmbedeckung auf der Niederterrasse ist er häufig nicht eindeutig nachweisbar; möglicherweise sind die oberen Profilabschnitte hier durch fluviatile Erosion und Akkumulation während oder nach Bildung des Decksediments verändert.

Lokal finden sich auch kleinere Basaltvorkommen, wie etwa im Bereich des ehemaligen Wildparkes Louisa zwischen Sachsenhausen und Niederrad, wo das Vulkangestein bis ins 19. Jahrhundert hinein in kleinen Steinbrüchen abgebaut wurde. Nach Kowalczyk et al. (1999) handelt es sich bei dem Vorkommen um Erosionsreste einer ehemals ausgedehnteren Basaltdecke, die sich vom Vogelsberg ausgehend bis in die Untermainebene erstreckte. Weiter östlich, im Oberwald, treten tertiäre Kalke an die Oberfläche.

Die in der Vergangenheit abgelaufenen oder noch andauernden geologischen Formungsprozesse dokumentieren sich äußerlich sichtbar im Relief der Landschaft. Zu den Reliefformen, die als besonders typische Ausprägungen der Formungsprozesse anzusehen und daher von naturhistorischer Bedeutung sind, zählen vor allem:

- die deutlich ausgeprägte Kante der Kelsterbacher Terrasse, die zwischen Kelsterbach und Niederrad an einer bis zu 12 m hohen Steilkante zur Main-Terrasse abfällt und wegen ihrer Höhe und Steilheit eine Singularität darstellt,
- mehrere, z. T. steilwandig in die Kelsterbacher Terrasse eingeschnittene Trockentäler mit ihrem am Terrassenfuß vorgelagerten, flachen Schwemmkegeln (z. B. das steilflankige Trockental an der Lichtetalschneise),
- markante, über das häufig anzutreffende, flachhügelige Relief deutlich herausragende Flugsanddünen, wie beispielsweise südlich von Goldstein und Niederrad.

Vorherrschender Bodentyp im Frankfurter Stadtwald ist die Braunerde, die je nach Beschaffenheit des Untergrundes und der Beimengung von Laacher Bimstuff unterschiedliche Ton- und

Schluffgehalte aufweisen kann. Höhere Tuffgehalte bewirken einen höheren Anteil an Schluff, Ton und Lehm und somit einen günstigeren Nährstoff-, Luft- und Wasserhaushalt als in Böden auf ausschließlich kiesigem und sandigem Untergrund (Plass 1972). Im Unterwald finden sich Braunerden auf der gesamten Kelsterbacher Terrasse, während in der tiefergelegenen Mainniederung hydromorphe Böden wie Anmoorgleye und Pseudogleye vorherrschen. Im Umfeld des Kelsterbacher Knotens findet sich noch ein kleineres Vorkommen von Parabraunerden und deren Übergängen zu Pseudogleyen. Auch im Frankfurter Oberwald dominieren Braunerden die betont frischen Standorte. Dort, wo tertiäre Kalke anstehen, sind zudem flachgründige Rendzinen entwickelt. Grund- und stauwasserbeeinflusste Böden, wie Gleye sowie Braunerde- und Podsol-Gleye, beschränken sich weitgehend auf den Talzug des Königs- oder Luderbaches sowie den südlich angrenzenden, entwässerten Kesselbruch (Bargon 1979).

Neben der Beschaffenheit des geologischen Untergrundes hatte auch die über Jahrhunderte andauernde intensive Nutzung der Waldfläche als

Abb. 119: Terrassenkante südlich der Lang-Schneise im Bereich Hölle. Foto: D. Bönsel.

Waldweide einen wesentlichen Einfluss auf die heutigen Bodenverhältnisse. Diese Wirtschaftsform führte an vielen Stellen zu einer Auszehrung der ohnehin schon von Natur aus überwiegend nährstoffarmen Böden der Kelsterbacher Terrasse. Eine selektive Nahrungsauswahl und vom Vieh verschmähte saure Gräser hatten eine schwer abbaubare Streu und so eine weitere Versauerung des Oberbodens zur Folge.

Der Frankfurter Stadtwald weist nur eine geringe Dichte an Fließgewässern auf, die auf die hohe Wasserdurchlässigkeit der Ausgangssubstrate zurückzuführen ist. Es finden sich lediglich zwei Fließgewässer: die Kelster, die heute im Bereich der Schwanheimer Wiesen ihren Ursprung hat, in westlicher Richtung den Schwanheimer Wald und die Riedwiese am Rohsee durchzieht, bevor sie südlich des alten Ortskerns von Kelsterbach in den Main mündet. Desweiteren der Königs- oder Luderbach, der von Neu-Isenburg kommend den Frankfurter Oberwald durchfließt. Im Stadtwald bildet der Königsbach die Grenze zwischen den Stadtteilen Niederrad und Sachsenhausen. Innerstädtisch verläuft er parallel zur Bahnlinie Frankfurt–Darmstadt und mündet in Höhe der Main-Neckar-Brücke in den Main.

Nach Golwer & Semmel (1980) reicht die oberirdische Rhein-Main-Wasserscheide im Frankfurter Stadtwald bis 3 km an den Main heran, die unterirdische hingegen verläuft bis zu 6 km weiter südlich. Das Grundwasser durchfließt überwiegend Porengrundwasserleiter, die von den pleistozänen und pliozänen Kiesen und Sanden gebildet und lokal von wenig wasserwegsamen tonig-schluffigen und schluffig-feinsandigen Lagen durchbrochen werden. Nach Mevius & Wirth (1973) werden die Kelsterbacher Terrasse und die sich im Norden anschließende jungpleistozäne Niederterrasse von Südosten nach Nordwesten hin bis zum Main von einem breiten

Grundwasserstrom durchzogen. Eine Grundwassererschließung erfolgt im Frankfurter Stadtwald seit 1893. Seitdem kamen stets neue Brunnen hinzu, die der Trinkwasserversorgung der Stadt Frankfurt dienen sollten. Steigende Entnahmen führten zu einem Absinken des Grundwasserspiegels, dem mit einer Grundwasseranreicherung durch versickerndes Mainwasser entgegengewirkt werden soll.

Und nun zum Wetter…

Im Stadtgebiet werden im Mittel aller Monate die höchsten Temperaturen von Hessen verzeichnet!

Großklimatisch ist das Gebiet dem warm-gemäßigten Regenklima der mittleren Breiten zuzurechnen. Die vorherrschenden westlichen Winde führen fast ganzjährig feuchte Luftmassen vom Atlantik heran. Der ozeanische Einfluss, der auf dem europäischen Kontinent von Nordwest nach Südost abnimmt, sorgt für milde Winter und nicht zu heiße Sommer (Deutscher Wetterdienst 1981).

Aufgrund seiner geringen Geländehöhe und seiner Lage im Windschatten des Rheinischen Schiefergebirges weist der Frankfurter Raum ein relativ warmes und trockenes Klima auf. Im Gegensatz zu den umliegenden, stärker oberflächenstrukturierten Mittelgebirgslagen zeichnet sich das Klima in der morphologisch eher gleichförmigen Rhein-Main-Niederung mit Höhenlagen zwischen rund 100–300 m ü. NN durch niedrigere Windgeschwindigkeiten und höhere Lufttemperaturen sowie durch geringere Niederschläge im Jahresmittel aus, deren Hauptanteil auf die Sommermonate entfällt.

Die Jahresdurchschnittstemperaturen liegen im dreißigjährigen Mittel zwischen 9,1 und 10 °C

	langjähriges Mittel	Jahreszeiten			
Lufttemperatur	1901–2000	Frühjahr	Sommer	Herbst	Winter
Mittlere Tagesmitteltemperatur (°C)	9,1–10,0	9,1–10,0	18,1–18,7	9,1–10,0	1,1–2,0
Mittlere Jahresschwankung der Lufttemperatur (°C) 18–19					
Mittlere Dauer eines Tagesmittels der Lufttemperatur von mindestens 5 °C 240–260 Tage					
	langjähriges Mittel	Jahreszeiten			
Niederschlag	1901–2000	Frühjahr	Sommer	Herbst	Winter
Mittlere Niederschlagshöhe (mm)	601–700	126–150	176–200	151–175	126–150
Nebel	überwiegend Talnebel		überwiegend Wolkennebel		
Mittlere Zahl der Nebeltage im Jahr	30–70		100–120		
Sonnenscheindauer					
Mittlere Sonnenscheindauer (h) 1551–1600					

Tabelle 8: Ausgewählte Klimadaten des Untersuchungsraumes (nach Deutscher Wetterdienst 1981, Hessisches Landesamt für Umwelt und Geologie 2009).

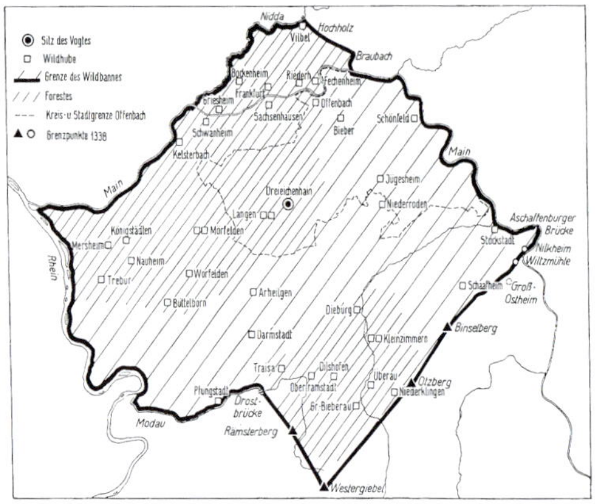

Abb. 120: Lage des Wildbanns Dreieich nach Kossler et al. (1991).

und damit bis zu 4 °C über denjenigen auf den Höhen der umgebenden Mittelgebirge. Die mittlere Niederschlagshöhe liegt zwischen 600 und 700 mm. Das bedeutet, dass im Frankfurter Stadtwald etwa 350 mm weniger Niederschläge fallen als auf den Hochlagen des Taunus. Im Vergleich zum Hohen Vogelsberg ist die Niederschlagsmenge sogar nur halb so groß. Gegenüber der Oberrheinebene zeichnet sich das Untersuchungsgebiet hingegen durch bis zu 100 mm höhere Jahresniederschläge aus.

Die Vegetationsperiode hat eine Dauer von rund 250 Tagen. Damit besitzt das Rhein-Main-Gebiet mit der Oberrheinebene die längste Vegetationsperiode in Hessen.

Die Wuchsklimagliederung von Hessen (Ellenberg & Ellenberg 1974) weist den nördlich gelegenen, mainnahen Teilen des Untersuchungsraumes die Wärmestufe 9 (sehr mild) und den übrigen Gebietsteilen die Wärmestufe 8 (mild) zu.

Zur weiteren Charakterisierung der Klimaverhältnisse sind einige ausgewählte Klimaparameter in Tabelle 8 zusammengestellt.

Historisches

Der Frankfurter Stadtwald war bis ins 14. Jahrhundert Teil des seit der karolingischen Zeit (8.–10. Jahrhundert) belegten, ausgedehnten Bannforstes Dreieich, der in salischer Zeit (11.–12. Jahrhundert) zum Wildbann Dreieich wurde. Dieser erstreckte sich dem Weistum von 1338 nach zum größten Teil südlich des Mains, wo er bis über Darmstadt hinausreichte. Rechtsmainisch folgte die Grenze der Nidda bis Bonames und zog sich dann nach Südosten bis Aschaffenburg (Abb. 120). Dieses große Waldgebiet stellt ein uraltes Siedlungsgebiet dar. Da im Laufe der Jahrtausende Besiedlung und Wiederbewaldung häufig abwechselten, trifft man noch heute im Stadtwald auf Spuren menschlicher Tätigkeit wie Hügelgräber, Reste römischer Landsitze, Zeichen der Waldweide sowie Boden- und Kiesentnahmestellen aus verschiedenen Jahrhunderten. Seit 1372 befindet sich das Waldgebiet im Besitz der Stadt (Gies et al. 1988).

Aufgrund der natürlichen Standortverhältnisse war der Stadtwald ursprünglich ein reiner Laubwald. Auf den grundwassernahen und von tertiären Kalken beeinflussten Böden des Oberwaldes bildete die Rotbuche die Hauptbaumart, während auf den diluvialen Sanden des Unterwaldes die Trauben-Eiche sowie im Alluvium Stiel-Eiche, Esche, Ahorn und Erle dominierten (Rörig 1905).

In historischer Zeit wurde das Waldgebiet hauptsächlich als Jagdrevier, als Waldweide für das Vieh der umliegenden Gemeinden sowie zur Brennholzgewinnung genutzt. In der Waldweidefunktion wurde vor allem zwischen dem Schweineeintrieb zur Mast und der Koppelweide unterschieden. Hauptbedeutung hatte vor allem die Schweinemast, der im Vergleich zur Beweidung mit Schafen, Ziegen und Rindern eine bessere Verträglichkeit für den Wald zugeschrieben wurde, da durch die Schweine weniger Verbissschäden verursacht und zudem durch die

Wühltätigkeit der Tiere den Buchen- und Eichensamen ein gutes Keimbett bereitet wurde (Ruppert 1960). In einer Urkunde des Jahres 880 wird der Ort Sueinheim („Schweinheim") erwähnt, der seinen Namen aufgrund der bedeutsamen Schweinemast erhalten hatte. Er wurde später zum Frankfurter Stadtteil Schwanheim.

Im Laufe der Jahrhunderte gab es immer wieder Bestrebungen, den Wald durch Einschränkungen und Verbote vor einer zu starken Beweidung insbesondere durch Schafe und Ziegen zu schützen. Dennoch kamen sehr häufig Überschreitungen vor. Der enorme Beweidungsdruck führte neben Tritt- und Verbissschäden zu einer schleichenden Versauerung und Nährstoffauszehrung der Böden. So entstand auf zahlreichen Flächen, wie beispielsweise im Schwanheimer Wald, ein Landschaftsbild, das einer halboffenen Parklandschaft mit einzeln stehenden Hutebäumen und Wacholderbüschen ähnelte (Kossler et al. 1991). Die Funktion des Waldes als Viehweide verlor erst ab Ende des 18. Jahrhunderts mit der Einführung der Stallfütterung allmählich an Bedeutung.

In Konkurrenz zur Waldweide und Brennholznutzung stand die Nutzung des Waldes zur Bauholzgewinnung, in deren Rahmen bereits sehr früh Aufforstungen durchgeführt wurden, anfänglich mit Eichelsaat; ab dem 15. Jahrhundert kam zunehmend der Anbau von Nadelholz auf. Nach Fellner (1895) war von den Nadelhölzern bis zu Anfang des 15. Jahrhunderts im Bereich des Frankfurter Stadtwaldes, wenn überhaupt, ausschließlich die Kiefer – und das nur „in sehr untergeordnetem Maße" – vertreten. Erst ab Ende des 18. Jahrhunderts wurde die Kiefer in Reinbeständen auf größeren Flächen angebaut. Als Vorteil des Nadelholzanbaus wurde neben dem besseren Gedeihen der anspruchslosen Konifere auf den ohnehin überwiegend nährstoffarmen Böden vor allem ihre Schnellwüchsigkeit angesehen. Andere Nadelbäume wie Tanne, Fichte und Strobe folgten erst im 19. Jahrhundert.

Eine geregelte Forstwirtschaft wurde erst zu Beginn des 18. Jahrhunderts eingeführt (1. Betriebswerk 1804–1822 durch Vogel). Damals begann man, den durch die Beweidung stark lückigen Wald, dessen Physiognomie von breitkronigen Eichen und Buchen sowie zahlreichen Büschen geprägt war, durch Nachpflanzung von Eichen-, Buchen- und Hainbuchenheistern wieder aufzubauen (Forstamt der Stadt Frankfurt am Main 1993). Friedrich Freiherr Schott von Schottenstein, der 1840–1888 Forstmeister des Frankfurter Stadtwaldes gewesen war, setzte in der zweiten Hälfte des 19. Jahrhunderts die

Abb. 121: Buchenmischwald bei Schwanheim. Foto: I. Ottich.

begonnene Bewirtschaftung der Buche im Großschirmschlag fort und förderte u. a. auch den Buchenunterbau der Eichenbestände im Frankfurter Unterwald. Vor dem Samenfall entfernte man sämtlichen Unterwuchs und trieb zur Auflockerung des Bodens Schweine ein. Bei unzureichender Buchenmast wurde zusätzlich eingesät und die Samen in den Boden eingearbeitet. Schott von Schottenstein forcierte ferner den Anbau der Strobe oder Weymouths-Kiefer sowie die Nutzung der Weißtanne als Unterbauholzart.

Eine große Veränderung erfuhr der Frankfurter Stadtwald durch den 2. Weltkrieg. Bombenabwürfe, Sprengung von Munition sowie Brennholzeinschläge führten zur Zerstörung von über einem Viertel der Waldfläche. Vor allem nördlich des Flughafens waren kaum noch geschlossene Altholzbestände zu finden. Hier erfolgte innerhalb kürzester Zeit eine Wiederaufforstung mit Wald-Kiefern. Ferner versuchte man stark aufgelichtete Waldbestände dadurch zu erhalten, dass man die Blößen mit raschwüchsigen Holzarten aufforstete, die infolge ihrer kurzen Umtriebszeiten im Hiebreifealter der Hauptbestände mitgenutzt werden konnten. Hierzu gehörten Pappel (Umtriebszeit 40 Jahre), Douglasie (Umtriebszeit 60 Jahre) und Roteiche (Umtriebszeit 80 Jahre). Auch der Strobenanbau wurde in der Nachkriegszeit intensiviert.

Abb. 122: Straßen und Gleise zerschneiden den Stadtwald. Foto: A. Malten.

In den 1960er Jahren erfolgte durch Forstdirektor Kurt Ruppert die Einführung der so genannten „Lichthofwirtschaft“, bei der Altbestände in unregelmäßiger Verteilung durch „Lichthöfe“ aufgelockert wurden. Dies hatte neben ästhetischen Gründen v. a. das Ziel, durch vermehrte Infiltration die Grundwasservorräte anzureichern sowie Biotopverbesserungen für das Wild herbeizuführen. Die in größerem Umfang durchgeführten femelartigen Löcherhiebe in Größenordnungen von 0,1 bis 0,5 ha wurden anschließend mit den unterschiedlichsten Holzarten aufgeforstet. Allein die Pflege dieser Kleinstaufforstungen erforderte enormen Einsatz. Hinzu kam, dass die Grundwasseranreicherung nicht in dem gewünschten Maße erfolgte, so dass die „Lichthofwirtschaft“ ihre hochgesteckten Ziele nicht erfüllen konnte und wieder dem Großschirmschlag weichen musste.

Insbesondere in den letzten 100 Jahren hat sich das Bild der Wälder im südlichen Rhein-Main-Gebiet sehr stark gewandelt. Die einstmals mehr oder weniger zusammenhängenden Waldflächen mussten in starkem Maße Siedlungserweiterungen, Gewerbegebieten sowie dem Frankfurter Flughafen weichen. Hinzu kommt die massive Zerschneidung der Waldgebiete durch den Bau von Straßen, Autobahnen, Schienenwegen (Abb. 122) und Freileitungstrassen, die nicht selten eine Isolierung einzelner Waldbereiche zur Folge hatten. Die verbliebenen Waldflächen dienen heute einerseits forstwirtschaftlichen Zwecken. Andererseits erfüllen sie eine nicht zu unterschätzende Funktion als Erholungswälder für die im Ballungsraum lebende Bevölkerung.

Abb. 123: Der Hohle Lerchensporn (*Corydalis cava*) ist ein Frühblüher, den man besonders im östlichen Stadtwald antreffen kann. Foto: I. Ottich.

Durch den wasserdurchlässigen Gesteinsuntergrund werden Teile der Kelsterbacher Terrasse als optimale Grundwassereinzugsgebiete geschätzt. So wird z.B. im westlichen Bereich des Frankfurter Stadtwaldes seit Ende des 19. Jahrhunderts Grundwasser gefördert. Bedingt dadurch sind 86 % des Frankfurter Stadtwaldes als Wasserschutzgebiet ausgewiesen und ein Einsatz von Pestiziden ist nur sehr eingeschränkt zulässig.

Pflanzenvielfalt im Stadtwald

Im Rahmen von umfangreichen Untersuchungen zwischen 2001 und 2005 wurden im Gebiet des Frankfurter Stadtwaldes insgesamt 685 Sippen Höherer Pflanzen wildwachsend gefunden. Sie sind in Tabelle V im Anhang aufgeführt. Hinzu kommen 94 Taxa aus älterer Literatur, die in jüngerer Zeit nicht nachgewiesen werden konnten (vgl. S. 118 „Es war einmal…") und 40 lediglich gepflanzt vorkommende Baum- und Straucharten. Insgesamt wurden demnach im Stadtwald bisher mindestens 819 Taxa Höherer Pflanzen gefunden.

Diese beeindruckende Anzahl verschiedener Sippen ist, gemessen an der Größe des Gebietes, als überdurchschnittlich anzusehen und wäre bei alleiniger Betrachtung der Laub- und Nadelholzforsten wesentlich niedriger ausgefallen. Diese sind auf den armen Sandböden der Kelsterbacher Terrasse typischerweise recht artenarm. Wie aus

Abb. 124: Der Klebrige Alant (*Dittrichia graveolens*) gehört zu jenen Pflanzenarten, die sich während der letzten Jahrzehnte entlang von Autobahnen stark ausgebreitet haben. Er dringt inzwischen auch entlang der Wege in den Stadtwald vor. Foto: I. Ottich.

Tabelle V im Anhang hervorgeht, sind nur rund ein Viertel der nachgewiesenen Taxa echte Waldarten. Die große Artenvielfalt kommt einerseits durch das Vorhandensein einiger artenreicher Lebensraumtypen des Offenlandbereiches – wie wärmeliebende Säume und Magerrasenreste – zustande, die in geringer Ausdehnung im Wald-Offenland-Übergang anzutreffen sind. Andererseits führt die Zerschneidung des Waldes durch Verkehrswege (Abb. 122) zu einer Zunahme von Ruderal- und Saumarten. Insbesondere fremdländische Pflanzenarten, die entlang von Autobahnen oder Bahnstrecken „wandern“, bekommen so die Möglichkeit, in den Stadtwald vorzudringen (Abb. 124). Hinzu kommt eine Reihe von nur unbeständig auftretenden Sippen, die aus Einsaatmischungen stammen oder aus Gartenabfällen verwildert sind.

Der Frankfurter Stadtwald erhält seine Pflanzenvielfalt also zu einem nicht unerheblichen Teil aus den Nicht-Wald-Bereichen. Die Artenzahl allein ist somit kein Merkmal für die Qualität eines Gebietes, insbesondere da sie in diesem Fall viele fremdländische Sippen einschließt.

Hervorzuheben sind jedoch die zu den bestimmungskritischen Sippen zu rechnenden Brombeeren (Gattung *Rubus*). Sie gehören mit 35 nachgewiesenen Taxa, unter denen sich einige erstmals für die Region Südwest (Buttler et al. 1997) nachgewiesene Sippen befinden, zu den besonders artenreichen Gruppen im Stadtwald, so dass ihnen ein gesonderter Abschnitt gewidmet wird (s. S. 95).

Gefährdete und besonders geschützte Pflanzenarten

Finden seltene Arten im Frankfurter Stadtwald heute noch einen geeigneten Lebensraum? Mit dieser Frage wird ein Aspekt beleuchtet, der mehr Informationen über die naturschutzfachliche Wertigkeit des Gebietes liefert als die Gesamtartenzahl. Der Anteil an gefährdeten, in Rückgang befindlichen sowie gesetzlich geschützten Pflanzenarten an der nachgewiesenen Gesamtzahl aktuell auf dem Gebiet des Stadtwaldes vorkommender Taxa beträgt ca. 7 %. Die Arten sind in Tabelle 9 zusammengestellt.

Es handelt sich dabei zum einen um 28 Arten Höherer Pflanzen, die nach den Roten Listen der Bundesrepublik bzw. Hessens einer Gefährdung unterliegen. Die Mehrzahl dieser Pflanzenarten sind typische Besiedler magerer Standorte. Besonders hervorzuheben sind in diesem Zusammenhang fünf Pflanzenarten, die in Hessen unter die Gefährdungskategorien 1 und 2 fallen, also besonders stark gefährdet sind. Zu diesen gehören

Abb. 125: Der Wiesen-Salbei (*Salvia pratensis*) gilt bislang in Hessen noch nicht als gefährdet. Gouache von Elisabeth Schultz.

z. B. der auffällige Diptam (*Dictamnus albus*) und das Weiße Fingerkraut (*Potentilla alba*), die beide an der Hinkelstein-Schneise wachsen. Das Pariser Labkraut (*Galium parisiense*) gilt gar in Hessen als ausgestorben. Es ist jedoch unklar, wie die Pflanze nach Frankfurt gelangte. Diskutiert wird eine anthropogene Einschleppung mit Baumaterialien.

Bezieht man die Pflanzen mit ein, die nach Bundesnaturschutzgesetz (BNatSchG) besonders geschützt sind, sowie die Arten der hessischen Vorwarnliste (V), d. h. Arten, die in Hessen merklich zurückgehen, aber noch nicht als gefährdet gelten, so erhöht sich die Zahl auf insgesamt 48.

Der Vollständigkeit halber werden auch jene Arten aufgeführt, die nur auf der bundesdeutschen Roten Liste als Vorwarnarten eingestuft sind (weitere sechs Arten). Sie sind bisher jedoch weder in der Region Südwest noch in Hessen als rückläufig anzusehen. Dazu gehören Genfer Günsel (*Ajuga genevensis*), Hasenbrot (*Luzula campestris*) und Wiesen-Salbei (*Salvia pratensis*, Abb. 125).

Neben den gefährdeten, gesetzlich geschützten sowie in Rückgang befindlichen Pflanzen werden zwei weitere Arten aufgeführt, die zwar (nach Hemm et al. 2008) nicht gefährdet, aber für die Region Südwest als selten und bemerkenswert einzustufen sind. Die Einschätzung basiert auf eigener Geländeerfahrung und publizierten floristischen Daten. Es handelt sich dabei um Esels-Wolfsmilch (*Euphorbia esula*) und Salomonssiegel (*Polygonatum odoratum*).

Bemerkungen zur Brombeerflora des Stadtwaldes (Uwe Barth)

Jeder glaubt, Brombeeren zu kennen und denkt sich wenig dabei, wenn die leckeren, saftigen Früchte im Sommer reifen. Kaum jemand weiß, dass die großen Brombeerhecken, die man allenthalben auf Bahndämmen, Brachen oder als Garteneinfassung sieht, Abkömmlinge einer vor gar nicht langer Zeit eingeführten Brombeer-Art aus dem Kaukasus sind, denn Brombeeren gelten allgemein als einheimische Früchte.

Tatsächlich ist Brombeere nicht gleich Brombeere! Sieht man einmal von der Armenischen Brombeere (*Rubus armeniacus*) und ihrer sehr auffallenden, aber ebenfalls nicht einheimischen Verwandten, der Geschlitztblättrigen Brombeere (*Rubus laciniatus*, Abb. 126) ab, bleibt eine für den Laien nahezu unüberschaubare Vielzahl von einheimischen Brombeersippen in Deutschland.

In vielen Teilen des Frankfurter Stadtwaldes prägen üppige Brombeergebüsche den Unterwuchs des Waldes. Nicht nur im Bereich von Schlagfluren, sondern auch entlang von Wegen und in den lichten Kiefern- und Mischwaldbeständen treffen wir stellenweise auf undurchdringliche stachelige Dickichte. Brombeeren bilden einen wichtigen Teil der Biomasse des Waldes und gehören zu den auffälligsten Pflanzen des

Abb. 126: Auch für den Laien leicht zu erkennen: Die Geschlitztblättrige Brombeere (*Rubus laciniatus*) an einem Forstweg bei Schwanheim. Foto: I. Ottich.

Tabelle 9 (s. S. 96 u. 97): Gefährdete, besonders geschützte, im Rückgang befindliche sowie seltene und bemerkenswerte Pflanzenarten des Frankfurter Stadtwaldes. Rote Liste: D = Deutschland (Korneck et al. 1996, Korneck et al. 1998), H = Hessen (Hemm et al. 2008), SW = Region Süd-West (Hemm et al. 2008). § = besonders geschützt nach BNatSchG (= Bundesnaturschutzgesetz). Gefährdungskategorien der Roten Listen: 0 = ausgestorben, 1 = vom Aussterben bedroht, 2 = stark gefährdet, 3 = gefährdet, G = Gefährdung anzunehmen, V = Vorwarnliste, zurückgehende Art.

	Rote Liste			
	D	H	SW	BNatSchG
Arten der Roten Liste				
Acker-Filzkraut (*Filago arvensis*)	3	3	3	–
Ästige Graslilie (*Anthericum ramosum*)	V	3	V	–
Bauernsenf (*Teesdalia nudicaulis*)	–	3	V	–
Buntes Vergissmeinnicht (*Myosotis discolor*)	3	V	V	–
Diptam (*Dictamnus albus*)	3	2	2	§
Färber-Scharte (*Serratula tinctoria*)	3	2	3	–
Flügelginster (*Chamaespartium sagittale*)	–	V	V	–
Früher Schmielenhafer (*Aira praecox*)	V	2	3	–
Frühlings-Spörgel (*Spergula morisonii*)	V	3	3	–
Gelber Hohlzahn (*Galeopsis segetum*)	V	–	3	–
Gewöhnliche Akelei (*Aquilegia vulgaris*)	V	3	3	§
Gewöhnliche Pechnelke (*Lychnis viscaria*)	V	3	3	–
Glocken-Heide (*Erica tetralix*)	–	3	G	–
Großblütiger Fingerhut (*Digitalis grandiflora*)	–	V	3	§
Igel-Segge (*Carex echinata*)	–	V	3	–
Kleine Wiesenraute (*Thalictrum minus*)	–	3	3	–
Kleines Filzkraut (*Filago minima*)	V	3	V	–
Mauer-Gipskraut (*Gypsophila muralis*)	3	V	V	–
Mittleres Leinblatt (*Thesium linophyllon*)	3	1	1	–
Niedriges Labkraut (*Galium pumilum*)	–	V	3	–
Nordisches Labkraut (*Galium boreale*)	V	3	3	–
Pariser Labkraut (*Galium parisiense*)	0	0	0	–
Sand-Strohblume (*Helichrysum arenarium*)	3	3	3	§
Sand-Wicke (*Vicia lathyroides*)	V	3	3	–
Schwarzwerdende Platterbse (*Lathyrus niger*)	–	3	3	–
Wasserfeder (*Hottonia palustris*)	3	3	3	§
Weißes Fingerkraut (*Potentilla alba*)	3	2	2	–
Wiesen-Habichtskraut (*Hieracium caespitosum*)	3	–	–	–

	Rote Liste			
	D	H	SW	BNatSchG
Arten der Vorwarnliste Hessen und Region Südwest:				
Acker-Hundskamille (*Anthemis arvensis*)	–	V	V	–
Arznei-Schlüsselblume (*Primula veris*)	V	V	V	§
Berg-Sandrapunzel (*Jasione montana*)	–	V	V	–
Blut-Storchschnabel (*Geranium sanguineum*)	–	V	V	–
Borstgras (*Nardus stricta*)	V	V	V	–
Dreizahn (*Danthonia decumbens*)	–	V	V	–
Feld-Mannstreu (*Eryngium campestre*)	V	V	–	§
Gewöhnliche Eselsdistel (*Onopordum acanthium*)	–	V	–	–
Gewöhnliche Moor-Birke (*Betula pubescens* subsp. *pubescens*)	–	–	V	–
Gewöhnlicher Teufelsabbiss (*Succisa pratensis*)	V	V	V	–
Heide-Nelke (*Dianthus deltoides*)	V	V	V	§
Heilziest (*Betonica officinalis*)	–	V	V	–
Hügel-Klee (*Trifolium alpestre*)	V	V	V	–
Hunds-Veilchen (*Viola canina*)	–	V	V	–
Mäusewicke (*Ornithopus perpusillus*)	–	V	–	–
Nelken-Schmielenhafer (*Aira caryophyllea*)	V	V	V	–
Raues Berufkraut (*Erigeron acris*)	–	–	V	–
Schmalblättriger Hohlzahn (*Galeopsis angustifolia*)	–	–	V	–
Sumpfdotterblume (*Caltha palustris*)	–	–	V	–
Wald-Hahnenfuß (*Ranunculus polyanthemos* subsp. *nemorosus*)	–	–	V	–
Arten der bundesdeutschen Vorwarnliste:				
Berg-Johanniskraut (*Hypericum montanum*)	V	–	–	–
Genfer Günsel (*Ajuga genevensis*)	V	–	–	–
Hasenbrot (*Luzula campestris*)	V	–	–	–
Kiefern-Mistel (*Viscum album* subsp. *austriacum*)	V	–	–	–
Wiesen-Salbei (*Salvia pratensis*)	V	–	–	–
Wimper-Mastkraut (*Sagina apetala*)	V	–	–	–
Weitere bemerkenswerte Arten:				
Esels-Wolfsmilch (*Euphorbia esula*)	–	–	–	–
Salomonssiegel (*Polygonatum odoratum*)	–	–	–	–

Stadtwaldes. Dennoch fanden die Brombeeren bislang kaum Berücksichtigung bei vegetationskundlichen oder floristischen Erhebungen.

Hierfür sind nach Ansicht des Autors zwei Gründe maßgeblich: Zum einen gehören Brombeeren zu den apomiktischen Artengruppen. Das bedeutet, dass es eine große Zahl von ähnlichen, aber durchaus unterscheidbaren Formen gibt. Obwohl sie wie andere Pflanzen blühen und fruchten, kommt es bei ihnen im Normalfall nicht zu einer Durchmischung des Erbgutes. Fast alle Nachkommen haben die gleiche genetische Ausstattung wie die Mutterpflanze. Der Vater, wenn man die pollenliefernde Pflanze einmal so nennen darf, spielt für den Genbestand der Nachkommen keine Rolle, ist aber zur Anregung der Entwicklung der unbefruchtet bleibenden Eizelle (oder der Zelle, die diese Funktion übernimmt) notwendig.

Zum anderen gilt die Brombeerflora des Rhein-Main-Gebietes allgemein als ausgesprochen artenreich; sie wird durch die lichten Waldbestände und das wintermilde Klima der Region begünstigt. Man stößt bei der Kartierung und Bestimmung von Brombeersträuchern zwangsläufig immer wieder auf unbekannte Sippen, wodurch die Erfassung des Sippen-Inventars zu einem mühseligen und langwierigen Unterfangen wird. Die Bearbeitung solcher Gebiete erfordert Vergleichsmaterial als Bestimmungshilfe, Erfahrung und Geduld. Daher ist es verständlich, dass es an Bearbeitern dieser als schwierig geltenden Gattung mangelt.

Brombeeren lassen sich über einen Zeitraum von mehreren Monaten (etwa Ende Juni bis Ende Oktober) sicher ansprechen, sofern man die Arten bereits kennt. Unbekannte Sippen dagegen sind nur eine vergleichsweise kurze Zeit verlässlich bestimmbar, da sowohl voll entwickeltes Laub als auch Blüten und/oder unreife Früchte wichtige Bestimmungsmerkmale liefern. Beschädigte oder kümmernde Pflanzen, beispielsweise solche von ungünstigen Standorten (zu dunkel, zu trocken) sind untypisch entwickelt und führen in die Irre.

Übersicht der nachgewiesenen Brombeersippen

Neben einigen unbekannten Biotypen, deren taxonomische Einordnung noch zu klären ist, wurden 35 beschriebene Brombeersippen in den Jahren 2000 bis 2005 im Bereich des Frankfurter Stadtwaldes nachgewiesen. Sie sind in Tabelle 10 zusammengestellt. Die beigefügten Angaben zu Häufigkeit und Vorkommen beziehen sich nur auf den Stadtwald, der hierfür in drei Teilflächen gegliedert wird: Mit dem „östlichen Teil“ ist dabei das Gebiet östlich der Darmstädter Landstraße (B 3) gemeint, mit „westlichem Teil“ das Gebiet westlich der A 5 (= Schwanheimer Wald). Der „mittlere Teil“ liegt dazwischen.

Die recht große Artenfülle der Gattung *Rubus* erscheint zunächst sehr unübersichtlich; durch eine Unterteilung der Gattung versucht man diesem Sachverhalt gerecht zu werden. Die hier behandelten Arten gehören der Untergattung *Rubus* an, die sich in die Sektionen *Rubus* (Echte Brombeeren), *Corylifolii* (Haselblattbrombeeren) und *Caesius* (Kratzbeere) gliedert. Die Unterschiede zwischen diesen Gruppen sind auch für Laien offensichtlich, aber im Detail schwer abzugrenzen: Vertreter der Sektion *Rubus* besitzen fädige oder zumindest sehr schmale Nebenblätter und immer wohlentwickelte Sammelfrüchte, während sich die Vertreter der Sektion *Corylifolii* durch unvollständig entwickelte (und selten wohlschmeckende) Sammelfrüchte sowie breite Nebenblätter auszeichnen – um nur zwei Merkmale zu nennen. Innerhalb dieser Sektionen werden ähnliche Arten zu Serien zusammengefasst, wobei die Grenzen hier wiederum fließend sind.

Zwei Beispiele wichtiger und gut kenntlicher Serien sind die *Discolores* mit unterseits grauen bis weißfilzigen Blättern und hochbogigen Schösslingen sowie die Serie *Hystrix* („Stachelschwein-Brombeeren") mit Schösslingen, die zahlreiche größere und kleinere Stacheln, Drüsen und Borsten in allen Übergängen aufweisen. Zur erstgenannten Serie gehören u. a. Asbestschimmernde Brombeere (*Rubus amiantinus*), Zweifarbige Brombeere (*Rubus bifrons*), Hessische Brombeere (*Rubus hassicus*), Mittelgebirgs-Brombeere (*Rubus montanus*) und Robuste Brombeere (*Rubus praecox*); zur letztgenannten Serie z. B. die Besonnte Brombeere (*Rubus apricus*).

Abb. 127: Beleg von *Rubus hassicus* aus dem Frankfurter Stadtwald.

Von der Fülle der nachgewiesenen Arten, sollen einige bemerkenswerte ausführlicher besprochen und die Funde im Kontext der hessischen Brombeerflora bewertet werden. Es werden hier nur noch jene Arten genannt, deren Kenntnis in Hessen sich aufgrund vorliegender Untersuchungen wesentlich verbessert hat.

Gedrängtblütige Brombeere (*Rubus condensatus*): war zuvor aus Hessen noch nicht bekannt (Barth 2001). Obwohl die wenigen angetroffenen Exemplare aufgrund des schattigen Standortes untypisch ausgeprägt sind, machte der Vergleich mit Herbarbelegen anderer Herkünfte eine sichere Zuordnung möglich. Die Bestimmung erfolgte durch Günter Matzke-Hajek und konnte durch eine nochmalige Aufsammlung im Sommer 2005 bestätigt werden.

Grobe Haselblattbrombeere (*Rubus grossus*): war zuvor nicht aus der Region Südwest bekannt (Barth 2002). Die Art besiedelt Ruderalflächen am Flughafen, fehlt aber im übrigen Bereich des Untersuchungsgebiets.

Hessische Brombeere (*Rubus hassicus*): wurde lokal häufig und in teils großen Beständen angetroffen. Zuvor war die Art nur (sehr selten) in der Region Nordost nachgewiesen; über Vorkommen im Bereich Südwest war nichts bekannt. Aufgrund der Erkenntnisse aus der Stadtwald-Erforschung muss die Sippe in Hessen als ungefährdet gelten (Barth 2001). *Rubus hassicus* (Abb. 127) hat nach derzeitigem Kenntnisstand innerhalb von Hessen seinen Verbreitungsschwerpunkt im Frankfurter Stadtwald.

Kleinwellige Brombeere (*Rubus pericrispatus*): bildet gebietsweise individuenreiche Bestände und zeichnet sich durch weißfilzige Blattunterseiten und kräftigen Wuchs aus; die schmalen Blätter sind am Rande auffallend stark gewellt. Die Sippe ist in Süddeutschland gebietsweise

Tabelle 10 (S. 100–103): Übersicht über die zwischen 2000–2005 auf dem Gebiet des Frankfurter Stadtwaldes nachgewiesenen Brombeersippen.

Art	Vorkommen
Armenische Brombeere (*Rubus armeniacus*)	Zerstreut bis häufig. Ehemalige Kultursippe, die in allen Teilen des Stadtwaldes verwildert vorkommt und seit langem fest eingebürgert ist. Die sehr kräftige, hochwachsende Art bildet üppige Gebüsche, die auffallend arm an anderen Brombeerarten sind.
Asbestschimmernde Brombeere (*Rubus amiantinus*)	Insgesamt zerstreut bis häufig und regelmäßig anzutreffen; eher selten im östlichen, zerstreut im westlichen und häufig im mittleren Teil des Stadtwaldes. Oft in großen Beständen entlang der Wege und im lichten Wald. Ebenso wie weitere Vertreter der Serie *Discolores* eine verbreitete und charakteristische Sippe des Stadtwaldes.
Bayreuther Brombeere (*Rubus baruthicus*)	Sehr selten; lichtliebende Sippe des Offenlandes mit Vorliebe für ruderale Standorte. Nur an einer Stelle im westlichen Teil (Unterschweinstiege-Kreisel).
Besonnte Brombeere (*Rubus apricus*)	Vorwiegend im mittleren Teil. Selten bis zerstreut in feuchten Wäldern der Umgebung von Neu-Isenburg; lokal große Bestände bildend, aber oft schwer bestimmbar (Schattenformen in dichten Wäldern). Selten am Wasserwerk Goldstein östlich der A 5. An feuchtes Waldklima gebunden, daher nur wenige Vorkommen mit begrenzter Größe.
Dornige Brombeere (*Rubus senticosus*)	Sehr selten, nur an einer Stelle südöstlich des Frankfurter Kreuzes.
Falten-Brombeere (*Rubus plicatus*)	Zerstreut bis häufig im gesamten Gebiet; im Offenland an Straßenböschungen oder auf Brachflächen, sonst an Waldrändern. Fehlt im Waldesinnern weitgehend. Meist individuenreiche Gebüsche bzw. Hecken bildend; regelmäßig an Wegböschungen, auf Brachflächen, an Wegrändern und auf den Böschungen der Autobahnen, Straßen und Bahnstrecken anzutreffen. Die Art meidet dabei häufig gestörte, ruderalisierte Flächen.
Gedrängtblütige Brombeere (*Rubus condensatus*)	Sehr selten; nur an einer Stelle im Wäldchen vor dem Gebäude des Deutschen Turnerbundes (Otto-Fleck-Schneise). Kleiner Bestand an schattigem Standort.
Gefurchte Brombeere (*Rubus sulcatus*)	Zerstreut im ganzen Gebiet; auf Schlagfluren und in lichten Wäldern. Die in fast ganz Mitteleuropa verbreitete und meist häufige Art ist streng an Waldbiotope gebunden, die ein ausgeglichenes Mikroklima aufweisen.

Art	Vorkommen
Grabowskis Brombeere (*Rubus grabowskii*)	Selten; wenige Nachweise im Schwanheimer Wald; sonst selten oder fehlend. An Wegen und Waldrändern, in kleinen Beständen. Sippe von kräftigem Wuchs, die zu den seltensten der Serie *Discolores* im Stadtwald Frankfurt gehört. Sonst in Hessen weit verbreitet und mäßig häufig.
Grobe Haselblattbrombeere (*Rubus grossus*)	Sehr selten; lichtliebende Sippe des Offenlandes mit Vorliebe für ruderale Standorte. Nur an einer Stelle im westlichen Bereich: Unterschweinstiege-Kreisel auf einer Brachfläche unmittelbar am Straßenrand.
Großblättrige Brombeere (*Rubus macrophyllus*)	Zerstreut im östlichen Stadtwald südlich von Oberrad. In den übrigen Teilen nicht nachgewiesen, aber vermutlich nicht vollständig fehlend.
Haarstängelige Brombeere (*Rubus gracilis*)	Sehr selten; nur ein Nachweis im westlichen Teil am Unterschweinstiege-Kreisel auf einer Brachfläche.
Hain-Haselblattbrombeere (*Rubus nemorosus*)	Selten; z. B. Waldrand an der Hinkelsteinschneise südwestlich des Golfplatzes Niederrad. Leicht erkennbare Haselblattbrombeere mit behaarten Antheren. Lichtliebende Sippe des Offenlandes, im Gebiet an besonnten Wegrändern und Waldrändern, das Waldesinnere meidend.
Halbaufrechte Brombeere (*Rubus nessensis*)	Zerstreut im ganzen Gebiet. Wegen der zierlichen roten Stacheln auf grünem, aufrechtem Schössling sehr leicht kenntliche Sippe. An Wegen und auf Lichtungen, meist individuenreiche Bestände.
Hessische Brombeere (*Rubus hassicus*)	Zerstreut im östlichen Teil, selten im Schwanheimer Wald und im mittleren Stadtwald. An Waldwegen und Waldrändern, auf Schlagfluren und in lichten Waldbereichen; das gemäßigte Kleinklima des Waldes nie verlassend. *Rubus hassicus* kann wegen seines regelmäßigen Auftretens und der individuenreichen Bestände als "Charakter–Brombeere" des Frankfurter Stadtwaldes angesehen werden, zumal er nach derzeitigem Kenntnisstand im übrigen Hessen selten ist. Die Art gehört wie etliche andere „Stadtwald-Brombeeren" der Serie *Discolores* an, ist jedoch nicht ganz so häufig und aspektbestimmend wie andere Arten dieser Gruppe.
Kleinwellige Brombeere (*Rubus pericrispatus*)	Zerstreut im mittleren, südlichen und östlichen Bereich des Stadtwaldes; im Umfeld der Autobahn A 3 teils in großen Beständen und zum Beispiel im Umfeld des Stadtwald-Infozentrums recht häufig. Sehr charakteristische Pflanze des Stadtwaldes, die im lebenden Zustand leicht kenntlich ist.
Limes-Brombeere (*Rubus limitis*)	Häufig in allen drei Teilbereichen. Der Verbreitungsschwerpunkt dieser leicht erkennbaren Haselblattbrombeere mit meist dreizähligen Blättern liegt im Bereich von Wetterau, Taunus und Rhein-Main-Gebiet. An Wegen und auf Lichtungen, auch im Waldesinnern des Stadtwaldes ist *Rubus limitis* oft in größeren Beständen anzutreffen. Er ist die häufigste Sippe der Sektion *Corylifolii* (Haselblattbrombeeren) im Frankfurter Stadtwald.

Art	Vorkommen
Mittelgebirgs-Brombeere (*Rubus montanus*)	Zerstreut im gesamten Stadtwald; oft große Bestände an Wegen und Waldrändern sowie auf Lichtungen bildend. Wegen der schmalen, unterseits deutlich weißfilzigen Blätter auffallende Sippe. Neben weiteren Vertretern der Serie *Discolores* eine charakteristische Brombeerart des Stadtwaldes.
Mittelmeer-Brombeere (*Rubus ulmifolius*)	Sehr selten, nur im östlichen Teil; Waldrand an der Babenhäuser Landstraße. Ein Bestand mit wenigen Exemplaren.
Pyramiden-Brombeere (*Rubus pyramidalis*)	Zerstreut im östlichen Teil, nach Westen häufiger. Insgesamt verbreitet und meist große Bestände bildend, vorzugsweise im Waldesinnern und an Wegen. Eine der häufigsten Arten im Stadtwald, die auch unter dem Schirm lichter Baumkronen regelmäßig und zahlreich anzutreffen ist.
Raspel-Brombeere (*Rubus radula*)	Selten im Schwanheimer Wald und im Umfeld des Flughafens (vier Nachweise); fehlt im mittleren und östlichen Stadtwald. Die im übrigen Hessen verbreitete und regional sehr häufige Art meidet offenbar die leichten, armen und schnell austrocknenden Böden des Rhein-Main-Gebietes.
Raue Brombeere (*Rubus hirtus* agg.)	Sehr selten; nur ein Nachweis aus dem Schwanheimer Wald östlich Kelsterbach. Kleiner Bestand im Wald an schattigem Standort. *Rubus hirtus* bildet kriechende Triebe, die bei spärlichem Auftreten leicht übersehen werden. Es ist jedoch nicht anzunehmen, dass die Art im Stadtwald deutlich häufiger ist, denn sie bevorzugt montane und kühle Gebiete.
Robuste Brombeere (*Rubus praecox*)	Selten im mittleren Stadtwald, z. B. beim DFB-Gebäude; selten bis zerstreut im Schwanheimer Wald; kleine Bestände im lichten Wald und in Schlagfluren. Wesentlich seltener als der ähnliche *Rubus armeniacus*. Im Gegensatz zu diesem wurde *Rubus praecox* nie außerhalb der Waldbereiche angetroffen.
Rohe Brombeere (*Rubus rudis*)	Im gesamten Gebiet häufig. Im Offenland und an Waldrändern; meidet das Waldesinnere.
Schleichers Brombeere (*Rubus schleicheri*)	Selten im Osten (z. B. feuchter Erlenwald am Maunzen-Weiher), zerstreut im mittleren und westlichen Teil, hier lokal große bodendeckende Bestände bildend (z. B. im Umfeld des Golfplatzes). Nur innerhalb von Waldbiotopen mit ausgeglichenem Mikroklima; fehlt in Biotopen des Offenlandes.
Schattenliebende Brombeere (*Rubus sciocharis*)	Selten im östlichen und mittleren Stadtwald. An Waldwegen und Waldrändern. Es handelt sich nach bisheriger Kenntnis um vom übrigen Areal isoliert liegende Vorkommen; vermutlich auf Einschleppung zurückgehend.

Art	Vorkommen
Schlitzblättrige Brombeere (*Rubus laciniatus*)	Selten verwilderte Kultursippe mit geschlitzten Blättern; nur wenige kleine Vorkommen an Wegen und Waldrändern.
Schmiedeberger Brombeere (*Rubus fabrimontanus*)	Sehr selten; nur ein sicherer Nachweis nordöstlich des Frankfurter Kreuzes am Waldrand in gut entwickelter Population.
Schnedlers Brombeere (*Rubus schnedleri*)	Selten im Osten, zerstreut bis (lokal) häufig im mittleren und westlichen Stadtwald. Auf Brachflächen, an Bahnanlagen und Wegrändern; daneben auch oft in lichten Waldbereichen und auf Schlagfluren.
Sprengels Brombeere (*Rubus sprengelii*)	Sehr selten, nur an einer Stelle auf einer Brachfläche am Unterschweinstiege-Kreisel. Die Art kommt in Hessen bevorzugt in Wäldern der Mittelgebirge vor und bildet meist größere Bestände; sie ist in ihrem Verbeitungsgebiet nicht selten. Der untypische, isolierte Standort deutet auf ein verschlepptes Vorkommen hin.
Taunus-Brombeere (*Rubus tauni*)	Selten; nur im mittleren Teil östlich der Mörfelder Landstraße (B43/44) am Stadion-Behelfsparkplatz mit wenigen kleinen Beständen. Kurze kriechende Schösslinge mit stark behaarten dreizähligen Blättern.
Weser-Haselblattbrombeere (*Rubus scabrosus,* synonym *Rubus visurgianus*)	Zerstreut im mittleren Teil, z. B. am Bahnhof Sportfeld. An Wegrändern, Schuttplätzen und Ruderalfluren des Offenlandes. Fehlt in Waldbiotopen.
Winkel-Brombeere (*Rubus goniophorus*)	Zerstreut im gesamten Gebiet, nach Westen hin offenbar seltener. Gerne auf Lichtungen bzw. auf Brachen im Offenland, so am Unterschweinstiege-Kreisel, am ehemaligen Oberforsthaus Niederrad. Meist kleine Bestände.
Zusammengezogene Brombeere (*Rubus constrictus*)	Selten; hochwüchsige, wärmeliebende Sippe; ähnelt *Rubus sulcatus.* Nur im westlichen Teil, z. B. nördlich des Flughafens und am Wasserwerk Hinkelstein in Schlagfluren. Immer in auffallend kleinen Beständen – es wurde nie mehr als ein Dutzend Sträucher pro Fundort im Bereich von Schlagfluren gezählt; im geschlossenen Waldbestand sind in der Regel nur Einzelexemplare anzutreffen.
Zweifarbige Brombeere (*Rubus bifrons*)	Zerstreut bis häufig im mittleren und westlichen Teil, häufig dagegen im östlichen Teil. An Wegen und auf Lichtungen, meist zahlreich. Ebenso wie weitere Vertreter der Serie *Discolores* eine verbreitete und charakteristische Sippe des Stadtwaldes.

verbreitet (Weber 2005), in Hessen aber erst kürzlich erkannt worden (Barth 2008).

Robuste Brombeere (*Rubus praecox*): hat ebenfalls einen regionalen Verbreitungsschwerpunkt im Rhein-Main-Gebiet. Im übrigen Hessen gibt es nur einzelne Nachweise in klimatisch begünstigten Gebieten, so aus dem nordhessischen Werratal bei Eschwege oder aus dem Fuldaer Becken.

Schmiedeberger Brombeere (*Rubus fabrimontanus*): wurde bis Mitte der 90er Jahre in Hessen meist als synanthrop angesehen (so noch bei Gregor 2002). Zahlreiche Funde aus Hessen sowie der pfälzischen und baden-württembergischen Oberrheinebene legen jedoch den Schluss nahe, dass diese Sippe schon lange in der Region vorkommt und hier als einheimisch gelten kann. Das natürliche Areal der Art erstreckt sich damit viel weiter nach Westen, als bisher bekannt war.

Zusammengezogene Brombeere (*Rubus constrictus*): war zuvor in Hessen nur von wenigen Stellen in Vortaunus, Mainebene und Wetterau bekannt; publiziert war lediglich eine Angabe aus dem Raum Dietzenbach. 1998 wurde ein von diesem Areal deutlich abgelegenes Vorkommen am Dünsberg westlich Fellingshausen (Gladenbacher Bergland) entdeckt. Weitere Vorkommen der Art im Rhein-Main-Gebiet waren aufgrund der naturräumlichen Verhältnisse zu erwarten; es ist davon auszugehen, dass die bislang entdeckten (wenigen) Vorkommen im Stadtwald nicht die einzigen sind. Insgesamt dürfte die Sippe aber in den Regionen West- und Südwest-Hessen als selten bis (lokal) zerstreut einzustufen sein. In den anderen Regionen Hessens dürfte sie selten sein oder teilweise fehlen.

Darüber hinaus wurden zahlreiche Belege gesammelt, deren Zuordnung zu beschriebenen Sippen nicht gelang. Am auffälligsten war dabei eine häufig anzutreffende Form, die unter dem Arbeitsnamen *„pseudomontanus“* erfasst wurde und zur Serie *Discolores* gehört. Leider sind die charakteristischen Merkmale einer erst kürzlich neu beschriebenen Sippe, zu der die Belege eventuell gehören, am Herbarmaterial schwer kenntlich (siehe auch Weber 2005), so dass zur Absicherung der Bestimmung noch zusätzlich lebendes Material begutachtet werden muss.

Auffallend ist für Brombeerkenner der insgesamt recht hohe Anteil von Sippen der Serie *Discolores* an den gefundenen Arten. Diese Vertreter zeichnen sich u. a. durch unterseits helle, filzige Blätter aus. Ein Drittel aller im Stadtwald nachgewiesenen Echten Brombeeren (Sektion *Rubus*) gehören zu dieser Gruppe, nämlich 9 von 27 Sippen der Sektion *Rubus*. Sie stellen auch hinsichtlich der Biomasse ganz deutlich den Großteil der Brombeeren im Stadtwald. Dies ist insofern bemerkenswert, als im übrigen Hessen ihr Anteil am Artenspektrum innerhalb der Gattung *Rubus* in der Regel deutlich geringer ausfällt.

Fremdländische Gehölze

Insgesamt sind in historischer Zeit nach Knoerzer & Reif (2002) ca. 3.150 fremdländische Gehölzarten nach Mitteleuropa eingeführt worden, wovon ca. ein Drittel (1.150 Arten) heute als angebaut oder naturalisiert gelten (Fitschen 1994). Viele davon werden aber nur in Gärten und Parks gepflanzt. Ästhetik, Freude am „Exotischen“, Florenanreicherung und die Gewinnung von Nicht-Holzprodukten wie Honig (z. B. Robinie), Blättern (z. B. Maulbeerbaum) und Früchten (z. B. Walnuss, Esskastanie) sind dabei die hauptsächlichen Gründe.

In Wälder und Forste wurden Gehölze aus anderen Regionen eingeführt, weil man sich größere Volumenleistung und bessere Holzqualität erhoffte, speziell auf wenig produktiven Standorten. Daneben spielten die Verbreiterung der Angebotspalette sowie der Wald- und Forstschutz (z. B. vor Waldbrand, Kalamitäten und Krankheiten) und Immissionstoleranz eine Rolle (Knoerzer & Reif 2002). Von anderen Arten erhofft man sich eine Verbesserung des Bodens durch Stickstoffanreicherung (Spätblühende Traubenkirsche, Robinie).

Rund 120 Gehölzarten (Bäume und Sträucher ohne holzige Lianen und Zwergsträucher) kommen im Frankfurter Stadtwald vor. Knapp 60 % sind nicht im Gebiet einheimisch, darunter 40 Arten, die bisher nur in Kultur wachsen.

Die größte Diversität fremdländischer Gehölze findet sich im Ostteil des Stadtwaldes und dort insbesondere auf Flächen wie dem „Arboretum" (vgl. Spaziergang 3). Dort wurden ostamerikanische Bäume wie Gelb- (*Betula lutea*) und Papierbirke (*Betula papyrifera*), Amber- (*Liquidambar styraciflua*) und Trompetenbaum (*Catalpa bignonioides*) angepflanzt. Ebenfalls im östlichen Stadtwald, in der Forstabteilung 24, werden Hemlock- (*Tsuga heterophylla*) und Riesen-Tanne (*Abies grandis*) testweise im Vergleichsanbau kultiviert. Die meisten dieser Gehölze sind mit relativ wenigen Exemplaren vertreten.

Nur wenige fremdländische Gehölzarten werden im Stadtwald in größerer Menge angebaut. Die wichtigsten Laubgehölze sind Roteiche (*Quercus rubra*) und Robinie (*Robinia pseudoacacia*), daneben auch die Rosskastanie (*Aesculus hippocastanum*). Die Roteichen-Forste befinden sich eingestreut über das gesamte Gebiet des Frankfurter Stadtwaldes, allerdings mit einem Schwerpunkt im Westen. Die einzelnen Abteilungen sind häufig nicht sehr groß, aber sie umfassen insgesamt mehr als 260 ha. Die Roteichen-Forste stellen sich als Monokulturen dar, in denen praktisch jeglicher Bewuchs in der Krautschicht fehlt. Die großen, spitzen Blätter (Abb. 128) werden unter unseren Klima- und Bodenbedingungen viel langsamer abgebaut als das Laub der heimischen Eichen. Sie bedecken den Boden und erschweren so die Ausbildung einer Krautschicht.

Die Spätblühende Traubenkirsche (*Prunus serotina*, Abb. 129), ein anderes fremdländisches Laubgehölz, wird im Frankfurter Stadtwald sogar bekämpft. Die Art wurde bereits im 17. Jahrhundert eingeführt und in vielen Gebieten großräumig gepflanzt. Jedoch erfüllte sie die in sie gesetzten Erwartungen nicht und wird heute vielfach als Problem angesehen. Sie kann innerhalb kurzer Zeit große Dominanzbestände ausbilden, insbesondere in Kiefern-Forsten (Abb. 130). Durch Beschattung verhindert sie, dass sich eine natürliche Krautschicht ausbildet. Auch die Naturverjüngung

Abb. 128: Blatt der Rot-Eiche (*Quercus rubra*). Foto: I. Ottich.

Abb. 129: Früchte der Spätblühenden Traubenkirsche (*Prunus serotina*). Foto: I. Ottich.

der einheimischen Gehölze wird unterbunden. Mit einem Aufwand von ungefähr 20.000 Euro wurden erste Bekämpfungsmaßnahmen auf einigen Testflächen im Schwanheimer Unterwald in den Jahren 1996, 1998 und 1999 durchgeführt. Allerdings können solche Maßnahmen nur Erfolg haben, wenn sie über einen längeren Zeitraum kontinuierlich durchgeführt werden. Aus der Samenbank im Waldboden kann sich die Spätblühende Traubenkirsche über einen längeren Zeitraum erneut regenerieren. Junge Traubenkirschen tragen nach fünf bis zehn Jahren erstmals Früchte. Wird dies nicht durch weitere Eingriffe unterbunden, erneuert sich die Samenbank im Boden. Zudem werden die Samen mit Vogelkot weiter ausgebreitet. Derzeit ist die Spätblühende Traubenkirsche mehr oder weniger über den ganzen Stadtwald verbreitet.

Die wichtigsten fremdländischen Nadelhölzer sind Douglasie (*Pseudotsuga menziesii*) und Weymouths-Kiefer (*Pinus strobus*). Auch die Fichte (*Picea abies*) ist in unserer Region nicht heimisch. Sie stammt zwar nicht von einem anderen Kontinent, ist aber in Mitteleuropa eine Pflanze der Gebirgsregionen. Als einziger Nadelbaum könnte auf besonders sandigen Flächen im Stadtwald die Kiefer natürlich vorkommen. Aber auch der hohe Anteil von Kiefern im Stadtwald entspricht nicht der natürlichen Artenzusammensetzung eines Waldes in unserem Gebiet. Die stark forstlich geprägten Nadelwälder machen heute mit mehr als 650 ha knapp ein Viertel der Waldfläche aus.

Nadelbäume werden gerne als Forstbäume verwendet, da sie schnell Schlagreife erlangen und hohe Erträge bringen. Zudem stellen sie geringe Ansprüche an die Bodenbedingungen. Allerdings verändern sie einerseits die Lichtverhältnisse für krautige Pflanzen und andererseits auch den Boden. Diese Veränderung wirkt sich noch viele Jahre nach Abholzung der Nadelbäume aus. Die Nadeln führen zu einer Versauerung des Bodens, was ungünstige Bedingungen für viele krautige Pflanzenarten schafft. Aus anderen Regionen wird darüber hinaus bereits von Problemen durch unerwünschte Naturverjüngung fremdländischer Nadelbäume berichtet, z. B. von Douglasien (Goßner & Simon 2002, Knoerzer 1999).

Abb. 130: Dominanzbestand der Spätblühenden Traubenkirsche (*Prunus serotina*) in einem Kiefernforst im Schwanheimer Unterwald. Foto: I. Ottich.

Abb. 131: Blütenstand des Kirschlorbeers (*Prunus laurocerasus*). Foto: I. Ottich.

Bis zum Jahre 1426 scheint der Frankfurter Stadtwald ein reiner Laubwald gewesen zu sein. In jenem Jahr ließ man einen „Tannensäer" aus Nürnberg kommen, wobei mit „Tanne" die Kiefer gemeint war. In den Jahren 1426, 1438 und 1441 wurden unter Einsatz von mit Pferden gezogenen Pflügen Kiefern und Fichten gesät. Allerdings war man sich zu dieser Zeit noch nicht sicher, ob das Nadelholz im Frankfurter Wald überhaupt gedeihen würde. 1674 hatte die Stadt erneut zwei Säcke Kiefernsamen aus Nürnberg bezogen (Ruppert 1960).

Die Weymouths-Kiefer wurde erstmals im Jahr 1798 gepflanzt. In der Folge wurde sie wegen ihres schnellen Wachstums beliebt und vor allem am Oberforsthaus und an der Unterschweinstiege gepflanzt und gesät (Ruppert 1960).

In den letzten Jahren wird außerdem eine Zunahme immergrüner Gehölze beobachtet, bei denen es sich nicht um forstlich genutzte Bäume, sondern überwiegend um Ziersträucher handelt. Sie verwildern aus Gärten und Friedhöfen in die angrenzenden Waldbereiche oder finden mit „wildem Kompost" ihren Weg in den Wald. In Frankfurt sind es v. a. Mahonie (*Mahonia aquifolium*) und Kirschlorbeer (*Prunus laurocerasus*, Abb. 131). Immergrüne Gehölze profitieren von milden Wintern und dem wärmeren Klima in Stadtnähe. Wie weit diese Arten in die eigentlichen Waldbereiche vordringen und sich dort etablieren können, bleibt noch abzuwarten.

Pflanzengesellschaften im Frankfurter Stadtwald

Naturnahe Waldgesellschaften

Buchenwälder gehören zu den weit verbreiteten Waldgesellschaften im Frankfurter Stadtwald. Sie lassen sich weiter in kleinere pflanzensoziologische Einheiten, die so genannten „Assoziationen" untergliedern. Während man auf den sauren Flugsandböden des Unterwaldes hauptsächlich artenarme bis mäßig artenreiche Bestände des Hainsimsen-Buchenwaldes (Luzulo-Fagetum) antrifft, stocken auf den tertiären Kalken im Oberwald Bestände des deutlich artenreicheren Waldmeister-Buchenwaldes (Galio odorati-Fagetum).

Der **Hainsimsen-Buchenwald** (Luzulo-Fagetum) stellt sich als eine artenarme, weitgehend von Rotbuche (*Fagus sylvatica*) geprägte Hochwaldgesellschaft dar (Abb. 132). Auf Übergangsstandorten zu Wäldern des Verbandes Quercion roboripetraeae können Trauben-Eiche (*Quercus petraea*) und Stiel-Eiche (*Quercus robur*) beigemischt sein, vereinzelt tritt auch Hainbuche (*Carpinus betulus*) auf. In zahlreichen Hainsimsen-Buchenwäldern des Untersuchungsgebietes wurde zudem Wald-Kiefer (*Pinus sylvestris*) forstlich eingebracht.

Abb. 132: Buchenwald mit artenarm entwickelter Krautschicht im Stadtwald. Foto: D. Bönsel.

Während eine Strauchschicht in den Beständen normalerweise völlig fehlt, ist auch die Krautschicht meist nur spärlich entwickelt und aus wenigen, gegen geringen Lichteinfall und niedrige pH-Werte unempfindlichen Arten aufgebaut. Die als Kennart der Assoziation geltende Weiße Hainsimse (*Luzula luzuloides*) ist im Stadtwald selten. Zu den häufigen und steten Gras- und Krautarten gehören Säurezeiger (Azidophyten) wie Draht-Schmiele (*Deschampsia flexuosa*), Pillen-Segge (*Carex pilulifera*) und Rotes Straußgras (*Agrostis capillaris*), ebenso das Schöne Frauenhaarmoos (*Polytrichum formosum*). Mit Weichem Honiggras (*Holcus mollis*), Salbei-Gamander (*Teucrium scorodonia*), Gewöhnlichem Habichtskraut (*Hieracium lachenalii*) u. a. greifen bereits eine Reihe von Quercetalia-Arten über, die deutlich machen, dass das Luzulo-Fagetum im Untersuchungsgebiet dem Betulo-Quercetum nahe steht und mit dieser Gesellschaft durch fließende Übergänge verbunden ist. Nicht selten sind auch artenarme Bestände, die nur über eine äußerst schlecht entwickelte Krautschicht verfügen bzw. in denen die Krautvegetation mitunter völlig fehlt („Fagetum nudum"). Eine pflanzensoziologische Zuordnung zum Luzulo-Fagetum ist aufgrund der nur spärlichen Ausstattung an diagnostisch wichtigen Arten schwierig und häufig alleine durch das Auftreten säureliebender Moosarten wie Schönes Frauenhaarmoos (*Polytrichum formosum*) oder Sicheliges Kleingabelzahnmoos (*Dicranella heteromalla*) möglich.

Der **Waldmeister-Buchenwald** (Galio odorati-Fagetum) stellt ökologisch ein Bindeglied zwischen dem zuvor beschriebenen bodensauren Hainsimsen-Buchenwald (Luzulo-Fagetum) und dem „anspruchsvolleren" Waldgersten-Buchenwald (Hordelymo-Fagetum) dar. Im Vergleich zum Hainsimsen-Buchenwald sind die im Stadtwald angetroffenen Bestände der Assoziation zwar nicht immer artenreicher, sie verfügen aber über eine Reihe anspruchsvollerer Waldarten. Regelmäßig anzutreffen sind Busch-Windröschen (*Anemone nemorosa*), Waldmeister (*Galium odoratum*), Wald-Flattergras (*Milium effusum*), Scharbockskraut (*Ranunculus ficaria*), Wald-Veilchen (*Viola reichenbachiana*), Goldnessel (*Lamium galeobdolon*), Einblütiges Perlgras (*Melica uniflora*), Wald-Segge (*Carex sylvatica*), Aronstab (*Arum maculatum*), Maiglöckchen (*Convallaria majalis*), Vielblütige Weißwurz (*Polygonatum multiflorum*). Spärlicher, aber gehäuft im Frankfurter Oberwald vertreten, sind Frühlingsblüher wie Bärlauch (*Allium ursinum*), Gelbes Windröschen (*Anemone ranunculoides*), Gefingerter Lerchensporn (*Corydalis solida*), Frühlings-Platterbse (*Lathyrus vernus*, Abb. 133), Schwarze Teufelskralle (*Phyteuma nigrum*), Sanikel (*Sanicula europaea*), Dunkles Lungenkraut (*Pulmonaria obscura*), Vielblütige Weißwurz (*Polygonatum multiflorum*), Zahnwurz (*Dentaria bulbifera*).

Edaphisch bedingt spielt die Assoziation auf den nährstoffarmen, von Flugsand geprägten Böden des Unterwaldes so gut wie keine Rolle. Hier bestehen lediglich sehr kleine und artenarme Ausbildungen zwischen Schwanheim und Goldstein sowie südlich des Niederräder Golfplatzes. Dabei sind die Übergänge zum Luzulo-Fagetum fließend. Weiter östlich, auf den von tertiären Kalken aufgebauten, mesotrophen und mehr oder weniger nährstoff- und basenreichen Braun- und Parabraunerden des Oberwaldes nehmen Buchenwälder mittlerer Standorte sowohl in Bezug auf die Anzahl wie auch bezüglich der Qualität der Artenausstattung zu. Die artenreichsten Bestände befinden sich südlich Oberrad. Bei den dortigen Bodentypen handelt es sich um tiefgründige Braunerden mit einer guten Wasserversorgung.

Sowohl der Hainsimsen-Buchenwald, als auch der Waldmeister-Buchenwald gehören zu den in Anhang I der FFH-Richtlinie aufgeführten Lebensraumtypen (Natura-2000-Code 9110 und 9130). Ihr Auftreten im Frankfurter Stadtwald führte neben den Tiervorkommen zur Meldung der beiden FFH-Gebiete „Schwanheimer Wald" und „Frankfurter Oberwald".

Bodensaure, lichte Hochwaldbestände mit dominierender Eiche konzentrieren sich auf den Frankfurter Unterwald („Altheeg") sowie Teile des Schwanheimer Waldes. Pflanzensoziologisch ist dieser Waldtyp dem **Hängebirken-Eichen-Wald** (Betulo pendulae-Quercetum roboris) zuzurechnen, wobei die Assoziation Härdtle et al. (1997) folgend sehr weit gefasst wird. Das Betulo-Quercetum ist trotz der im Namen genannten Birke keineswegs besonders birkenreich. Neben den beiden Eichenarten (*Quercus robur* und *Q. petraea*) können als weitere Baumarten Rotbuche (*Fagus sylvatica*) und – forstlich gefördert bzw. eingebracht – Hainbuche (*Carpinus betulus*) und Wald-Kiefer (*Pinus sylvestris*) hinzutreten. In den wechselfeuchten Ausbildungen erlangt Stiel-Eiche (*Quercus robur*) die größere Bedeutung, dagegen tritt sie auf den Dünenrücken deutlich zurück oder fehlt dort vollständig. Eine große Gruppe von Differenzialarten trennt die Eichenwälder von den übrigen Laubwäldern des Gebietes. Weit verbreitet sind Rotes Straußgras (*Agrostis capillaris*), Weiches Honiggras (*Holcus mollis*), Adlerfarn (*Pteridium aquilinum*), Harzer Labkraut (*Galium saxatile*), Kleiner Sauerampfer (*Rumex acetosella*), Wald-Ehrenpreis (*Veronica officinalis*), Haar-Schafschwingel (*Festuca filiformis*) und Salbei-Gamander (*Teucrium scorodonia*). Daneben kommen weitere Arten bodensaurer Eichenwälder mit geringerer Stetigkeit vor (z. B. *Hieracium*-Arten, *Polygonatum odoratum* u. a.). Säurezeiger, die fast keinem Bestand fehlen, sind Draht-Schmiele (*Deschampsia flexuosa*) und Pillen-Segge (*Carex pilulifera*). Letztere sind allerdings auch im Luzulo-Fagetum des Untersuchungsgebietes sehr regelmäßig vertreten.

Abb. 133: Frühlings-Platterbse (*Laythrus vernus*). Foto: I. Ottich.

Zwei Ausbildungen des Hängebirken-Eichen-Waldes lassen sich im Untersuchungsgebiet unterscheiden: Eine typische Ausbildung konzentriert sich auf die trockenen Flugsandstandorte im Unterwald und ist weitgehend durch die oben beschriebene Artenausstattung charakterisiert. Eine wechselfeuchte Ausbildung, die stellenweise im Schwanheimer Wald zu finden ist, wird vor allem durch das Vorkommen von Pfeifengras (*Molinia caerulea* s. l.), das oft aspektbeherrschend die Krautschicht dominiert, gekennzeichnet. Weitere Wechselfeuchte- bis Wechselnässezeiger kommen hinzu: Flatter-Binse (*Juncus effusus*), Knäuel-Binse (*Juncus conglomeratus*) und Rasen-Schmiele (*Deschampsia cespitosa*).

Eichen-Hainbuchenwälder sind innerhalb des Frankfurter Stadtwaldes nur im nördlichen Schwanheimer Wald zu finden, wo sie vom Kelsterbacher Knoten im Westen bis etwa zum Forsthaus Goldstein im Osten immer wieder in mehr oder weniger großer Ausdehnung anzutreffen sind. Pflanzensoziologisch gehören sie zum Sternmieren-Eichen-Hainbuchenwald (Stellario-Carpinetum), sie zeichnen sich im Gebiet durch außergewöhnlichen Arten- und Strukturreichtum aus. Die Baumschicht der Bestände setzt sich im Wesentlichen aus Stiel-Eiche (*Quercus robur*), Esche (*Fraxinus excelsior*) und Hainbuche (*Carpinus betulus*) zusammen. Zudem sind Winter-Linde (*Tilia cordata*), Vogel-Kirsche (*Prunus avium*), Rotbuche (*Fagus sylvatica*), Trauben-Eiche (*Quercus petraea*), Feld-Ahorn (*Acer campestre*) sowie seltener Flatter-Ulme (*Ulmus laevis*, Abb. 134) und die ursprünglich in diesen Wäldern vermutlich nicht vorkommenden Arten Berg-Ahorn (*Acer pseudoplatanus*), Spitz-Ahorn (*Acer platanoides*) und Berg-Ulme (*Ulmus glabra*) am Gesellschaftsaufbau beteiligt. Die in der Regel üppig entwickelte Strauchschicht setzt sich aus Weißdorn-Arten (*Crataegus laevigata, C. macrocarpa*), Hasel (*Corylus avellana*, Abb. 135) sowie Gewöhnlichem Pfaffenhütchen (*Euonymus europaeus*) zusammen.

In der Krautschicht finden sich eine Vielzahl nährstoff- und feuchtigkeitsliebender Pflanzenarten. Neben den Gesellschaftskennarten Große Sternmiere (*Stellaria holostea*), Wald-Knäuelgras (*Dactylis polygama*) und Gold-Hahnenfuß (*Ranunculus auricomus*) kommen Wald-Veilchen (*Viola reichenbachiana*), Wald-Ziest (*Stachys sylvatica*), Scharbockskraut (*Ranunculus ficaria*), Berg-Goldnessel (*Lamium montanum*), Gewöhnliches Hexenkraut (*Circaea lutetiana*), Aronstab (*Arum maculatum*), Einbeere (*Paris quadrifolia*), Giersch (*Aegopodium podagraria*) und Lauchhederich

Abb. 134: Die Flatter-Ulme (*Ulmus glabra*) ist im Frankfurter Stadtwald gelegentlich in Eichen-Hainbuchenwäldern zu finden. Foto: I. Ottich.

Abb. 135: Die kleinen Blüten der Hasel (*Corylus avellana*) erscheinen bereits im zeitigen Frühjahr. Foto: I. Ottich.

(*Alliaria petiolata*) zerstreut bis häufig vor. Deutlich seltener finden sich Arten wie Bärlauch (*Allium ursinum*) und Berg-Ehrenpreis (*Veronica montana*), die nur in der näheren Umgebung des Rohsees zu finden sind. Die weitgehend naturnahen Bestände des Sternmieren-Eichen-Hainbuchenwaldes im Schwanheimer Wald lassen sich pflanzensoziologisch der Subassoziation mit Wald-Ziest (*Stachys sylvatica*) anschließen, einer Gesellschaft, die eine deutliche Verwandtschaft zu den Auenwäldern des Verbandes Alno-Ulmion zeigt und auf nährstoffreichen und meist deutlich basenreichen, feuchten, sandig-lehmigen bis lehmig-tonigen Böden stockt, welche einem dauernden Grund- bzw. Stauwassereinfluss unterliegen. Nach der Roten Liste der Pflanzengesellschaften Deutschlands (Rennwald 2000) gilt die Waldgesellschaft als gefährdet. Die FFH-Richtlinie der Europäischen Union führt den Sternmieren-Eichen-Hainbuchenwald (Natura-2000-Code 9160) im Anhang I als Lebensraum von gemeinschaftlichem Interesse an.

Zeitweise überflutete und/oder durch einen sehr hohen Grundwasserstand gekennzeichnete, von Schwarz-Erlen (*Alnus glutinosa*) und/oder Eschen (*Fraxinus excelsior*) dominierte Wälder in Bachauen, anmoorigen Auenrandbereichen und Quellgebieten waren ehemals wesentlich häufiger im Stadtwald anzutreffen, als es heute der Fall ist. Hierauf deuten sowohl verschiedenste in der Literatur zu findende Beschreibungen (Kobelt 1912) als auch heute noch gebräuchliche Flurbezeichnungen wie Kessel- oder Grastränkbruch hin. Durch die im vergangenen Jahrhundert intensivierte Forstwirtschaft wurden derartige Grenzertragsstandorte durch massive Entwässerungsmaßnahmen für eine wirtschaftliche Holzproduktion optimiert, so dass man gegenwärtig nur noch Restflächen von Feucht- und Nasswäldern im Frankfurter Stadtwald findet, die sich im Wesentlichen auf das Umfeld des Rohsees im Schwanheimer Wald sowie auf die Aue des Luder- bzw. Königsbaches im Oberwald konzentrieren.

Bei den so genannten **Auenwäldern** ist keine Staunässe vorhanden und somit kein Bruchwaldcharakter gegeben. Die Standorte sind mäßig bis sehr nährstoffreich. Im Stadtwald sind überwiegend von Erlen geprägte Bestände anzutreffen. Neben der stark vorherrschenden Schwarz-Erle (*Alnus glutinosa*) sind noch Esche (*Fraxinus excelsior*), Flatter-Ulme (*Ulmus laevis*) und selten Berg-Ahorn (*Acer pseudoplatanus*) sowie Hainbuche (*Carpinus betulus*) am Bestandsaufbau beteiligt. Die Strauchschicht ist meist gut entwikkelt und artenreich; häufig anzutreffen sind Rote Johannisbeere (*Ribes rubrum*), Berg-Ahorn (*Acer pseudoplatanus*), Flatter-Ulme (*Ulmus laevis*), Schwarzer Holunder (*Sambucus nigra*), Pfaffenhütchen (*Euonymus europaeus*), Traubenkirsche (*Prunus padus*). Die Krautschicht ist gut bis sehr gut entwickelt und von Feuchte- und Nässezeigern geprägt; Farne sind regelmäßig vertreten. Sehr nasse und oft überschwemmte Bestände sind durch Seggen und andere Nässezeiger gekennzeichnet: Sumpf-Segge (*Carex acutiformis*) und Winkel-Segge (*Carex remota*), Wechsel-

Abb. 136: Das Cleeische Wäldchen in der Aue des Luder- bzw. Königsbachs. Foto: D. Bönsel.

blättriges Milzkraut (*Chrysosplenium alternifolium*), Bitteres Schaumkraut (*Cardamine amara*), Wasserschwaden (*Glyceria fluitans*), Ufer-Wolfstrapp (*Lycopus europaeus*) und Gewöhnlicher Gilbweiderich (*Lysimachia vulgaris*).

Der größte und bedeutendste Au- und Quellwaldbereich im Frankfurter Stadtwald ist das so genannte Cleeische Wäldchen (Abb. 136) nordwestlich des Jacobiweihers. Daneben lassen sich immer wieder zerstreut kleine Reliktvorkommen entlang des Luderbaches beobachten, so beispielsweise zwischen Försterwiesen- und Kesselbruchweiher, zwischen Darmstädter Landstraße und Jacobi-Weiher sowie am Rande des ehemaligen Waldparkes Louisa.

Erlen- und Eschenwälder der Auen und Quellbereiche unterliegen dem gesetzlichen Schutz des § 31 HENatG, sie sind zudem Lebensraumtyp des Anhangs I der FFH-Richtlinie (Natura-2000-Code *91E0).

Neben diesem weitgehend auf Auenstandorte beschränkten Waldtyp existieren im Frankfurter Stadtwald kleine Restvorkommen von Bruchwäldern auf nassen Niedermoorböden mit hochanstehendem, stagnierendem oder langsam sickerndem und oft austretendem Wasser. Das aktuell bedeutendste liegt im Bereich des Rohsees im Schwanheimer Wald (Abb. 137) und lässt sich als Walzenseggen-Schwarzerlen-Bruchwald (Carici elongatae-Alnetum glutinosae) ansprechen. Dabei handelt es sich um eine mitteleuropäisch-subkontinental verbreitete Bruchwald-Gesellschaft mit vorherrschender Schwarz-Erle (*Alnus glutinosa*) in der Baumschicht, zu der sich häufig Hänge-Birke (*Betula pendula*) und selten Moor-Birke (*Betula pubescens*) gesellen. Für die Strauchschicht der Erlenwälder ist der Faulbaum (*Frangula alnus*) sehr bezeichnend.

Als Assoziations- und Verbandskennarten der Erlen-Bruchwälder im Rhein-Main-Gebiet treten Sumpf-Labkraut (*Galium palustre*) und Walzen-Segge (*Carex elongata*) in Erscheinung; sie werden regelmäßig von einer Reihe von Nässezeigern begleitet: Charakteristisch sind Schilf (*Phragmites australis*), Sumpf-Schwertlilie (*Iris pseudacorus*) und Sumpf-Helmkraut (*Scutellaria galericulata*), des Weiteren Blasen-Segge (*Carex vesicaria*), Sumpf-Segge (*Carex acutiformis*) und Blut-Weiderich (*Lythrum salicaria*).

Abb. 137: Schwarz-Erlen (*Alnus glutinosa*) im Rohsee. Foto: G. Zizka.

Der Walzenseggen-Schwarzerlen-Bruchwald gilt nach der Roten Liste der Pflanzengesellschaften Deutschlands als stark gefährdet und unterliegt ferner dem Schutz des § 31 HENatG. Als wesentliche Gefährdungsursachen sind Veränderungen des Wasserhaushaltes durch Melioration und Grundwasserabsenkung anzusehen. So finden sich insbesondere im Bereich des Kessel- und Grastränkbruches stark degradierte und von der Birke beherrschte Bruchwaldrudimente. Als weitere Gefährdung ist die Umwandlung und Änderung der Bewirtschaftung naturnaher Erlenwälder zu sehen, die in der Vergangenheit vielfach in Folge von Entwässerung und Grundwasserabsenkung durchgeführt wurde.

Forste

Von der im eigentlichen Sinne bewaldeten Fläche des Frankfurter Stadtwaldes unter Abzug der Verkehrswege, Sportflächen etc. wurden nur rund 20 % als „naturnah" erfasst, während es sich bei den übrigen rund 80 % um stark forstlich geprägte Wirtschaftswälder handelt. Aus naturschutzfachlicher Sicht sind sie kritisch zu bewerten, zumal es sich teilweise um Forste aus fremdländischen Laubbäumen (ca. 10 % der Fläche) oder artenarme Nadelholzforste (ca. 25 % der Fläche) handelt.

Bodensaure Kiefernforste, die vegetationskundlich als Draht-Schmielen-Wald-Kiefer-Gesellschaft (*Deschampsia flexuosa-Pinus sylvestris*-Gesellschaft) bezeichnet werden können, sind in verschiedenen Ausprägungen im Stadtwald vertreten und v. a. an trockenen bis frischen Standorten auf sauren und insgesamt nährstoffarmen Böden, insbesondere auf Sand, anzutreffen. Häufig handelt es sich um gleichaltrige, einschichtige Kiefernbestände, z. T. mit Buchen-Unterbau, (geringen) Fichtenanteilen und in einigen Beständen mit einer Strauchschicht (bzw. unteren Baumschicht) aus Später Traubenkirsche (*Prunus serotina*), deren Krautschicht von weit verbreiteten Säurezeigern wie Draht-Schmiele (*Deschampsia flexuosa*), Salbei-Gamander (*Teucrium scorodonia*), Pillen-Segge (*Carex pilulifera*) und Kleinem Sauerampfer (*Rumex acetosella*) geprägt ist und deutlich an den Unterwuchs von bodensauren Eichen- und Buchenwäldern erinnert. Moose wie Schönes Frauenhaarmoos (*Polytrichum formosum*), Gemeines Grünstängelmoos (*Scleropodium purum*), Heide-Schlafmoos (*Hypnum jutlandicum*) und Rotstängelmoos (*Pleurozium schreberi*) erreichen regelmäßig hohe Deckungswerte. In relativ lichten, älteren Kiefernforsten dominiert Land-Reitgras (*Calamagrostis epigejos*) die Krautschicht, in der dann selbst die genannten Säurezeiger kaum mehr zu finden sind.

Nicht selten zu beobachten sind Kiefernforste, in deren Unterwuchs Brombeer-Arten wie Rohe Brombeere (*Rubus rudis*), Grabowskis Brombeere (*Rubus grabowskii*), Schnedlers Brombeere (*Rubus schnedleri*), Raspel-Brombeere (*Rubus radula*), Mittelgebirgs-Brombeere (*Rubus montanus*), Asbestschimmernde Brombeere (*Rubus amiantinus*), Falten-Brombeere (*Rubus plicatus*),

Abb. 138: Kiefernforst im Schwanheimer Wald mit Adlerfarnherden. Foto: G. Zizka.

Gefurchte Brombeere (*Rubus sulcatus*) und Limes-Brombeere (*Rubus limitis*) mehr als 50 % Deckung erreichen (vgl. Abschnitt „Bemerkungen zur Brombeerflora des Stadtwaldes“). Die Wuchsorte dieser brombeerreichen Fazies dürften durch erhöhte Nährstoffeinträge aus der Luft und/oder aus der unmittelbaren Umgebung geprägt sein. Mitunter spielen auch forstliche Störungsfaktoren eine Rolle.

Daneben gibt es eine Kiefernforst-Ausbildung, in der Adlerfarn (*Pteridium aquilinum*) in dichten Herden auftritt (Abb. 138). Den Wuchsorten von Adlerfarnherden wird allgemein eine – z. T. allerdings nur in größeren Bodentiefen vorhandene – Wasserzügigkeit nachgesagt.

Bodensaure Kiefernforste sind im Stadtwald weit verbreitet, v. a. in den Waldbereichen „Langebaumsgrund“, „Tannacker“ und „Wadt“.

Kiefern-Buchen-Eichen-Mischforste mit Draht-Schmiele (*Deschampsia flexuosa*) und Salbei-Gamander (*Teucrium scorodonia*) finden sich auf trockenen bis mäßig trockenen, mageren Sandböden der Niederterrasse und Flugsanddecken. Es sind meist ältere bis alte, lockere Kiefernbestände mit jungem bis mittelaltem Laubholzunterbau in der mit hohen Deckungswerten entwickelten zweiten Baumschicht oder gleichaltrige, meist mittelalte Kiefern-Buchen-Eichen-Bestände als Ersatzgesellschaft der Eichenwälder (Quercetalia). In der verhältnismäßig artenreichen und meist mit hohen Deckungswerten ausgebildeten Krautschicht kommen allgemein verbreitete Säurezeiger der Kiefern- und Eichenwälder vor. Zu nennen sind zum Beispiel Draht-Schmiele (*Deschampsia flexuosa*), Pillen-Segge (*Carex pilulifera*), Harzer Labkraut (*Galium saxatile*) und Salbei-Gamander (*Teucrium scorodonia*). Man trifft auf diese Forste zerstreut im Schwanheimer Wald: in den Bereichen „Neuheeg“, „Tannacker“ und „Wadt“.

Auf eher mesoptrophen, mäßig trockenen bis frischen Standorten mit (sandigen) Braunerden lassen sich krautschichtarme **Kiefern-Buchen-Mischforste** beobachten. Eichen (*Quercus petraea* und *Q. robur*) und Hainbuchen (*Carpinus betulus*) sind nur selten am Aufbau der Baumschicht beteiligt. In der artenarmen, teilweise aber trotzdem mit recht hohen Deckungswerten entwickelten Krautschicht wachsen mesophytische Waldarten wie Brombeere (*Rubus* spp.) oder Flattergras (*Milium effusum*), die Säurezeiger spielen nur eine untergeordnete Rolle. Insgesamt sind die artenarmen Mischwälder eher Ersatzgesellschaften der Buchenwälder (Fagetalia) oder der Eichen-Hainbuchenwälder (Carpinion) als der Kiefern- und Eichenwälder.

Die übrigen, weder standörtlich noch pflanzensoziologisch definierten Kulturen werden als **„Sonstige Forstbestände“** zusammengefasst. Es sind gleichförmige, krautschichtarme bis nahezu krautschichtfreie, forstlich kultivierte Baumbestände aus einheimischen oder nichteinheimischen Laub- und Nadelgehölzen. Im Folgenden sollen die wichtigsten und am weitesten verbreiteten Forstkulturen hervorgehoben werden.

Zu den häufig kultivierten einheimischen Baumarten gehören Stiel-Eiche (*Quercus robur*) und Rotbuche (*Fagus sylvatica*), deutlich seltener anzutreffen sind Trauben-Eiche (*Quercus petraea*), Hainbuche (*Carpinus betulus*) und Winter-Linde (*Tilia cordata*).

Unter den nicht einheimischen Laubbaumarten überwiegt die aus Nordamerika stammende Roteiche (*Quercus rubra*), deren Forstbestände (Abb. 139) in der Regel auf potenziell natürlichen Standorten des Luzulo-Fagetums sowie des Betulo-Quercetums stocken. Sie verfügen nur über eine sehr spärlich ausgeprägte, artenarme Krautschicht mit Rotem Straußgras (*Agrostis capillaris*), Pillen-Segge (*Carex pilulifera*), Weichem Honiggras

(*Holcus mollis*) und Draht-Schmiele (*Deschampsia flexuosa*), in der sich die Roteiche in geringem Maße auch verjüngt. Örtlich treten auch nahezu krautschichtfreie Bestände auf.

Wesentlich seltener sind Forstbestände der ebenfalls aus Nordamerika stammenden Robinie (*Robinia pseudoacacia*). Blätter und Rinde der Baumart enthalten sehr viel Stickstoff, der sich über die leicht zersetzliche Streu im Boden anreichert. Dies hat zur Folge, dass nitrophile Störzeiger wie beispielsweise Schwarzer Holunder (*Sambucus nigra*), Brombeer-Arten (*Rubus* spp.), Gewöhnlicher Hohlzahn (*Galeopsis tetrahit*), Knoblauchsrauke (*Alliaria petiolata*) u. a. gehäuft in den Beständen auftreten.

Mit Ausnahme der bereits besprochenen Kiefern-Forste überwiegen bei den Nadelbaumarten Bestände mit Strobe (*Pinus strobus*) und Douglasie (*Pseudotsuga menziesii*). Daneben kommen Fichten-, Lärchen- und Schwarz-Kiefern-Forste vor. Von untergeordneter Bedeutung sind Forstkulturen exotischer Nadelhölzer wie Riesen-Tanne (*Abies grandis*), Abendländischer Lebensbaum (*Thuja occidentalis*), Mammutbaum (*Sequoiadendron giganteum*) oder Sicheltanne (*Cryptomeria japonica*). Alle genannten Nadelholzforste verfügen nur über einen äußerst spärlich entwickelten Krautunterwuchs.

Abb. 139: Roteichen-Forst im Stadtwald. Foto: G. Zizka.

Gehölzpflanzungen und Wald-Jungbestände bis einschließlich Dickungsstadien werden als **Aufforstungen** zusammengefasst. Die meist sehr dicht gepflanzten Bestände verfügen in der Regel noch nicht über eine typische Krautschicht. Häufig sind Aufforstungen zum Schutz vor Wildverbiss eingezäunt. Sie sind im gesamten Stadtwald zerstreut verbreitet. Dabei überwiegen Aufforstungen einheimischer Laubbäume, vor allem der Eiche.

Weitere Pflanzengesellschaften im Stadtwald

Auf dem Gebiet des Stadtwaldes lassen sich außer Wäldern und Forsten auch noch andere Pflanzenformationen antreffen, z. B. Vorwälder, Schlagfluren und Saumgesellschaften. Einige kommen jedoch typischerweise in anderen Bereichen der Stadt vor, z. B. Bestände der Kanadischen Goldrute (*Solidago canadensis*-Bestände). Sie werden daher nicht hier besprochen. Vorgestellt werden im Folgenden ausgewählte Gesellschaften, die einen Verbreitungsschwerpunkt in Frankfurt auf entsprechenden Stellen im Stadtwald haben.

Beim **Traubenkirschen-Vorwald** (*Prunus serotina*-Gesellschaft) handelt es sich um einen von der neophytischen Späten Traubenkirsche (*Prunus serotina*) dominierten Pionierwald. Die Späte Traubenkirsche ist häufig mit anderen Pioniergehölzen wie Hänge-Birke (*Betula pendula*) und ersten Waldbäumen wie Wald-Kiefer (*Pinus sylvestris*) oder Trauben-Eiche (*Quercus petraea*) vergesellschaftet. Die Zusammensetzung der Krautschicht, die in den schattigen Beständen nur geringe Deckungsgrade erreicht, ist vor allem von Waldarten wie Hain-Rispengras (*Poa nemoralis*) und Draht-Schmiele (*Deschampsia flexuosa*) geprägt.

Der Traubenkirschen-Vorwald gedeiht auf trockenen bis feuchten Sandböden im Wald. Die Späte Traubenkirsche ist einer der wenigen expansiven Neophyten, die auch in relativ naturnahen Gesellschaften dauerhaft Fuß fassen können und konkurriert im Gebiet erfolgreich mit Hänge-Birke und Trauben-Eiche. Die Späte Traubenkirsche findet sich eingestreut inzwischen fast im gesamten Stadtwald.

Als **Brombeeren-Gesellschaften** sind Schlaggesellschaften zusammengefasst, die von Echten Brombeeren (*Rubus* sectio *Rubus*) und im Einzelfall von Haselblattbrombeeren (*Rubus* sectio *Corylifolii*) dominiert sind (vgl. Abschnitt „Bemerkungen zur Brombeerflora des Stadtwaldes"). Dabei spielen v. a. folgende Arten eine Rolle: Schnedlers Brombeere (*Rubus schnedleri*), Asbestschimmernde Brombeere (*Rubus amiantinus*), Rohe Brombeere (*Rubus rudis*), Raspel-Brombeere (*Rubus radula*), Zweifarbige Brombeere (*Rubus bifrons*) und Armenische Brombeere (*Rubus armeniacus*). Nur selten treten Himbeere (*Rubus idaeus*) oder Roter Fingerhut (*Digitalis purpurea*) als Kennarten der Schlagfluren in Erscheinung, häufiger beteiligen sich typische Begleiter von Lichtungs- und Saumgesellschaften saurer Standorte: Rotes Straußgras (*Agrostis capillaris*), Weiches Honiggras (*Holcus mollis*), Kleiner Sauerampfer (*Rumex acetosella*), Salbei-Gamander (*Teucrium scorodonia*). Aus anderen Lichtungsgesellschaften des Untersuchungsgebietes greifen Land-Reitgras (*Calamagrostis epigejos*) und Draht-Schmiele (*Deschampsia flexuosa*) über.

Man findet die Brombeeren-Gesellschaften meist auf etwas älteren Waldlichtungen mit stärker besonnten und halbschattigen Bereichen auf sauren bis mäßig basenreichen, frischen bis wechselfeuchten Standorten, im Stadtwald v. a. am Rande von Schonungen und Aufforstungen; ferner existieren kleinflächige Vorkommen auf den durch Bautätigkeit stark gestörten Flächen zwischen A 3 und B 43.

Adlerfarn-Dominanzbestände kommen auf frischen bis wechselfeuchten, meist zumindest im Untergrund wasserzügigen und sauren Böden vor. Als Substrat wird Sand bevorzugt. Die Wuchsorte des Adlerfarns (*Pteridium aquilinum*) sind besonnt oder zumindest halbschattig. Man findet die Bestände im Stadtwald kleinflächig in aufgelichteten Bereichen sowie entlang von Waldwegen, meist in enger Vergesellschaftung zu Vorkommen des Land-Reitgrases (*Calamagrostis epigejos*) und anderen Schlagflur- und Lichtungsgesellschaften.

Auffällig sind **Dominanzbestände des Land-Reitgrases** (*Calamagrostis epigejos*, Abb. 140), die bevorzugt auf halbschattigen und besonnten Standorten in lichten Wäldern und auf Waldlichtungen vorkommen, von wo aus sie auch in größere Offenlandflächen vordringen. Das Land-Reitgras bevorzugt sandige, frische Böden, ist aber sowohl in trockenen als auch feuchten Standortbereichen anzutreffen. Als typische Begleiter tauchen vielfach verbreitete Arten von

Abb. 140: Das Land-Reitgras (*Calamagrostis epigejos*), hier in einem Saum am Parkplatz Isenburger Schneise, kann auf Lichtungen dichte Dominanzbestände bilden. Foto: I. Ottich.

Lichtungs- und Saumgesellschaften saurer Standorte auf: Kleiner Sauerampfer (*Rumex acetosella*), Salbei-Gamander (*Teucrium scorodonia*), Weiches Honiggras (*Holcus mollis*) und Rotes Straußgras (*Agrostis capillaris*). In stärker gestörten und verdichteten Bereichen und auf tendenziell wechselfeuchten Standorten treten Flatter-Binse (*Juncus effusus*), Knäuel-Binse (*Juncus conglomeratus*), Zarte Binse (*Juncus tenuis*) und Behaarte Segge (*Carex hirta*) hinzu.

Die **Diptam-Saumgesellschaft** (Geranio-Dictamnetum) ist eine submediterran und subkontinental verbreitete Pflanzengesellschaft, vorwiegend im Saum von Gehölzen wärmebegünstigter, trockener Standorte. Neben dem oft aspektbildenden Diptam (*Dictamnus albus*) kommen mit Blut-Storchschnabel (*Geranium sanguineum*), Ästiger Graslilie (*Anthericum ramosum*), Berg-Klee (*Trifolium alpestre*), Salomonssiegel (*Polygonatum odoratum*), Pechnelke (*Silene viscaria*) und Schwalbenwurz (*Vincetoxicum hirundinaria*) weitere Kenn- und Trennarten der wärmeliebenden Säume vor. Im Stadtwald findet sich eine Ausbildung, die durch Azidophyten wie Salbei-Gamander (*Teucrium scorodonia*) sowie durch Sommerwärmezeiger wie Weißes Fingerkraut (*Potentilla alba*) gekennzeichnet ist. Ausgangssubstrat bilden hier mehr oder weniger saure Sande der zweiten Mainterrasse (Korneck 1971). In einem Teil der Bestände sind außerdem die Wechselfeuchtezeiger Färberscharte (*Serratula tinctoria*), Nordisches Labkraut (*Galium boreale*), Teufelsabbiss (*Succisa pratensis*) und Blaues Pfeifengras (*Molinia caerulea*) vertreten. Typische Bestände der Pflanzengesellschaft sind durch großen Arten- und Blütenreichtum gekennzeichnet. Das Geranio-Dictamnetum des Untersuchungsgebietes beherbergt zahlreiche gefährdete und für den Naturraum bedeutsame Arten.

Die Gesellschaft entwickelt sich auf trockenen bis wechseltrockenen, mäßig basen- bis kalkreichen, nährstoffarmen Standorten, in sonniger bis halbschattiger Lage an Wald- und Gebüschrändern. In Frankfurt kommt sie nur im Schwanheimer Wald auf der nordexponierten Böschung entlang der parallel zur Hinkelstein-Schneise verlaufenden Bahnlinie vor. Die am besten ausgebildeten und artenreichsten Bestände befinden sich auf dem Streckenabschnitt östlich des ehemaligen Haltepunkts Schwanheimer Bahnhof. Westlich davon ist die Gesellschaft nur fragmentarisch entwickelt.

Es handelt sich um eine im Rhein-Main-Tiefland äußerst seltene Pflanzengesellschaft. Auf Bundesebene wird die Assoziation als „gefährdet“ eingestuft; im Rhein-Main-Tiefland ist das Geranio-Dictamnetum nach unserer Einschätzung „stark gefährdet“.

Die Gesellschaft war wohl früher im Gebiet des Frankfurter Stadtwaldes weiter verbreitet, lokal häufig und wurde durch die mit der Aufgabe von Waldweide und Niederwaldwirtschaft verbundene zunehmende Beschattung ihrer Wuchsorte zurückgedrängt. Die verbliebenen Vorkommen im Frankfurter Unterwald werden zur Zeit nur durch den Rückschnitt der aufkommenden Gehölze im Zusammenhang mit dem Bahnbetrieb erhalten. Insbesondere die Ausbreitung der Robinie (*Robinia pseudoacacia*, Abb. 141) stellt in diesem Zusammenhang eine starke Gefährdung der Diptam-Säume dar.

Die **Vergesellschaftung von Aufrechter Trespe und Feld-Mannstreu** (*Bromus erectus-Eryngium campestre*-Basalgesellschaft) ist eine im Stadtwald lokal eng begrenzt an der südexponierten Bahnböschung der Hinkelstein-Schneise in Höhe der Querung der Unterschweinstieg-Schneise auftretende Saumgesellschaft, die von der Aufrechten Trespe (*Bromus erectus*) dominiert wird. Der bis zu drei Meter breite Saum beherbergt als

Abb. 141: Die Robinie (*Robinia pseudoacacia*) ist leicht an den Fiederblättern und den zu Dornen umgewandelten Nebenblättern zu erkennen. Sie breitet sich besonders an Bahndämmen aus und gefährdet damit in Frankfurt die seltenen Diptam-Säume. Foto: I. Ottich.

stete Begleitarten Feld-Mannstreu (*Eryngium campestre*, Abb. 142), Rotes Straußgras (*Agrostis capillaris*), Schmalblättriges Rispengras (*Poa angustifolia*) und Natternkopf (*Echium vulgare*). Die Gesellschaft benötigt trockene, saure bis mäßig basenreiche, nährstoffarme Böden. An der Hinkelstein-Schneise haben aufkommende Gehölze, vor allem Schlehe (*Prunus spinosa*) und Robinie (*Robinia pseudoacacia*) stellenweise bereits zu einer starken Verbuschung des Bestandes geführt und leiten den Abbau der Gesellschaft ein.

Es war einmal... Besondere Orte im Stadtwald (unter Mitarbeit von Kurt Baumann)

Der Frankfurter Stadtwald zählte seit jeher zu den bevorzugten Exkursionsgebieten der Frankfurter Botaniker. Leider haben jene des 19. Jahrhunderts meist keine oder nur ungenaue Fundortangaben auf ihren Herbarbelegen hinterlassen. Dies gilt aber nicht für den etwa zwischen 1880 und 1920 in Frankfurt arbeitenden herausragenden Floristen Martin Dürer. Er hinterließ neben einem sehr umfangreichen Herbar auch Datenmaterial in Form von Notizen, einer Liste von Pflanzenfundorten sowie einem Kartenwerk, welches erst in seinen letzten Lebensjahren entstand. Auf Messtischblättern sind Fundpunkte auf ein angeheftetes Pergament eingetragen. Die Eintragungen erfolgten nach Angaben Dürers durch den damaligen Assistenten am Botanischen Institut der Universität Frankfurt, Dr. Jungmann (Burck 1956). Insgesamt enthält das Kartenwerk 2.842 Fundpunkte von 1.013 Arten. Aus dem Gebiet des heutigen Stadtwaldes sind 373 Fundpunkte von 229 Arten vorhanden.

Das Kartenwerk Dürers dokumentiert v.a. die Vorkommen seltener und besonderer Pflanzen. Bei den umfangreichen Untersuchungen, die zu Beginn des 21. Jahrhunderts im Stadtwald durchgeführt wurden (Malten et al. 2003), wurden rund ein Drittel der Arten nicht wieder gefunden. Eine Übersicht mit den letzten bekannten Nachweisen vieler Arten aus dem Stadtwald befindet sich im Anhang (Tab. VI).

Wenn Martin Dürer seine ausgedehnten Wanderungen durch den Stadtwald unternahm, kam er an zwei heute verschwundenen und vergessenen, damals bei Botanikern aber berühmten Örtlichkeiten vorbei: Hinter dem Oberforsthaus, dem heutigen Stadtforstamt, auf dem Weg zur Försterei Goldstein (heute Revierförsterei Niederrad) lag in einer Geländesenke der Forsthaussumpf. Hinter der Revierförsterei Goldstein traf Dürer dann auf den Schwengelsbrunnen. Beide Örtlichkeiten sind mit einer heute fast verschwundenen Pflanzenwelt verbunden.

Der **Forsthaussumpf,** teilweise auch als Niederräder Sumpf oder Sumpfstelle am Eisenbahndamm bezeichnet, war das wohl artenreichste Moor Frankfurts. Die Lage der früheren Feuchtstellen ist bei Burck (1925) beschrieben: „Eine der Sumpfstellen war dort, wo heute die Pumpstation A der Grundwasserleitung liegt, eine zweite lag in dem von den beiden Eisenbahndämmen gebildeten Dreieck vor der Haltestelle Goldstein, da, wo die Straße allmählich ansteigend die Strecke Goldstein-Sachsenhausen überquert. Bei dem Bau des Hauptbahnhofs wurde diese Sumpfstelle z. T. durch den notwendig gewordenen Bahndamm zugeschüttet; aber auch der übrige Teil liegt heute völlig trocken. Nach meiner Meinung ist diese Veränderung auf die Anlage der Grundwasserleitung zurückzuführen." An der Senke an der Flughafenstraße am Wasserwerk Oberforsthaus warnt heute noch ein Verkehrsschild vor Überflutungsgefahr bei Starkregen. Noch um die Wende vom 19. zum 20. Jahrhundert gab es in diesem Gebiet Arten, die dort heute unvorstellbar sind. Das Herbarium Senckenbergianum besitzt vom Forsthaussumpf Aufsammlungen von Rundblättrigem Sonnentau (*Drosera rotundifolia*), Mittlerem Sonnentau (*Drosera intermedia*), Sumpfbärlapp (*Lycopodiella inundata*), Pillenfarn (*Pilularia globulifera*), Weißem Schnabelried (*Rhynchospora alba*) und Braunem Schnabelried (*Rhynchospora fusca*). Floristen des 19. Jahrhunderts nennen auch Gelbes Zypergras (*Cyperus flavescens*) und Glockenheide (*Erica tetralix*). Es kamen hier sicherlich viele weitere Seltenheiten vor. Auch bei den Moosen sind viele heute im Frankfurter Stadtgebiet verschwundene Arten anzunehmen.

Abb. 142: Feld-Mannstreu (*Eryngium campestre*). Foto: I. Ottich.

Dieses Moor war übrigens nicht das einzige im Stadtwald. So kamen die typischen Moorbewohner Rauschbeere (*Vaccinium uliginosum*) und Moosbeere (*Vaccinium oxycoccus*) noch 1908 im Südosten des Stadtwaldes im Bereich der Kreuzungen zwischen Försterwiesenweg, Heidetränkschneise und Grenzschneise vor. Auch hier ist die genaue Lage des ehemaligen Moores unbekannt. Weiter zurück liegt das Vorkommen des Zierlichen Wollgrases (*Eriophorum gracile*) auf der Försterwiese, einer heute in Deutschland nur noch in wenigen Mooren des Voralpenraums vorkommenden Art. Georg Fresenius berichtete 1832 in seinem „Taschenbuch zum Gebrauche auf botanischen Excursionen in der Umgegend von Frankfurt a. M." von ihrem Vorkommen. Auch um die Oberschweinstiege müssen Anfang des 19. Jahrhundert moorartige Bedingungen geherrscht haben, kam doch hier der auf Moorschlenken spezialisierte Kleine Wasserschlauch (*Utricularia minor*) vor, den Johannes Becker 1827 in seiner „Flora der Gegend um Frankfurt am Main" für diesen Ort angab. Alle diese Moorarten verschwanden, da die Moore auf Grund des stetig steigenden Wasserbedarfs Frankfurts trocken fielen. Nach der Jahrhundertwende wurde das Wasserwerk Oberforsthaus in Betrieb genommen, was zu deutlicher Absenkung des Grundwasserspiegels führte. In einem posthum 1910 veröffentlichten Artikel beklagte der 1909 verstorbene

Johannes Müller-Knatz bereits, dass der Sumpfbärlapp, der früher in großer Menge in einer vertieften Stelle im Frankfurter Stadtwald zwischen dem Oberforsthaus und dem Forsthaus Goldstein vorkam, infolge des Sinkens des Grundwassers verschwunden sei. Die Absenkung des Grundwasserspiegels führte auch zum Verschwinden des erst 1902 von Martin Dürer entdeckten einzigen Frankfurter Vorkommens des Königsfarns (*Osmunda regalis*, Abb. 143), das sich im Bereich des heutigen Golfplatzes befand. Kobelt (1912) vermutete allerdings, dass es sich um ein absichtlich angepflanztes Vorkommen handelte. In der Nähe des Forsthausmoores gab es gegen 1890 auch einen floristisch bemerkenswerten „Ausstich", womit eine Sandgrube gemeint gewesen sein dürfte. Martin Dürer notierte hier 1890 die sonst in Frankfurt nie nachgewiesene Ei-Sumpfsimse (*Eleocharis ovata*).

Auch die genaue Lage des **Schwengelsbrunnen** ist bekannt. Er ist sogar auf manchem Stadtplan verzeichnet, obwohl er nicht einmal mehr in Resten vorhanden ist. Läuft man von der Revierförsterei Niederrad einige Meter die Flughafenstraße waldeinwärts, so liegt linker Hand eine kleine Senke, heute ein Rastplatz mit Ruhebänken (Abb. 144).

Abb. 143: Königsfarn (*Osmunda regalis*). Foto: I. Ottich.

Abb. 144: Heute deutet nichts mehr auf den einstigen Artenreichtum des Schwengelsbrunnens hin. Foto: T. Gregor.

Hier wurde früher das Vieh der Frankfurter Bürger getränkt, das in den umliegenden Wäldern sein Futter suchte. Heute ist das nicht mehr vorstellbar, aber noch Anfang des 19. Jahrhundert hielt ein großer Teil der Frankfurter Bevölkerung Vieh und weidete es in der Umgebung der Stadt. Der Wald war damals ein wichtiges Weidegebiet für Kühe, Schweine, Schafe und Ziegen. Von der Bedeutung der Schweineweide, insbesondere der Fütterung mit Eicheln, zeugen die Ortsnamen Ober- und Unterschweinstiege, wobei es sich um Ställe handelte. Diese in der ersten Hälfte des 18. Jahrhunderts erbauten Ställe erlaubten es, sich die mühsame tägliche Triebarbeit während der Mastzeiten zu sparen und die Schweine, sicher von einem Hirten bewacht, auch nachts draußen vor der Stadt zu lassen. Durchschnittlich 500 bis 600 Schweine kamen in einem Mastjahr in den Wald (Lerner 1950).

Noch um 1850 muss der Weidebetrieb um den Schwengelsbrunnen erheblich gewesen sein. Liegt doch aus diesem Jahr ein von Constantin Fellner am Schwengelsbrunnen gesammelter Beleg des Efeublättrigen Hahnenfußes (*Ranunculus hederaceus*) im Senckenberg-Herbarium. Diese sehr konkurrenzschwache Sumpfart ist auf regelmäßige Störung ihrer Standorte angewiesen. Da sie gerne auch unter nährstoffreichen Bedingungen vorkommt, sind regelmäßig von Großvieh begangene Quellbereiche und die Umgebung von Viehtränken für sie typische Habitate. Heute gibt es nur noch wenige Vorkommen der Art in Hessen, einige liegen um Tränkstellen von Großviehweiden im Westerwald. Martin Dürer fand diese Art aber schon nicht mehr im Stadtwald. Der durch jahrhundertelange Beweidung lichtungsreiche Wald war jedoch noch vorhanden. Viele Arten, die wir heute eher mit offenen Magerrasen assoziieren, kamen in diesem blütenreichen und sicher ästhetisch sehr ansprechenden Wald vor. Manche Arten erreichten hier den nördlichsten Punkt ihres Verbreitungsgebietes. Von Martin Dürer und anderen gesammelte Arten, die heute in Hessen ausgestorben sind, waren Heideröschen (*Daphne cneorum*), Labkraut-Wiesenraute (*Thalictrum simplex* subsp. *galioides*), Hain-Leimkraut (*Silene nemoralis*), Schmalblättriges Lungenkraut (*Pulmonaria angustifolia*), Färber-Meier (*Asperula tinctoria*, Abb. 145) und Holunder-Knabenkraut (*Dactylorhiza sambucina*).

Das Heideröschen war so häufig, dass es gepflückt auf dem Wochenmarkt angeboten wurde. Über diese Art gibt es genaue Angaben schon aus dem 16. Jahrhundert. Carolus Clusius lebte von 1588 bis 1592 in Frankfurt und berichtete (Clusius 1601) über häufige Vorkommen von *Cneorum matthioli* (= *Daphne cneorum*) in trockenen Wiesen und Eichenwäldern etwa 1 Meile (ca. 8 km) von Frankfurt entfernt auf der linken Mainseite. Die Art wurde damals auf dem Frankfurter Markt in Handsträußen angeboten. Auch die heute als FFH-Art von der Europäischen Union unter besonderen Schutz gestellte Silberscharte (*Jurinea cyaniodes*) kam in den lichten Wäldern der Umgebung des Schwengelsbrunnens vor. Viele weitere Arten der damaligen Weidewälder sind heute im Stadtwald erloschen, kommen aber noch anderswo in Hessen vor, zum Beispiel in den Sandgebieten der Darmstädter Umgebung. Genannt seien Stauden-Lein (*Linum perenne*),

Abb. 145: Färber-Meier (*Asperula tinctoria*). Beleg von L. Fuckel aus Schwanheim.

Stein-Fingerkraut (*Potentilla rupestris*), Sand-Fingerkraut (*Potentilla incana*) oder Purpur-Klee (*Trifolium rubens*).

Als letzter Rest der früheren Pracht des Stadtwaldes, seiner blütenreichen Saumgesellschaften, ist die Hinkelsteinschneise verblieben. Am Rande der hier etwa 2 Meter tief in die Kelsterbacher Terrasse eingeschnittenen Bahnlinie haben sich zwischen der Autobahn 5 im Osten und der Bundesstraße 40 im Westen blütenreiche Diptam-Säume (Geranio-Dictamnetum) erhalten, die ihresgleichen in Hessen suchen

Abb. 146: Einzelblüte des Diptams (*Dictamnus albus*) an der Hinkelsteinschneise. Foto: K. Baumann.

(Korneck 1971). Die Ludwigsbahn genannte Bahnstrecke Frankfurt – Rüsselsheim – Mainz wurde 1840 in Betrieb genommen. Die Arten der damals noch lichten Wälder siedelten sich an den neu entstandenen Böschungen an. Der Funkenflug der Dampflokomotiven und die davon ausgehende Waldbrandgefahr machten es hier noch bis in die 1960er Jahre notwendig, die an die Bahnstrecke grenzenden Böschungen von Gehölzen frei zu halten. Heute erstrahlt im Frühjahr v. a. die Südseite der Schneise von den prachtvollen Blütenständen des Diptams (*Dictamnus albus*). Die Einzelblüten haben eine Größe von 5 cm (Abb. 146). Die Pflanze, der einzige einheimische Vertreter der Citrusgewächse (Rutaceae), ist übrigens mit Vorsicht zu behandeln. Ähnlich wie beim Kaukasischen Bärenklau (*Heracleum mantegazzianum*) kann es auch hier bei Berührung zu heftigen allergischen Reaktionen kommen. Die Citrusverwandtschaft zeigt sich auch an dem starken aromatischen Duft, der den zahlreichen Öldrüsen entströmt. An windstillen, sonnigen Tagen soll man die austretenden, aromatischen Öle entzünden können. Von einigen wird deshalb diese Pflanze mit dem brennenden Busch Moses' gleichgesetzt.

Aber auch viele andere, heute in Hessen äußerst seltene Arten sind an der Hinkelsteinschneise noch zu finden wie Weißes Fingerkraut (*Potentilla alba*), Frühe Wiesenraute (*Thalictrum minus* subsp. *pratense*) oder Mittleres Leinblatt (*Thesium linophyllon*). Trotz ihres Reichtums an gefährdeten Arten hat der Naturschutzgedanke hier leider noch nicht Fuß fassen können und Robinien breiten sich mehr oder weniger ungehemmt aus. Eine Bahnböschung lässt sich nicht als Naturschutzgebiet ausweisen, das Offenhalten einer Böschung aus Naturschutzgründen gehört nicht zum normalen Unterhaltungsbedarf einer Bahnstrecke. So bleibt den Naturschützern hier leider nur die Dokumentation des Niedergangs, wobei etwa im Dekadenabstand Arten verschwinden. Zuletzt traf es den Färber-Meier, noch zu Dürers Zeiten keine Seltenheit im Stadtwald. Das letzte Pflänzchen fand der Botaniker Heinz Kalheber hier 2002. Aber vielleicht erfolgt ja doch noch ein Umdenken. Es kostet nicht viel, dieses Kleinod zu erhalten. Die aufkommenden Gehölze und Brombeersträucher müssten alle zwei Jahre unter Beseitigung des Schnittguts radikal zurückgeschnitten werden. Durch Aufbringung von geeigneten Herbiziden auf die Schnittstellen ließe sich auch der Neuaustrieb in den Griff bekommen. Herbizideinsatz im Dienste des Naturschutzes. Auch das gibt es.

Biodiversität erleben: Drei Spaziergänge im Stadtwald

Spaziergang 1: Neue und alte Natur im östlichen Stadtwald

Oberschweinstiege – Jacobiweiher – Kesselbruchweiher – Grastränke
Beste Zeit: April
Länge: 8,5 km
Startpunkt: Straßenbahnhaltestelle „Oberschweinstiege“

Der Spaziergang beginnt an der Straßenbahnhaltestelle „Oberschweinstiege“ (Parkmöglichkeiten vorhanden), von dort dem Weg rechts neben der Straße nordwestwärts in Richtung Oberschweinstiege folgen.

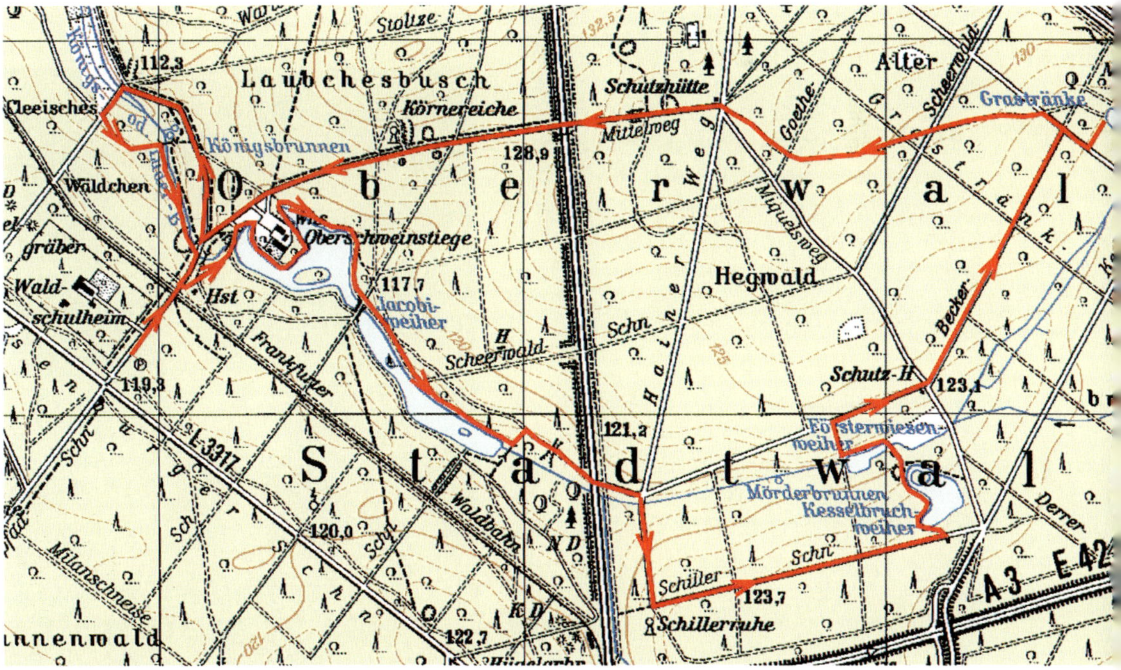

Abb. 147: Route von Spaziergang 1 (rot).
© Datengrundlage: TK 25 Hessische Verwaltung für Bodenmanagement und Geoinformation (HVBG).

Abb 148: Scharbockskraut (*Ranunculus ficaria*). Foto: I. Ottich.

Der Weg führt durch einen Buchenwald, in dessen Unterwuchs im Frühjahr Buschwindröschen (*Anemone nemorosa*), Bärlauch (*Allium ursinum*) und Scharbockskraut (*Ranunculus ficaria*) blühen. Das Scharbockskraut (Abb. 148) wurde früher gern für Salate verwendet. Nach der langen Winterzeit, in der es nur wenig vitaminreiche Nahrung gab, war das schon zeitig im Frühjahr erscheinende Scharbockskraut eine willkommene Ergänzung auf dem Speiseplan und spielte in Zeiten, als Zitronen, Orangen und Vitamin C-Tabletten noch nicht bekannt waren, eine wichtige Rolle gegen die Vitamin C-Mangelkrankheit Skorbut.

Zwischen den Buchen (*Fagus sylvatica*) finden sich eine Reihe anderer einheimischer Bäume wie Berg-Ahorn (*Acer pseudoplatanus*), Spitz-Ahorn (*Acer platanoides*) und Hainbuche (*Carpinus betulus*). Weiterhin säumen Efeu (*Hedera helix*), Giersch (*Aegopodium podagraria*) und Roter Holunder (*Sambucus racemosa*) den Weg. Der Rote Holunder unterscheidet sich im Sommer durch die roten Früchte vom häufigeren Schwarzen Holunder (*Sambucus nigra*). Im Frühjahr jedoch gibt vor allem das in den Zweigen vorhandene weiche Mark Aufschluss über die Art: Beim Roten Holunder ist es gelb, beim Schwarzen Holunder dagegen weiß.

Nun führt der Weg etwa 150 m auf einem kleinen Damm am Jacobiweiher entlang. Dort kann man im Frühjahr den auffälligen Gefleckten Aronstab (*Arum maculatum*) mit seinen pfeilförmigen, oft dunkel gefleckten Blättern beobachten. Diese ungewöhnliche Pflanze lässt sich nicht vom Wind oder von Bienen, sondern von Fliegen bestäuben. Um diese anzulocken hat sie besondere Anpassungen: Der Blütenstand besteht aus einem mehrere Zentimeter langen, braunen Kolben, der von einem großen Hochblatt, der so genannten Spatha, umgeben ist. Die unscheinbaren Blüten sind eingeschlechtig und stehen an der Basis des Kolbens von der Spatha verdeckt. Sterile weibliche Blüten sind über männlichen

Abb. 149: Der von der Spatha umgebene Kolben des Aronstabs (*Arum maculatum*). Foto: D. Bönsel.

und schließlich fruchtbaren weiblichen angeordnet. Durch erhöhte Stoffwechselfunktionen produziert der Aronstab in seinem Kolben Wärme und täuscht durch Farbe, Form und die erhöhte Temperatur Aas vor, denn damit lassen sich die Fliegen am besten anlocken! Sie kriechen dann an dem Kolben entlang in den unteren Teil des Blütenstands – und sind gefangen! Ein Kranz, der von den Griffeln steriler weiblicher „Hindernisblüten" gebildet wird, lässt die Fliegen nämlich nur in eine Richtung passieren: der Aronstab gehört zu den so genannten „Kesselfallenblumen". Die Fliege nimmt dabei keinen Schaden, sie soll ja zu einer weiteren Pflanze fliegen und diese bestäuben. Sie wird einige Zeit festgehalten, bestäubt die weiblichen Blüten mit mitgebrachtem Pollen und wird schließlich von den später reifenden männlichen Blüten mit neuem Pollen beladen. Schließlich verkümmern die Haare, die Fliege kann entkommen und den Pollen mitnehmen. Bald fällt sie auf den nächsten Aronstab-Blütenstand herein und wird so zum erfolgreichen Bestäuber. Später im Jahr fällt der Aronstab durch seine leuchtenden, roten Beeren auf, die zu mehreren an einem Stängel ca. 15 bis 30 cm über den Waldboden ragen.

Entlang des Damms kann man zahlreiche Vertreter der gelbblühenden Verwandten des Buschwindröschens sehen, des Gelben Windröschens (*Anemone ranunculoides*), außerdem finden sich hier Waldmeister (*Galium odoratum*), Wald-Ziest (*Stachys sylvatica*) und Gewöhnliches Hexenkraut (*Circaea lutetiana*), dessen Früchte gerne an Schuhen und Hosen oder im Hundefell haften bleiben, um auf diese Weise an neue Wuchsorte zu gelangen.

Vom Damm aus bietet sich bereits eine gute Gelegenheit, Tiere zu beobachten, z. B. die auffällige Mandarinente (*Aix galericulata*, Abb. 151). Besonders die Männchen fallen durch ihr leuchtendes, orangefarben gemustertes Gefieder auf. Darum wurden die Mandarinenten im 18. Jahrhundert aus Ostasien zur Zierde herrschaftlicher Teiche eingeführt. Im östlichen Stadtwald befindet sich eine der größten Populationen wildlebender Mandarinenten in der Region. Sie brüten in Baumhöhlen, aus denen die Jungen sehr früh herausspringen und ihrer Mutter zum Wasser folgen. Bis zu 13 Jungenten wurden pro Brut am Jacobiweiher nachgewiesen! 1960 schrieb Forstdirektor Ruppert von brütenden Stock- (*Anas platyrhynchos*), Krick- (*Anas crecca*) und Knäkenten (*Anas querquedula*) am Jacobiweiher. Die Mandarinenten waren ihm noch nicht bekannt. Krick- und Knäkenten kommen heute nicht mehr als Brutvögel am Jacobiweiher vor.

Abb. 150: Fruchtstand des Aronstabs (*Arum maculatum*). Foto: I. Ottich.

Abb. 151: Mandarinenten (*Aix galericulata*) am Jacobiweiher. Foto: A. Malten.

Wer Glück oder Geduld hat, kann vielleicht noch einen anderen farbenprächtigen Vogel am Jacobiweiher entdecken! Aber dieser ist, so exotisch er in seinem orange-blauen Federkleid auch aussieht, einheimisch: der Eisvogel (*Alcedo atthis*).

Die Mandarinenten sind nicht die einzigen „Neubürger" am Jacobiweiher, die man wissenschaftlich als „Neozoen" bezeichnet. Dazu gehören alle Tiere, die seit der Entdeckung Amerikas, also seit 1492, direkt oder indirekt durch den Menschen in neue Gebiete gelangt sind. Bei den Schildkröten, die man häufig auf Ästen im oder am Rand des Wassers sehen kann, handelt es sich um die Rotwangenschildkröte (*Trachemys scripta elegans*, Abb. 152), die eigentlich in den USA und Mexico beheimatet ist. Sie wurde vielfach als Haustier angeschafft, aber irgendwann für zu groß oder zu langweilig befunden. Häufig wurden und werden sie in umliegende Gewässer „entsorgt", in denen sie sich zumeist prächtig entwickeln. Die einheimische Europäische Sumpfschildkröte fehlt dagegen im Stadtwald.

Der Weg führt weiter um den Jacobiweiher herum. Oft tummeln sich Stockente (*Anas platyrhynchos*), Blässhuhn (*Fulica atra*) und Grünfüßiges Teichhuhn (*Gallinula chloropus*) auf dem Weiher. Das Blässhuhn ist gekennzeichnet durch die weiße Blässe auf der Stirn, die des Teichhuhns ist dagegen rot. Das Blässhuhn hat an den Zehen kleine Verbreiterungen, die das Schwimmen verbessern. Im Gegensatz zu Enten und Tauchern fehlen aber durchgehende Schwimmhäute! Mit ihren großen, aber sehr beweglichen Füßen können Teichhühner bei der Nahrungssuche geschickt auf Wasserpflanzen und auf weichem Sediment herumlaufen.

Im Wasser des Jacobiweihers wäre der Dreistachlige Stichling (*Gasterosteus aculeatus*) zu erwarten, der aber dieses Gewässer bisher nicht erreicht hat. Erstaunlicherweise leben hier heute Störe (*Acipenser* spec.) und weitere Arten, die einst aus wirtschaftlichen Gründen eingesetzt wurden.

Entlang des Weges lassen sich verschiedene Gehölze beobachten, z. B. Schlehe (*Prunus spinosa*), Heckenkirsche (*Lonicera xylosteum*), Gewöhnlicher Schneeball (*Viburnum opulus*), Wolliger Schneeball (*Viburnum lantana*), Blutroter Hartriegel (*Cornus sanguinea*) und Pfaffenhütchen (*Euonymus europaeus*). Das Pfaffenhütchen trägt

Abb. 152: Typischer Anblick im Jacobiweiher: Rotwangenschildkröten (*Trachemys scripta elegans*) auf im Weiher liegenden Ästen. Foto: A. Malten.

Abb. 153: Das Schöllkraut (*Chelidonium majus*) enthält kräftig orangefarbenen Milchsaft. Foto: I. Ottich.

seinen Namen aufgrund seiner auffälligen Früchte, die der Kopfbedeckung katholischer Geistlicher ähneln. Sie erscheinen jedoch erst spät im Herbst, im Frühjahr kann man die Art an den grünen Zweigen erkennen. Dagegen sieht man bereits ab April, woher die „Schneebälle" ihren Namen haben: Die aus vielen Einzelblüten zusammengesetzten, weißen Blütenstände sehen winterlichen Wurfgeschossen ähnlich. Der Blutrote Hartriegel trägt seinen Namen der stark rot gefärbten Zweige wegen.

Doch auch zwischen diese Pflanzen haben sich Neubürger gemischt, die man analog zu den Neozoen als „Neophyten" bezeichnet. Dazu zählen z. B. die Robinie (*Robinia pseudoacacia*) oder die aus Gärten entflohene, wohlschmeckende Armenische Brombeere (*Rubus armeniacus*), die im Stadtgebiet heute die häufigste Brombeerart ist.

Am Wegesrand kann man das mit dem Mohn verwandte Schöllkraut (*Chelidonium majus*, Abb. 153) finden. Es lohnt sich, einmal ein Blättchen von dieser gelbblühenden, einheimischen Pflanze abzuzupfen – aus der entstandenen Wunde tritt ein kräftig orangefarbener Milchsaft hervor, der schon allein durch die kräftige Färbung beeindruckt. Aber dieser Milchsaft enthält auch Stoffe (Alkaloide), aus denen Medikamente zur Behandlung von Warzen hergestellt werden. Der Milchsaft kann dafür auch direkt verwendet werden, allerdings muss man die Behandlung über einen längeren Zeitraum regelmäßig wiederholen.

Schließlich passiert der Weg den Gedenkstein des Oberforstmeisters Jacobi. Er hatte 1931 bereits den Goetheturm errichten und den Maunzenweiher anlegen lassen. Da der Maunzenweiher bei der erholungssuchenden Frankfurter Bevölkerung sehr beliebt war, sollten weitere Waldseen entstehen. 1931 wurden die Keller der Riedhofsiedlung überschwemmt, da der von Neu-Isenburg durch den Stadtwald bis zur Friedensbrücke verlaufende Königs- oder Luderbach zu viel Wasser führte. Ein Wasserrückhaltebecken wurde dringend benötigt. Daraus wurde der Jacobiweiher, auch „Vierwaldstättersee" genannt. Er ist mit rund 6 ha der größte der Frankfurter „Waldseen".

Die Flora bietet an dieser Stelle neben der Schwarzerle (*Alnus glutinosa*) die einheimischen

Abb. 154: Die Blüten der einheimischen Traubenkirsche (*Prunus padus*) erscheinen bereits im April. Foto: G. Zizka.

Gehölze Traubenkirsche (*Prunus padus*, Abb. 154), Eingriffliger Weißdorn (*Crataegus monogyna*) und Winter-Linde (*Tilia cordata*). Die wichtigsten krautigen Pflanzen in diesem Bereich sind Knotige Braunwurz (*Scrophularia nodosa*), eine typische Art des Waldes, Breitblättriger Ampfer (*Rumex obtusifoius*), Löwenzahn (*Taraxacum officinale* agg.) und Zwiebel-Zahnwurz (*Dentaria bulbifera*).

Am Ufer kann man die Gebirgsstelze (*Motacilla cinerea*) beobachten, eine typische Art kleinerer Fließgewässer, die sich von der häufigeren Bachstelze vor allem durch die gelbe Färbung auf der Unterseite unterscheidet.

Ein Buchenwald mit reichem Unterwuchs begleitet den Weg. Am Rand wachsen vor allem Knoblauchsrauke (*Alliaria petiolata*), deren Blätter beim Zerreiben intensiv nach Knoblauch duften, Flattergras (*Milium effusum*) und Efeu-Ehrenpreis (*Veronica hederifolia*), dessen Blättchen wie eine Miniatur der Efeu-Blätter aussehen. Tiefer im Wald finden sich viele Frühblüher. Auch hier hat die Natur für denjenigen, der sie genauer unter die Lupe nimmt, wieder Besonderes zu bieten: Sowohl die Samen des Knolligen Lerchensporns (*Corydalis solida*) als auch die des Hain-Veilchens (*Viola riviniana*) sind mit Anhängseln, den so genannten Elaiosomen, ausgestattet. Diese enthalten Lock- und Nährstoffe für Ameisen, die deshalb die Samen in ihr Nest tragen und damit die Ausbreitung der Arten sichern. Man nennt die Verbreitung durch Ameisen „Myrmekochorie“.

Auf den Bäumen im Weiher sitzen häufig Kormorane (*Phalacrocorax carbo*) mit ausgebreiteten Flügeln zum Trocknen in der Sonne. Kormorane ernähren sich tauchend von Fischen, was ihnen einen schlechten Ruf bei Fischzüchtern und Anglern eingebracht hat, die ihre Bekämpfung fordern. Aber mal ehrlich, würden sie an einem üppigen, kostenlosen Buffet in der Fußgängerzone einfach vorbeigehen? Nichts anderes sind die Teiche der Fischzüchter, die mit ihrem hohen Fischbesatz im Vergleich zu einem natürlichen Gewässer wahrscheinlich unwiderstehlich für den Kormoran sind.

Auf dem Waldboden finden sich niedrige Pflanzen wie der violett blühende Kriechende Günsel (*Ajuga reptans*), Sternmiere (*Stellaria media* agg.) und Dreinervige Nabelmiere (*Moehringia trinervia*). Am Wegrand wachsen außerdem ein sehr feines, 20–50 cm hohes Gras, das Hain-Rispengras (*Poa nemoralis*), und ein weiterer Neophyt, das Einjährige Silberblatt (*Lunaria annua*). Es wird wegen der 2–5 cm langen, rund-ovalen Schötchen, die im Herbst eine silberne Färbung annehmen, so genannt. Im Frühjahr blüht diese verwilderte Gartenpflanze violett, selten sind auch weiße Formen zu sehen.

Abb. 155: Bärlauch (*Allium ursinum*). Gouache von Elisabeth Schultz.

Im Frühjahr lockt der Wald nicht nur Spaziergänger, sondern auch Kräutersammler an, die es vor allem auf den Bärlauch (*Allium ursinum*, Abb. 155) abgesehen haben, der als Küchenkraut immer mehr in Mode kommt und einen starken, knoblauchartigen Geschmack hat. Immer wieder kommt es dabei zu Vergiftungen, wenn der Bärlauch mit den giftigen aber geruchlosen Blättern des Maiglöckchens (*Convallaria majalis*, Abb. 156) verwechselt wird.

Am Ufer ist die Flatter-Binse (*Juncus effusus*) zu sehen. Außerdem stehen dort große Trauerweiden (*Salix alba* var. *tristis*) mit ihren hängenden, gelben Zweigen.

Am Ostende des Jacobiweihers führt der Weg nun weiter nach Osten. Der Wald links des Weges ist mit einem dichten Teppich aus Frühblühern bewachsen, z.B. Wald-Gelbstern (*Gagea lutea*), Maiglöckchen (*Convallaria majalis*), Waldmeister (*Galium odoratum*), Immergrün (*Vinca minor*) und Vielblütiger Weißwurz (*Polygonatum multiflorum*). Die Vielblütige Weißwurz hat ein Rhizom, d. h. eine unterirdisch wachsende Sprossachse, in der sie Nährstoffe speichert, um die ungünstige Jahreszeit zu überdauern.

Abb. 156: Maiglöckchen (*Convallaria majalis*). Gouache von Elisabeth Schultz.

Abb. 157: Einbeere (*Paris quadrifolia*). Foto: I. Ottich.

Im Folgenden wird der Weg von Zweiblättriger Schattenblume (*Maianthemum bifolium*), Klebrigem Labkraut (*Galium aparine*), Gold-Hahnenfuß (*Ranunculus auricomus* agg.), Gegenblättrigem Milzkraut (*Chrysosplenium oppositifolium*), Echter Sternmiere (*Stellaria holostea*) und Wald-Sauerklee (*Oxalis acetosella*) begleitet.

Die Darmstädter Landstraße wird überquert. Auf der anderen Straßenseite verläuft der Luderbach parallel zur Straße, im nördlichen Teil begradigt, im südlichen dagegen naturnah. Hier ist die Einbeere (*Paris quadrifolia*, Abb. 157) zu finden, eine in Frankfurt recht seltene Pflanze.

Der Rundweg folgt der Schillerschneise durch einen alten Baumbestand mit über 100jährigen Buchen und vor allem Eichen, die hier einen höheren Anteil haben als im vorigen Teil des

Waldes. Hier kann man mit etwas Glück den Habicht (*Accipiter gentilis*) beobachten. Unter den weitaus trockeneren Bedingungen als im ersten Teil der Wanderung hat sich eine artenärmere Vegetation entwickelt, es sind fast keine Frühlingsblüher zu finden. Stattdessen ist ein großer Bestand des Adlerfarns (*Pteridium aquilinum*) zu sehen. Seine stärkehaltigen Rhizome dienten den Menschen des Mesolithikums, der Zeit bevor der Ackerbau nach Europa kam, besonders im Winter als Nahrung.

Kurz vor dem Kesselbruchweiher wird der Eichenwald von Birken-Bruchwald-Resten abgelöst. Allerdings sind diese heute mit zahlreichen angepflanzten nordamerikanischen Gehölzen vermischt, z. B. Kanadischer Hemlocktanne (*Tsuga canadensis*) und Weymouths-Kiefer (*Pinus strobus*).

Der Kesselbruchweiher (Abb. 158) beeindruckt mit einer ausgedehnten Schwimmblattzone der Weißen Seerose (*Nymphaea alba*), ein kleines Röhricht wird vom Breitblättrigen Rohrkolben (*Typha latifolia*) gebildet. Auch im Kesselbruchweiher finden sich ausgesetzte Rot- und Gelbwangen-Schildkröten und – wie in den meisten stadtnahen Gewässern – ist die Ruhe für Brutvögel durch badende und spielende Hunde erheblich gestört. Dennoch ist hier immerhin der Zwergtaucher (*Tachybaptus ruficollis*) als Besonderheit anzutreffen.

Abb. 158: Blick auf den Kesselbruchweiher im Stadtwald. Foto: A. Malten.

Um den Weiher herum wachsen Ufergehölze wie Schwarzerle (*Alnus glutinosa*) und Faulbaum (*Rhamnus frangula*).

Rechts des Weges sind die Reste eines heute trockengefallenen Erlen-Bruchwaldes zu sehen. Dort wächst heute auch die nordamerikanische Spätblühende Traubenkirsche (*Prunus serotina*).

An der gegenüberliegenden Seite des Weihers führt der Weg weiter zum nahegelegenen Försterwiesenweiher. Dort blühen die gelbe Sumpfdotterblume (*Caltha palustris*) und in Hellrosa das Wiesenschaumkraut (*Cardamine pratensis*).

Im Uferbereich des Weihers wachsen unter anderem Gelbe Schwertlilie (*Iris pseudacorus*) und Sumpf-Segge (*Carex acutiformis*), in der Röhrichtzone vor allem die Wald-Simse (*Scirpus sylvaticus*).

Der Försterwiesenweiher entstand erst 1958 im Zuge des Baus der A 3. Er dient als Sammelbecken, um Grundwasser von den Fundamenten der Fahrbahn abzuhalten.

Der Weg Richtung Grastränke führt durch junge Buchenwälder und Bruchwälder, die in trockenen Jahren weitgehend austrocknen. Seitens der Forstverwaltung wird angestrebt, dass die Bereiche der Bruchwälder wieder ausschließlich mit standortgerechten Gehölzarten bestockt werden. Andere Arten lässt man durch Sturmwurf und Käferfraß langsam zurückgehen und als Totholz liegen, die heimischen und standortgerechten Arten stellen sich von selbst wieder ein.

Entlang des Weges wächst die Schmalblättrige Hainsimse (*Luzula luzuloides*). Der Weg stößt auf einen Bach, der in feuchten Jahren wie 1990 bis zum Rand gefüllt ist und als Laichgewässer für Hunderte von Grasfröschen (*Rana temporaria*) dient; in trockenen Jahren führt aber auch er kaum Wasser. Hier lebt der bekannte schwarzgelbe Feuersalamander (*Salamandra salamandra*), es ist die einzige Stelle in Frankfurt, an der diese Art noch vorkommt.

Die beiden kleinen Teiche der Grastränke und das sie umgebende Waldstück sind eingezäunt und nur an Sonn- und Feiertagen zwischen dem 1. April und 15. Oktober von 9:30 Uhr bis 17:30 Uhr geöffnet. Das Vogelschutz- und Lehrgehölz wird seit 1964 vom Naturschutzbund Deutschland und der Schutzgemeinschaft Deutscher Wald betreut, so dass man an diesen Tagen ein reiches Informationsangebot findet und an Führungen teilnehmen kann. Ein besonderes „Highlight" während der Brutzeit sind die einsehbaren Nistkästen. Der Besuch des Lehrpfads dauert ca. 1 Std.

Die Grastränke ist als Vogelschutz- und Lehrgehölz der Nachfolger des „Karl-Kullmann-Vogelschutzgehölzes", das zwischen Kennedyallee, Mörfelder und Niederräder Landstraße lag und wegen zu starker Umweltbelastungen aufgegeben werden musste. Leider wurde die nahegelegene Babenhäuser Landstraße kaum vier Jahre nach Öffnung der Grastränke verbreitert, so dass seither auch hier die Umweltbelastungen angestiegen sind.

Abb. 159: Die Grastränke ist der wichtigste Laichplatz des Springfroschs (*Rana dalmatina*) in Frankfurt. Foto: A. Malten.

Abb. 160: Hirschkäfer (*Lucanus cervus*), links Männchen, rechts Weibchen. Foto: A. Malten.

Im Gegensatz zu den überwiegend künstlichen Weihern im Stadtwald ist die Grastränke eine natürliche Wildtränke gewesen. Früher wurde hier von „Eismännern" Eis gebrochen, mit dem die Sachsenhäuser Bierkeller gekühlt wurden. Die Grastränke ist der wichtigste Laichplatz des Springfroschs (*Rana dalmatina*, Abb. 159) in Frankfurt, es kommen aber auch andere Froschlurche und Molche vor.

Das Gebiet um die Grastränke ist ein so genanntes FFH-Gebiet, d. h. nach der Flora-Fauna-Habitat-Richtlinie der EU besonders geschützt und ein Teil des europäischen Netzwerkes Natura 2000 (Ssymank et al. 1998), mit dem das Überleben besonders schutzwürdiger Lebensräume und Arten in Europa gesichert werden soll. Neben den bereits erwähnten Amphibien kommt an der Grastränke auch noch der bekannte Hirschkäfer (*Lucanus cervus*, Abb. 160) vor.

Für den Rückweg wird der unbefestigte Steinweg eingeschlagen. Am Ende dieses Weges stehen bereits Wegweiser zur Oberschweinstiege. Der Weg führt die Oberschweinstiegsschneise entlang. Schließlich wird die überdachte Holzbrücke zur Überquerung der Darmstädter Landstraße erreicht. Die Brücke wurde 1988 mit Holz aus dem Stadtwald erbaut. Ihr Bau war nötig geworden, nachdem es auf dem viel genutzten Wanderweg mehrfach zu tödlichen Unfällen beim Überqueren der Straße gekommen war. Die umgerechnet rund 300.000 Euro zu ihrem Bau kamen überwiegend aus Spenden zusammen.

Gegenüber des Restaurants an der Oberschweinstiege lohnt sich noch ein Abstecher in das so genannte Cleeische Wäldchen, der Beschilderung zum Königsbrünnchen folgend. Der Wald in diesem Bereich ist ein sehr feuchter Erlenbruch. Dies zeigen die Pflanzen im Unterwuchs an. Hier finden sich Riedgräser wie Walzen-Segge (*Carex elongata*) und Sumpf-Segge (*Carex acutiformis*); andere Feuchtezeiger sind Bittersüßer Nachtschatten (*Solanum dulcamara*), der durch seine violetten Blüten mit den goldgelben Staubbeuteln auffällt, und Ufer-Wolfstrapp (*Lycopus europaeus*). Das Königsbrünnchen schließlich ist eine in Stein eingefasste Quelle, die schwefelhaltiges Wasser führt.

Spaziergang 2: Rund um die Schwanheimer Wiesen

Schwanheimer Wiesen – Riedwiesen – Rohsee
Beste Zeit: Mai/Juni
Länge: 6,8 km
Startpunkt: Straßenbahn-/Bushaltestelle „Rheinlandstraße"

Die zweite Wanderung beginnt an der Straßenbahnendhaltestelle „Rheinlandstraße" (Parkmög-

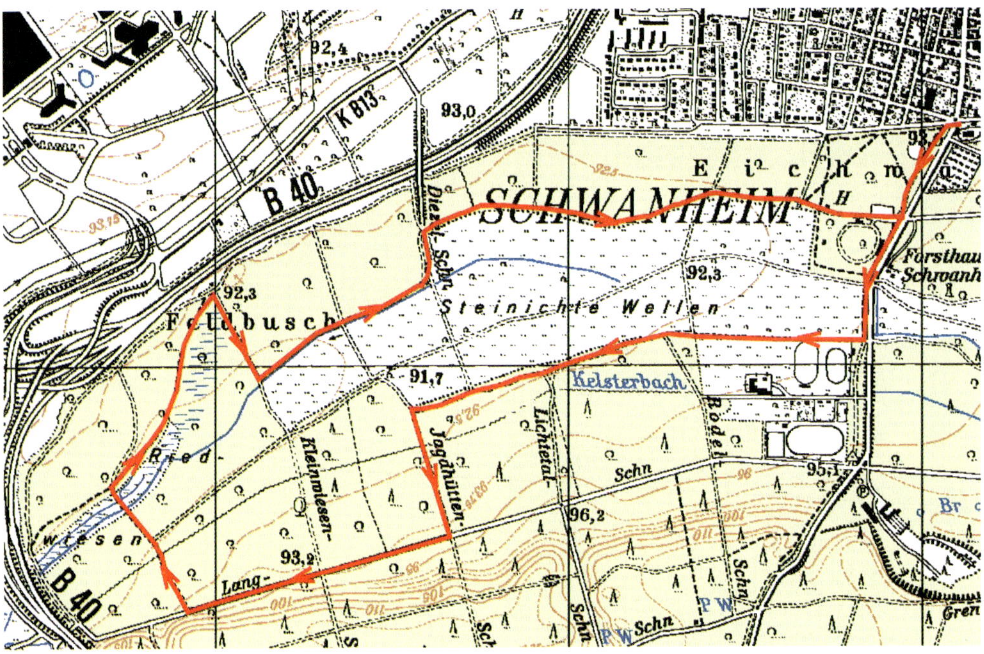

Abb. 161: Route von Spaziergang 2 (rot). © Datengrundlage: TK 25 Hessische Verwaltung für Bodenmanagement und Geoinformation (HVBG).

lichkeiten entlang der Bahnstraße und am Waldspielpark vorhanden). Direkt an der Haltestelle lohnt ein Besuch des Straßenbahnmuseums, das die Geschichte von der Frankfurter Pferdebahn und der Waldbahn über den „Ebbelwoi-Express" bis zum modernen Straßenbahnnetz darstellt. Direkt dahinter schließt sich der Kobelt-Zoo an, dessen Besuch insbesondere für Familien mit Kindern wegen des Streichelzoos interessant sein dürfte.

Der Weg führt die Bahnstraße entlang in Richtung Süden. Auf der rechten Seite leuchtet die rote Figur des Wasserspiels im Waldspielpark Schwanheim durch die Bäume. Die Waldspielparke wurden um die Mitte des 20. Jahrhunderts von dem Frankfurter Forstdirektor Ruppert erfunden, der den Wert des Waldes als Erholungsgebiet erkannte und fördern wollte. Nicht nur der im Sommer stets gut gefüllte Waldspielpark, sondern auch die umgebenden Grillhütten bezeugen, wie recht er damit hatte!

Nach etwa 300 m erreicht man die Schwanheimer Wiesen (Abb. 162). Dort informiert eine Tafel über das seit 1928 zu Frankfurt gehörende Schwanheim, das bereits in einer Urkunde des Jahres 880 erwähnt wird und lange Zeit zum Erzbistum Mainz gehört hatte. Auf einem 11 km langen Wanderweg sind an 18 ausgewählten Standorten Tafeln angebracht, die über die Geschichte des Gebietes informieren, das schon seit mehreren tausend Jahren bewohnt ist.

Die Wiesen werden von der Schwanheimer Bahnstraße in zwei ungleiche Teile zerschnitten. Der Ostteil besteht aus einer vergleichsweise mageren Glatthaferwiese. Einige Magerkeitszeiger, die hier wachsen, sind Knöllchen-Steinbrech (*Saxifraga granulata*), Weißes Labkraut (*Galium album*) und Rundblättrige Glockenblume (*Campanula rotundifolia*). Außerdem wachsen hier der Kleine Wiesenknopf (*Sanguisorba minor*), der Wiesen-Salbei (*Salvia pratensis*), das Echte Labkraut (*Galium verum*) und die Schmalblättrige Wicke (*Vicia angustifolia*).

Abb. 162: Blick auf die Schwanheimer Wiesen. Foto: G. Zizka.

Der Weg führt ca. 100 m weiter geradeaus entlang der Bahnstraße durch die Wiesen. Am Ende der Wiese geht es rechts ab. Nach rund 250 m befindet sich auf der linken Seite ein größeres Wiesenstück, dass sich durch besondere Nährstoffarmut auszeichnet. Solche Standorte sind heute infolge der Überdüngung und des Nährstoffeintrages durch die Luft sowie durch das Grundwasser sehr selten geworden. Dabei sind sie Refugien für seltene Arten, die auf nährstoffreicheren Böden der Konkurrenz anderer Arten nicht gewachsen sind und dort schnell verdrängt werden.

Bei dem Wiesenstück handelt es sich um einen so genannten bodensauren Magerrasen, d. h. die Vegetation zeigt an, dass sich wenig Nährstoffe im Boden befinden und der pH-Wert im sauren Bereich liegt, was für viele Pflanzen eher ungünstige Bedingungen sind. Das führt dazu, dass sich besondere, sonst im Stadtgebiet nur sehr selten vorkommende Pflanzenarten einstellen: Es sind Reste eines Borstgrasrasens, also einer Vegetationseinheit vorhanden, die nach dem Borstgras (*Nardus stricta*) benannt ist. Die magersten Partien fallen durch eine ausgesprochen geringe Wuchshöhe und einen hohen Anteil des bläulichen Schaf-Schwingels (*Festuca ovina*) auf. Dort ist auch das namengebende Borstgras (*Nardus stricta*) zu finden. Dazwischen wachsen Kleines Habichtskraut (*Hieracium pilosella*) und Gewöhnliche Hainsimse (*Luzula campestris*). Als weitere typische Arten kommen hier und da zwei Grasarten, Dreizahn (*Danthonia decumbens*, Abb. 163) und Aufrechte Trespe (*Bromus erectus*), vor. Außerdem ist hier das gelbblühende Tüpfel-Johanniskraut (*Hypericum perforatum*), eine alte Heilpflanze, häufig; vereinzelt kommen noch das Raue (*Myosotis ramosissima*) und das Bunte Vergissmeinnicht (*Myosotis discolor*) vor.

Abb. 163: Dreizahn (*Danthonia decumbens*). Foto: K. Baumann.

Teile des Wiesenstücks weisen eine ähnliche Artenzusammensetzung auf wie vom Ostteil der Schwanheimer Wiesen beschrieben: Weißes Labkraut (*Galium album*), Rundblättrige Glockenblume (*Campanula rotundifolia*), Wiesen-Salbei (*Salvia pratensis*), Echtes Labkraut (*Galium verum*), stellenweise viel Glatthafer (*Arrhenaterum elatius*). Als eine weitere typische Art saurer Böden wächst reichlich der Kleine Sauerampfer (*Rumex acetosella*), den man auch in Heidegebieten findet, ebenso wie die vereinzelt vorkommende Heide-Nelke (*Dianthus deltoides*).

Je nach Jahreszeit kann das Wiesenstück jedoch von Wildschweinen (*Sus scrofa*) stark durchwühlt sein und etwas unansehnlich wirken. In den letzten Jahren haben die Wildschweine mehrfach für Schlagzeilen gesorgt, wenn sie bei der Nahrungssuche ins angrenzende Schwanheim oder Goldstein vorgedrungen sind und Parkanlagen und Gärten zerwühlt haben.

Auf offenen Bodenstellen des Wiesenstücks sind zwei winzige Gräser, die Nelken-Haferschmiele (*Aira caryophyllea*) und die Frühe Haferschmiele (*Aira praecox*) zu finden.

An den Magerrasen schließt sich die Agendawaldruhe an, die zum Ausruhen und Verweilen einlädt. Der Agendawald wurde zwischen 1997 und 2002 von Frankfurter Bürgerinnen und Bürgern zusammen mit Akteuren der lokalen Agenda 21 in Frankfurt am Main angelegt. Durch den Kauf von Agendawaldaktien konnten 2,6 ha Wald auf dem Gelände des ehemaligen NATO-Eichlabors wieder aufgeforstet werden. Als Dividende gibt es frische Luft, einen schönen Picknickplatz und jede Menge Holz.

Wer hier verweilt, kann meist verschiedene Greifvögel beobachten, z.B. den Schwarzmilan (*Milvus migrans*), der in Deutschland etwas seltener als der Rotmilan (*Milvus milvus*) vorkommt. Milane sind im Flug leicht an ihrem gegabelten Schwanz zu erkennen.

Der Weg verläuft weiter am südlichen Rand der Schwanheimer Wiese entlang. In diesem Abschnitt sind immer wieder sehr schöne Alteichen (Abb. 164) zu bewundern. Die Schwanheimer Alteichen sind eine Besonderheit. Sie wurden oft als „Schwanheimer Tausendjährige Eichen“ bezeichnet, obwohl sie in der Regel nur 300–400, selten bis 700 Jahre alt sind. Sie sind die letzten Überreste der alten „Huteeichen“. Dies waren Bäume mit ausladenden Kronen und enormen Fruchterträgen, mit denen die Schweine gemästet wurden. Übrigens kommt der heutige Name „Schwanheim“ von „Sueinheim“ und hatte ursprünglich gar nichts mit Schwänen, sondern mit der hier gängigen Schweinemast zu tun!

Die beeindruckendsten Alteichen stehen in der Nähe der Straßenbahnhaltestelle „Harthweg“. Dort wurde inzwischen auch ein 900 m langer Rundweg zu den Alteichen eingerichtet und einige besonders schöne Exemplare wieder freigestellt. Zu dem Rundweg, der sich gut an diesen Spaziergang anschließen lässt, gibt es eine Informationsbroschüre, die man kostenlos beim Umweltamt der Stadt Frankfurt erhalten kann.

Die Alteichen sind Lebensraum des Großen Eichenbocks (*Cerambyx cerdo*). Die Larven dieses Käfers entwickeln sich 3 bis 4 Jahre lang in den Eichen, dabei können sie bis 10 cm lang werden. Danach lebt der erwachsene Käfer etwa 45 Tage lang und ernährt sich von ausfließendem Eichensaft. Für einige Jahrzehnte galt die Art in Schwanheim als ausgestorben, heute gibt es jedoch wieder eine große Population.

Zwischen den Alteichen bietet sich immer wieder ein schöner Blick über das ausgedehnte Wiesenareal. Die Wegsäume sind ruderal geprägt und weisen auf erhöhten Nährstoffeintrag, z.B.

Abb. 164: Mächtige Alteiche im Schwanheimer Wald. Foto: G. Zizka.

durch Hunde, hin. Hier wachsen so „gewöhnliche“ Arten wie Große Brennnessel (*Urtica dioica*), Nelkenwurz (*Geum urbanum*), Wiesenkerbel (*Anthriscus sylvestris*) und Wiesen-Knäuelgras (*Dactylis glomerata*), die man an vielen Stellen im Stadtgebiet an Wegsäumen sehen kann. Dazwischen hat sich auch ein pflanzlicher Neubürger integriert: Das Kleinblütige Springkraut (*Impatiens parviflora*, Abb. 165), das seinen Namen den zur Reifezeit leicht aufspringenden Früchten zu verdanken hat. Die Art entwich im 19. Jahrhundert aus Botanischen Gärten und ist heute in vielen Wäldern verbreitet. In Frankfurt ist sie im ganzen

Abb. 165: Das Kleinblütige Springkraut (*Impatiens parviflora*) ist ein Neophyt, der erst im 19. Jahrhundert aus Botanischen Gärten entwichen ist. Heute ist es im Stadtwald häufig. Foto: G. Zizka.

Stadtwald zu finden und inzwischen viel häufiger als das einheimische Große Springkraut oder „Rührmichnichtan“ (*Impatiens noli-tangere*).

Der Wegsaum enthält auch typische Waldgräser wie das Flattergras (*Milium effusum*). Weiter im Wald kann man Zweiblättrige Schattenblume (*Maianthemum bifolium*), Dornigen Wurmfarn (*Dryopteris carthusiana*) und Vielblütige Weißwurz (*Polygonatum multiflorum*) sehen. Am Rand der Schwanheimer Wiese grenzt ein Gürtel aus Himbeeren (*Rubus idaeus*) an.

Nach einer Weile wird der Weg auf der linken Seite von einem mittelalten Bestand aus Waldkiefern (*Pinus sylvestris*) begleitet. Die Kiefer, von den Frankfurtern oft fälschlich als „Tanne“ bezeichnet, wurde 1420 von einem „dannensewer“ aus Nürnberg ausgebracht, von dem sich die Frankfurter auch die Technik des Kiefernanbaus beibringen ließen. Im Zweiten Weltkrieg war der Stadtwald großflächig zerbombt worden. Die Wiederaufforstung gelang damals vor allem mit Kiefern. Heute wird versucht, den Anteil von Nadelhölzern im Stadtwald insgesamt wieder zu reduzieren und mit standorttypischen Laubbäumen nachzupflanzen. Im Unterwuchs des Kiefernforstes an der Schwanheimer Wiese findet sich, wie in vielen anderen Teilen des Frankfurter Waldes, die aus Nordamerika stammende Spätblühende Traubenkirsche (*Prunus serotina*). Dieser Baum bleibt im Wald eher strauchartig. Er ist kenntlich an seinen auffällig glänzenden, lederartigen Blättern. Ab Ende Mai zeigen sich die zahlreichen weißen Blüten in dichten Trauben. Die Spätblühende Traubenkirsche wurde vielfach in europäischen Wäldern gepflanzt. Man erhoffte sich u. a. eine bodenverbessernde Wirkung in Kiefernwäldern. Heute weiß man, dass sie sich im Gegenteil verschlechternd auf die Bodenqualität und auch sonst negativ auf die heimischen Ökosysteme auswirkt. Inzwischen hat sie sich jedoch schon weiträumig ausgebreitet. Im südlichen Schwanheimer Wald wurde vor einigen Jahren mit der Bekämpfung dieser Art begonnen. Wegen der im Boden inzwischen reichlich vorhandenen Samen wachsen jedoch junge Traubenkirschen nach, die Bekämpfung muss mehrmals wiederholt werden. Die Früchte der Traubenkirsche werden von Drosseln gefressen, die die Kerne wieder ausscheiden und damit neue Traubenkirschen im Wald „anpflanzen“.

Den Wegrand begleiten Taumel-Kälberkropf (*Chaerophyllum temulum*) und Maiglöckchen (*Convallaria majalis*).

Eine Tafel informiert schließlich darüber, dass man im Hirschländchen angekommen ist. Als Hirschländchen wird das Waldgebiet zwischen den Wiesen und der „Hölle“ am Fuß der ehemaligen Mainterrasse benannt. Kommt man zur Dämmerung her und setzt sich ruhig auf eine der Bänke am Rand der Schwanheimer Wiesen, kann man Damwild (*Cervus dama*) und Rehe (*Capreolus capreolus*) auf die Wiese heraustreten sehen.

An der Jagdhüttenschneise biegt der Weg nach links ab und verlässt die Schwanheimer Wiesen. Entlang des Weges zwischen der Jagdhüttenschneise und der Langschneise findet sich im Wegsaum neben dem Kleinblütigen Springkraut auch das einheimische Rührmichnichtan, leicht zu erkennen an den viel größeren gelben Blüten. Dazu gesellt sich noch eine nicht einheimische Gartenpflanze, das Einjährige Silberblatt (*Lunaria annua*, Abb. 166). Im Frühsommer fällt diese Pflanze, die sich in den letzten Jahren im Stadtwald stark ausgebreitet hat, durch ihre violetten Blüten auf, später im Jahr durch ihre rund-ovalen, silbergrau ausbleichenden Fruchtstände, die sich auch für Trockenblumensträuße eignen.

Rechter Hand stehen immer wieder Forstbestände der amerikanischen Roteiche (*Quercus rubra*). Das auffälligste an den Roteichen-Forsten ist das meist völlige Fehlen krautiger Vegetation unter den in Reihen gepflanzten Bäumen. Die Roteichen bilden jedoch Früchte und keimen aus und das nicht nur unterhalb der Pflanzung sondern auch in ihrem Umfeld. Es kommt also zu einer Naturverjüngung, wie sie bei einheimischen Gehölzen erwünscht ist. Da die Roteiche jedoch ein Neophyt ist, könnte sie sich irgendwann, ähnlich der Spätblühenden Traubenkirsche, unerwünscht im Wald ausbreiten. Sie kommt heute bereits gelegentlich im Gehölzgürtel des Mainufers z. B. bei Schwanheim vor.

Linker Hand ist ein Kiefernforst zu sehen. Dieser ist jedoch noch nicht von der Spätblühenden Traubenkirsche unterwachsen, sondern der Unterwuchs besteht aus einer fast geschlossenen Decke aus Adlerfarn (*Pteridium aquilinum*).

Kurz bevor der Weg auf die Langschneise trifft, befindet sich linker Hand auch noch ein kleiner Bestand der Douglasie (*Pseudotsuga menziesii*). Dieser ebenfalls nicht einheimische Nadelbaum wird wegen seines begehrten Holzes und seines raschen Wachstums angepflanzt.

Nun geht es auf der Langschneise nach rechts weiter. Im Saum stehen Knotige Braunwurz (*Scrophularia nodosa*) und Knoblauchsrauke (*Alliaria petiolata*).

Links des Weges finden sich zunächst relativ alte Mischwaldbestände aus Eichen, Waldkiefer, Berg-Ahorn (*Acer pseudoplatanus*), Hainbuche (*Carpinus betulus*) und Buche (*Fagus sylvatica*). Hainbuche und Buche sind, wie man auch an ihren botanischen Namen erkennen kann, gar nicht so nah verwandt, wie ihr deutscher Name vermuten lässt. Wegen der Farbe ihres Holzes werden sie auch Weiß- und Rotbuche genannt. Beide Arten haben ein sehr schweres, dichtes Holz mit hohem Brennwert und ähnlichen Eigenschaften. Jedoch gehören sie verschiedenen Pflanzenfamilien an, was man am besten im Herbst an ihren Früchten erkennt. Die Hainbuche ist näher mit der Haselnuss verwandt, die Buche

Abb. 166: Einjähriges Silberblatt (*Lunaria annua*) im Herbst. Die Zierpflanze ist besonders für Trockenblumensträuße beliebt. Foto: I. Ottich.

dagegen mit den Eichen. Die Blätter beider Arten sind auf den ersten Blick auch ziemlich ähnlich, jedoch leicht daran zu unterscheiden, dass die Blattränder der Buche ganzrandig (Abb. 167), die der Hainbuchen dagegen doppelt gesägt sind (Abb. 168).

Nach ca. 200 m sieht man auf der linken Seite sehr schön die Abbruchkante der Kelsterbacher Terrasse. Diese Kante trennt zwei Naturräume voneinander: die während des Alt- und Mittelpliozäns entstandene Hochterrassenlandschaft und die jungpleistozäne Niederterrasse des Mains, die Flörsheim-Griesheimer-Mainniederung. Die Hochterrasse ist der bevorzugte Lebensraum der Damhirsche (*Cervus dama*), hier werden etwa Mitte Juni ihre Kälber zur Welt gebracht. In diesem Bereich gibt es weniger Störungen durch Menschen und freilaufende Hunde als in dem tieferen Bereich um die Schwanheimer Wiesen.

Die Langschneise wird nun auf der linken Seite von einem älteren, reich strukturierten Mischwald mit relativ hohem Totholzanteil begleitet. Totholz erfüllt viele wichtige Funktionen im Ökosystem Wald, es bietet Lebensraum und Nahrung für unzählige Lebewesen von Pilzen über Insekten, Spinnen und andere Wirbellose bis hin zu kleinen Wirbeltieren wie Mäusen und Insektenfressern. Untersuchungen haben gezeigt, dass sich durch eine Erhöhung des Totholzanteils und insbesondere durch das Offenliegen von Wurzelballen umgestürzter Bäume die Anzahl der Vogelarten in

Abb. 167: Blatt der Buche (*Fagus sylvatica*). Foto: I. Ottich.

Abb. 168: Blatt der Hainbuche (*Carpinus betulus*). Foto: I. Ottich.

einem Waldstück gegenüber der in einem „aufgeräumten“ Forst drastisch erhöhen lässt. In diesen Bereichen suchen zahlreiche Vögel nach Nahrung (eben besagte Insekten, Spinnen und andere Wirbellose), finden dort Schutz und brüten unter Umständen sogar dort.

Auf der linken Seite des Weges liegen dagegen verschiedene Intensivforste aus Roteichen, Waldkiefer und anderen Arten.

An der Wanzenschneise geht es nach rechts weiter in Richtung Rohsee. Die Stille des Waldes wird hier vom Straßenlärm der B 43 gestört. Der Stadtwald hat insgesamt sehr unter der Zerschneidung durch große Straßen, Autobahnen und Bahntrassen zu leiden. Lärm, Abgase und die Isolierung von Populationen sind nur einige der negativen Auswirkungen. Im Frankfurter Wald wird an vielen Stellen auch die Veränderung der Vegetation durch die Zerschneidung besonders deutlich. Die Begleitflora der Straßen kann an ihren Rändern teilweise mehrere Meter in den Wald eindringen. Der Waldflora wird Lebensraum entzogen und insbesondere Neophyten können auf diese Weise in den Wald gelangen.

An dieser Stelle ist die B 43 jedoch noch ein Stück entfernt und auf der rechten Seite ist ein Sternmieren-Eichen-Hainbuchen-Wald zu sehen, wie er typisch für den Westteil des Schwanheimer Waldes ist. Hier ist der Wald schon recht feucht. Auf der linken Seite gibt es eine Aufforstung mit Ahorn, Linde und Esche. Der Boden ist z. T. mit Entwässerungsgräben durchzogen, die Kräuter weisen auf die feuchteren Bodenverhältnisse hin. Im Wegsaum wachsen jetzt überwiegend höhere Stauden, z. B. Große Brennnessel (*Urtica dioica*), Rohr-Schwingel (*Festuca arundinaceae*) und Wasserdost (*Eupatorium cannabinum*, Abb. 169). Letzterer ist leicht an seinen hanfähnlichen Blättern zu erkennen. Daneben wachsen Stinkender Storchschnabel (*Geranium robertianum*), Waldziest

Abb. 169: Wasserdost (*Eupatorium cannabinum*). Foto: I. Ottich.

(*Stachys sylvatica*), Blut-Ampfer (*Rumex sanguineus*) und Wald-Segge (*Carex sylvatica*).

Nach ca. 200 m wird die Riedwiese erreicht, die bereits in der mittleren Bronzezeit, also im 14.–13. Jahrhundert v. Chr., bewohnt war. Die Riedwiese ist heute ein offener Grünlandzug, der keiner landwirtschaftlichen Nutzung mehr unterliegt. Am Südrand fließt die Kelster, einer der wenigen Bäche im Frankfurter Stadtwald.

Links des Weges liegen ausgedehnte Feuchtbrachen mit Rohrglanzglas (*Phalaris arundinacea*), verschiedenen Großseggen und einem Schilfröhricht (*Phragmites australis*). Die Flächen sind versumpft und sehr nass. Hier gedeihen Waldsimse (*Scirpus sylvaticus*), Gelbe Schwertlilie (*Iris pseudacorus*), Ufer-Wolfstrapp (*Lycopus europaeus*) und Wasser-Schwaden (*Glyceria maxima*). Häufig kommt hier aber auch eine bis etwa 1,5 m hohe Pflanze mit großen, auffälligen, rosa-violetten Blüten vor: Das Indische Springkraut (*Impatiens glandulifera*), ein naher Verwandter von Großem und Kleinblütigem Springkraut. Auch das Indische Springkraut ist

Abb. 170: Schilf-Bestand (*Phragmites australis*) auf der Riedwiese. Foto: G. Zizka.

aus Gärten verwildert und kommt insbesondere an Gewässerufern vor, wo es dichte Bestände bilden kann. Die Pflanze ist nur einjährig und treibt jedes Jahr neu aus Samen aus. Dennoch kann sich die Pflanze mit den stark wasserhaltigen Stängeln dauerhaft an vielen Orten etablieren.

Rechter Hand schließt sich ein ausgedehntes Schilfröhricht an, das bis an den Rohsee heranreicht (Abb. 170). Das Schilf speichert einen Großteil der Nährstoffe unterirdisch in Rhizomen. Ein Schilfbestand kann unterirdisch etwa die dreifache Masse haben wie oberirdisch. Die hohen Stängel sind so konstruiert, dass sich das Schilf im Wind biegen kann, ohne zu brechen. Dabei sind die Blattscheiden so flexibel, dass sie sich in Windrichtung drehen können, damit die Blätter vom Wind nicht zerrissen werden. Ausgedehnte Schilfgebiete bieten einen Lebensraum für viele Tiere, insbesondere Vögel. In diesem Gebiet können z. B. Teichrohrsänger (*Acrocephalus scirpaceus*) und Wasserralle (*Rallus aquaticus*) beobachtet werden. Die Wasserralle hält sich allerdings meist versteckt im Schilf auf. Sie ist recht scheu und verlässt nur selten die Deckung, erzeugt aber ein breites Spektrum von seltsamen Lauten wie Quieken, Grunzen und Wimmern.

Nachdem die Riedwiese überquert wurde, führt rechter Hand ein schmaler Pfad zum Rohseeweg. Der Rohseeweg wird zunächst von reich strukturierten, fast natürlichen Eichen-Hainbuchenwäldern begleitet. Darin stehen zahlreiche Altbäume, es gibt üppigen Unterwuchs und viel

Abb. 171: Alte, mehrstämmige Winterlinde (*Tilia cordata*) am Rande des Weges zum Rohsee. Foto: G. Zizka.

liegendes, aber auch stehendes Totholz. Die Altbäume und das stehende Totholz mit ihren Höhlen sind ein besonders wichtiger Lebensraum für viele Tiere, z.B. für Fledermäuse oder Spechte. Mittelspecht (*Dendrocopos medius*) und Schwarzspecht (*Dryocopus martius*) kommen deshalb im Schwanheimer Wald in ungewöhnlich hoher Dichte vor! Der Schwarzspecht, unser größter einheimischer Specht, ist in diesem Teil des Waldes häufig zu sehen und zu hören. Zum Trommeln wählt der fast krähengroße schwarze Vogel mit dem roten Schopf meist einen großen abgestorbenen Baum aus, so dass es weit zu hören ist.

Am Rande des Weges zum Rohsee stehen eine Reihe sehr alter, mehrstämmiger Winter-Linden (*Tilia cordata*), die an der Basis einen Umfang von bis zu 2 m erreichen können (Abb. 171).
Dahinter wird auf der rechten Seite der Rohsee sichtbar (Abb. 172). Dabei handelt es sich um einen ehemaligen Mainarm, der von einem Erlenbruchwald besiedelt wird. In heißen Jahren fällt das Gebiet trocken. Trockenperioden werden z. B. aus der Zeit um 1860 sowie um 1910 berichtet. Danach gab es eine längere Phase mit hohem Wasserstand. Die letzte Trockenperiode dauerte bis 1980. Bei den Erlen handelt es sich um eindrucksvolle Baumgestalten mit einer ganz eigenen Wuchsform. Sie treiben immer wieder als Stockausschläge aus alten Wurzelstöcken aus, die möglicherweise schon um die 1000 Jahre alt sind. Früher wurden die Erlenstangen zur Holzgewinnung abgeschlagen. Heute wird dies nicht mehr gemacht und man lässt die Erlen ungestört weiterwachsen. Dadurch könnten aber die uralten Wurzelstöcke ihre Fähigkeit zum Ausschlagen verlieren. Um sie zu erhalten, müssten die Stämme wenigstens teilweise abgeschlagen werden.

Im Gewässer kommt die Wasserfeder (*Hottonia palustris*) vor. Sie war früher eine typische Art der

Abb. 172: Blick auf den Rohsee. Im Hintergrund ist der Beginn der Riedwiese sichtbar. Foto: D. Bönsel.

Mainaltarme. Im Rohsee galt sie längere Zeit als verschollen, sie ist aber seit den 1990er Jahren dort wieder nachgewiesen. Daneben kann man Gelbe Schwertlilie, Schilf, Rohrglanzgras (*Phalaris arundinacea*), Ufer-Wolfstrapp (*Lycopus europaeus*), Langährige Segge (*Carex elongata*) und Wasserfenchel (*Oenanthe aquatica*) finden. Außer den Erlen kommen auch Traubenkirschen (*Prunus padus*) vor, jedoch die einheimische und nicht die nordamerikanische Spätblühende Traubenkirsche. Weiterhin wachsen am Ufer Gilbweiderich (*Lysimachia vulgaris*), Bitteres Schaumkraut (*Cardamine amara*), Sumpfdotterblume (*Caltha palustris*) und Winkel-Segge (*Carex remota*). Gegenüber der Infotafel am Rohsee stehen sehr große und alte Exemplare des Berg-Ahorns (*Acer pseudoplatanus*).

Der Rohseeweg stößt an seinem Ende auf die Kleinwiesenschneise, die nach rechts wieder zu den Schwanheimer Wiesen führt. An den Wiesen geht es links ab weiter, diesmal am nördlichen Rand der Wiesen entlang. Dabei ist rechts ein

Graben zu sehen, der einen Zulauf zur Kelster darstellt. Der Graben vor dem Waldsaum ist stark verschilft, auch die Gelbe Schwertlilie ist hier erneut zu sehen.

Der Weg verläuft parallel zum Rand der Wiesen und macht einen Linksknick. Danach hat man die Möglichkeit, die Brücke über die B 40 zu überqueren und einen Ausflug in die Schwanheimer Dünen anzuschließen. Andernfalls folgt man weiter dem Wiesenrand, d. h. es wird rechts abgebogen und dabei die Diezelschneise gekreuzt. Man hat auf dem folgenden Stück immer wieder einen schönen Blick auf die Neuwies, wie der nördliche Abschnitt der Schwanheimer Wiesen genannt wird. Dieses Wiesenstück entstand durch Trockenheit und Brand und wird im Jahre 1483 das erste Mal erwähnt, als es zu einem Streit um die Pacht zwischen dem Pfarrer Claas Flaat und der Gemeinde Schwanheim kam.

Von nun an ist nur noch dem Verlauf des Weges zu folgen. Auf der linken Seite wird dabei ein mächtiger Efeu-Stamm passiert, der an einem anderen Baum empor rankt. Auf der linken Seite laden immer wieder Bänke und auch kleine Hütten zum Verweilen und Beobachten ein.

Der Weg führt schließlich, der Wiesengrenze folgend, zu den Grillplätzen, dem Waldspielpark und zurück auf die Schwanheimer Bahnstraße.

Spaziergang 3: Naherholung im Frankfurter Stadtwald

Waldfriedhof Oberrad – Scheerwald – Goetheturm – Maunzenweiher
Beste Zeit: Juni
Länge: 5,8 km
Startpunkt: Waldfriedhof Oberrad

Startpunkt dieser Wanderung ist der Waldfriedhof Oberrad (Parkmöglichkeiten vorhanden). Wer möchte, beginnt mit einem Rundgang über den ausgedehnten Waldfriedhof. Danach führt ein kleiner Weg parallel zum befestigten Weg in Richtung Süden in den Wald. Der Beckerweg wird gekreuzt und dem Sachsenhäuser Landwehrweg parallel zum Waldrand gefolgt.

Der Weg führt durch Hallenwälder mit stattlichen Buchen-Exemplaren (*Fagus sylvatica*), Berg-Ahorn (*Acer pseudoplatanus*) und einzelnen Wald-Kiefern (*Pinus sylvestris*). Im Unterwuchs sieht man jetzt das Große Hexenkraut (*Circaea lutetiana*), dessen kleine Früchte mit Hakenborsten an Hosenbeinen und Hundefell hängen bleiben, sowie das Kleinblütige Springkraut (*Impatiens parviflora*). Im Frühjahr kann man hier ausgedehnte Bestände des Seltsamen Lauchs (*Allium paradoxum*) finden, der mit dem einheimischen Bärlauch (*Allium ursinum*) verwandt ist. Der Seltsame Lauch stammt aus dem Kaukasus und kommt nur an wenigen Stellen in Deutschland vor. Im Oberräder Wald wurde er bereits 1946 entdeckt und breitet sich seitdem kontinuierlich aus. Seinen Namen trägt er aufgrund des ungewöhnlich geformten Blütenstandes mit Brutzwiebeln.

Der Sachsenhäuser Landwehrweg führt am Oberräder Sportplatz vorbei. In diesem Bereich stehen einige ältere Eichen, Eschen und Hainbuchen. Am Weg wachsen Einblütiges Perlgras (*Melica uniflora*) und Taumel-Kälberkropf (*Chaerophyllum temulum*). Im Unterwuchs sind die Reste des Busch-Windröschens (*Anemone nemorosa*, Abb. 174) zu sehen. Das Busch-Windröschen ist ein so genannter Frühjahrs-Geophyt. Das heißt, es zeigt sich schon im zeitigen Frühjahr, blüht, bildet Früchte und speichert Nährstoffe in unterirdischen Speicherorganen. Wenn sich das Kronendach der Waldbäume schließt, sterben die oberirdischen Teile des Busch-Windröschens ab. Es überdauert den Rest des

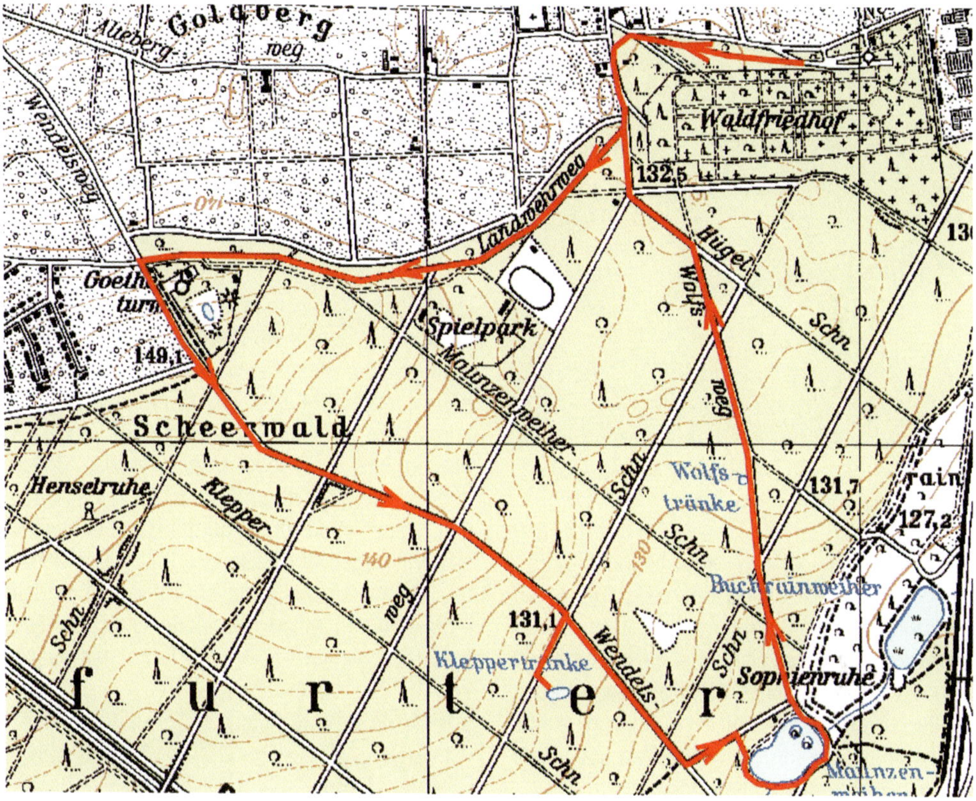

Abb. 173: Route von Spaziergang 3 (rot). © Datengrundlage: TK 25 Hessische Verwaltung für Bodenmanagement und Geoinformation (HVBG).

Jahres im Boden und erscheint erst wieder im nächsten Frühjahr. Es ist nämlich nicht leicht für eine Pflanze, im Schatten der großen Bäume zu wachsen. Das Busch-Windröschen umgeht, wie einige andere Waldpflanzen auch, dieses Problem, in dem es die Frühjahrssonne ausnutzt. Deshalb ist im Sommer auch fast nichts mehr von diesen Pflanzen zu sehen.

Auf den Sportplatz folgt der Waldspielpark Scheerwald. Dieser ist, wie die anderen Waldspielparke in Frankfurt, einer Initiative des Frankfurter Forstdirektors Kurt Ruppert zu verdanken und nach seinen Entwürfen in den 1950er Jahren gebaut worden. Die gesamte 4 ha große Anlage mit Tischtennishalle, Wasserleitungen, Rasen, Bänken, Karussell und allen anderen Details kostete 479.000 DM. Es handelte sich damals um eine beträchtliche Investition. Dennoch wurde für die Benutzung des Scheerwaldes – oder der anderen Waldspielparke – niemals Eintritt erhoben. Es war die Philosophie Rupperts, dass die Erholungswirkung des Waldes wichtiger sei als der Holzgewinn und dass die

Abb. 174: Das Busch-Windröschen (*Anemone nemorosa*) blüht im zeitigen Frühjahr. Foto: I. Ottich.

Stadtmenschen in den Wald gelockt werden müssten. Er war davon überzeugt, dass sich durch die positive Wirkung auf die Menschen an anderer Stelle Sozialleistungen einsparen ließen. Ruppert legte besonderen Wert darauf, dass Kinder, Jugendliche und Erwachsene ausreichend Möglichkeiten zur sportlichen und spielerischen Betätigung fanden.

Kurt Ruppert beschrieb 1960 in seinem Buch über den Stadtwald sehr ausführlich den Bau und die Anlage von solchen Spielparken. Dabei versuchte er jedes Detail zu berücksichtigen, sei es Bau und Aufstellung von Mülleimern, von Fahrradständern, die Beschaffenheit des Betons für Wasserspiele oder die künstlerische Gestaltung von Minigolf-Anlagen. Er legte viel Wert darauf, so viel wie möglich aus dem Holz des Frankfurter Waldes zu bauen, was den Frankfurter Waldspielparken ihren ganz eigenen Charme verleiht.

Hinter dem Spielpark führt der Weg nun in Wälder mit Berg-Ahorn (*Acer pseudoplatanus*), Wald-Kiefer (*Pinus sylvestris*) und Buche (*Fagus sylvatica*), dazwischen fallen einzelne nordamerikanische Robinien (*Robinia pseudoacacia*) mit ihren Fiederblättern auf. In diesem Teil des Waldes gibt es schöne Efeu-Bestände (*Hedera helix*). Der Efeu ist zwar eine allgemein bekannte Pflanze, dennoch lohnt sich eine eingehendere Betrachtung, denn er weist einige Besonderheiten auf. In vielen Regionen wächst er nur als Bodendecker. Wenn eine ausreichende Luftfeuchtigkeit vorhanden ist, erklimmt er jedoch die Bäume und umgibt die Stämme mit einem dicken, dunkelgrünen Mantel aus immergrünen Blättern, der besonders im Winter, wenn die Bäume unbelaubt sind, gut zu erkennen ist. Um immergrün zu sein, benötigt der Efeu in unseren Breiten ein „Frostschutzmittel" in den Zellen, damit diese nicht durch Eiskristalle zerstört werden. Zum Klettern bildet der Efeu kleine Wurzeln aus, mit denen er sich an der Baumrinde anheftet. Er lebt jedoch nicht parasitisch, d.h. dem Baum werden keine Nährstoffe entzogen. Eine weitere Besonderheit des Efeus ist sein ausge-

Abb. 175: Früchte des Efeu (*Hedera helix*) im Februar. Foto: I. Ottich.

prägter Blattdimorphismus. Üblicherweise hat er die typischen, 3–5 lappigen Blätter. An blühenden Trieben bekommt er jedoch rautenförmige bis eilanzettliche Blätter. Zuletzt unterscheidet er sich in seiner Blüh- und Fruchtzeit deutlich von den übrigen europäischen Arten mit fleischigen Früchten. Üblicherweise sind „Beeren" in unseren Breiten eine Erscheinung des Sommers und Herbstes. Die Vögel finden dann ein reiches Angebot vor, von Johannis-, Brom- und Himbeeren über Holunder, Schneeball, Eberesche usw. Der Efeu blüht dagegen erst von September bis November. Die Früchte entwickeln sich den Winter über (Abb. 175) und werden zum Ende des Winters und im zeitigen Frühjahr reif. Damit stellt der Efeu sicher, dass seine Früchte von den Vögeln gefressen und die Samen auf diese Weise weiter verbreitet werden. Verglichen mit anderen Früchten enthalten die Efeubeeren wenig Nährstoffe für Vögel, sie würden in Zeiten, in denen es Holunderbeeren gibt, sicher verschmäht. Da sie aber zu einer Zeit reifen, in der das Angebot gering ist, werden sie z. B. von Ringeltaube (*Columba palumbus*) und Amsel (*Turdus merula*) gefressen.

Diese beiden Vogelarten sind heute aus Stadtparks und Gärten gut bekannt, dabei waren sie beide bis vor gar nicht so langer Zeit relativ scheue Waldvögel. Die Amseln haben bereits vor etwa 100 Jahren den Sprung in die Städte geschafft, die Ringeltauben sind erst im letzten Jahrzehnt dorthin vorgedrungen. Im Gegensatz zu den vielerorts verhassten „Straßentauben" brüten die plumpen Ringeltauben, die ihren Namen aufgrund des weißen Streifens an ihrem Hals tragen, nicht an Gebäuden, sondern nur in Bäumen. Die Amseln und Ringeltauben, die weiterhin im Wald leben, verhalten sich noch immer eher wie scheue Wildtiere. Beim Waldspaziergang fällt gleich die wesentlich höhere Fluchtdistanz auf.

Abb. 176: Blick auf den Maunzenweiher. Foto: D. Bönsel.

In der Krautschicht des Waldes sind Nelkenwurz (*Geum urbanum*) und Kleinblütiges Springkraut (*Impatiens parviflora*) zu sehen, außerdem zahlreiche Keimlinge und Jungpflanzen von Berg-Ahorn (*Acer pseudoplatanus*) und Spitz-Ahorn (*Acer platanoides*).

Nur wenig später wird der Goetheturm auf der Goetheruhe und der dazugehörige Waldspielpark erreicht. Die Goetheruhe auf dem Sachsenhäuser Berg ist 149 m hoch und damit einer der höchsten Punkte im Frankfurter Stadtwald. Früher soll dies ein wüster Platz gewesen sein, der das „Hexeneck" genannt wurde. Goethe soll diesen Ort häufig aufgesucht haben. Seit 1860 wird der Platz deshalb Goetheruhe genannt. Bereits 1867 wurde ein 22 m hoher, hölzerner Aussichtsturm errichtet, der jedoch kurz vor dem ersten Weltkrieg wegen Baufälligkeit abgerissen werden musste. Die Frankfurter Bürgerschaft forderte einen neuen Turm, um den sich Oberforstmeister Jacobi sehr verdient machte. Der neue hölzerne Turm wurde 1931, mitten in der Weltwirtschaftskrise, errichtet,

Abb. 177: Die Zarte Binse (*Juncus tenuis*) wurde Anfang des 20. Jahrhunderts am Wolfsweg und am Buchrainweiher entdeckt. Heute findet man sie nicht nur an Waldwegen, sondern auch an anderen feuchten und betretenen Stellen in der Stadt. Foto: I. Ottich.

dabei wurde er in weniger als 3 Monaten fertig gestellt. Die Baukosten betrugen etwa 38.500 RM. Davon wurden 28.000 RM von dem Frankfurter Bürger Gustav Gerst unter der einen Bedingung gespendet, dass sein Name anonym bliebe. Erst nach seinem Tode wurde der Name bekannt und zum Dank der populärste Reitrundweg im Stadtwald nach ihm benannt.

Der Goetheturm wurde aus 340 Festmetern Frankfurter Holz gebaut und zwar aus Kiefer, Buche und Eiche. Er ist 43,3 m hoch und hat 196 Stufen, die zu der 6,5 x 6,5 m großen Aussichtsplattform in 40 m Höhe führen. Von dieser Aussichtsplattform lässt sich nicht nur die Stadt überblicken, sondern bei klarem Wetter auch die umgebende Landschaft: Im Westen das Rheingauer Gebirge und der Donnersberg in der Pfalz, im Norden der Taunus, der Vogelsberg und ein Teil der Rhön, im Osten der Spessart und im Süden der Odenwald. Bei gutem Wetter soll mit guten Augen im Westen die Kuppel des Mainzer Doms zu erkennen sein!

Nach dem Goetheturm folgt der Weg nach Süden dem Wendelsweg. Der Weg führt weiter durch Buchenwälder mit starker Ahorn-Naturverjüngung. Auf dem Waldweg sitzen häufiger kleine Vögel, die erst wenige Meter vor dem Wanderer auffliegen. Dabei handelt es sich um Buchfinken (*Fringilla coelebs*). Die grau-braunen Weibchen sind auf dem Boden gut getarnt, die Männchen mit ihrer rostroten Brust und dem hellgrauen Kopf dagegen viel auffälliger.

Am Wegrand wachsen wieder Großes Hexenkraut und Nelkenwurz, dazu weißblühend Knoblauchsrauke (*Alliaria petiolata*) und Spring-Schaumkraut (*Cardamine impatiens*), Stinkender Storchschnabel (*Geranium robertianum*) mit rosafarbenen Blüten, die Gräser Frühe Wald-Trespe (*Bromus benekenii*) und Wald-Zwenke (*Brachypodium sylvcaticum*), mit kleinen gelben Blüten Rainkohl (*Lapsana communis*) und Mauerlattich (*Mycelis muralis*), der Blut-Ampfer (*Rumex sanguineus*) mit seinen rot-braunen Blüten- und Fruchtständen und der Waldmeister (*Galium odoratum*) mit seinen Blattwirteln.

Der Wendelsweg führt vorbei an Nadelholzforsten mit Lärchen (*Larix decidua*). Die Lärche ist der einzige unserer Nadelbäume, der im Winter seine Nadelblätter abwirft und im Frühjahr neu austreibt. Kiefern dagegen behalten ihre Nadelblätter oft über mehrere Jahre.

Es folgen Laubholzforsten. An der Kesselbruchschneise bietet sich ein kleiner Abstecher nach rechts zur Klepperttränke an, die allerdings in vielen Jahren trocken fällt. Von der Kleppertränke geht es zurück auf den Wendelsweg, der weiter nach Südosten verläuft, bis schließlich der Maunzenweiher erreicht wird.

Der Maunzenweiher liegt im Bereich einer Tongrube der Oberräder Töpfer. Der Boden in seiner Umgebung besteht aus hellem, stark kalkhaltigem Lehm. Früher war an dieser Stelle der Maunzensee gewesen, der jedoch durch Entwässerungsgräben trocken gelegt wurde, um den Tonabbau zu erleichtern. Wegen des wasserundurchlässigen Bodens sammelte sich jedoch immer wieder Wasser an, so dass dieser Ort zur Anlage eines Weihers besonders geeignet erschien. Oberforstmeister Jacobi ließ diesen 2 ha großen Weiher mit zwei künstlichen Inseln anlegen. Er wurde 1931 fertig gestellt. Sein Name soll auf das frühere Vorkommen von Wildkatzen in diesem Gebiet zurückgehen. Der Maunzenweiher war bald als Ausflugsziel – und im Winter zum Eislaufen – sehr beliebt, so dass in der Folgezeit weitere vier Waldseen geschaffen wurden.

Der Weg knickt nach rechts ab, so dass der Maunzenweiher entgegen dem Uhrzeigersinn umrundet werden kann. Der Weiher zeigt sich heute als eher trübes, unspektakuläres Gewässer (Abb. 176). Es sind Fische eingesetzt worden, die für ein solches Gewässer typischen, ausgedehnten Verlandungsröhrichte fehlen. Die mögliche Schönheit des Maunzenweihers leidet sehr unter dem starken Besucherdruck und der Nutzung als Hundebadestelle. An betretenen Stellen findet sich hier häufig die Zarte Binse (*Juncus tenuis*, Abb. 177), die aus Nordamerika stammt. Der Samenmantel quillt bei Regen auf, so dass die Samen Froschlaich ähneln. Damit können sie an Schuhen, Reifen und Tierfüßen kleben bleiben und verbreitet werden. Anfang des 20. Jahrhunderts wurde die Zarte Binse in Frankfurt von dem Botaniker Martin Dürer ganz in der Nähe entdeckt, nämlich am Wolfsweg und am nahegelegenen Buchrainweiher.

Am Ufer des Maunzenweihers wächst ein weiterer Neubürger, der Schwarzfrüchtige Zweizahn (*Bidens frondosa*). Diese dunkelgelb blühende Uferpflanze kommt auch an Main und Nidda vor. Sie trägt ihren Namen wegen der mit zwei „Zähnen" ausgestatteten Früchte, die sich an Kleidung oder Fell heften können und damit neue Wuchsorte erreichen.

Abb. 178: Gilbweiderich (*Lysimachia vulgaris*). Foto: I. Ottich.

Abb. 179: Zweiblättrige Schattenblume (*Maianthemum bifolium*). Foto: G. Zizka.

Am Ufer wachsen mehrere Seggen-Arten, auch Sauergräser genannt, die sich alle durch einen dreikantigen Stängel auszeichnen: Sumpf-Segge (*Carex acutiformis*), Grau-Segge (*Carex canescens*), Winkel-Segge (*Carex remota*), Hasenpfoten-Segge (*Carex ovalis*) und sogar die Igel-Segge (*Carex echinata*), die erst vor wenigen Jahren in Frankfurt entdeckt wurde. Am Nordufer des Maunzenweihers kommt noch die Blasen-Segge (*Carex vesicaria*) hinzu. Außerdem wachsen hier Schilf (*Phragmites australis*), Pfeifengras (*Molinia arundinacea*), Riesen-Schwingel (*Festuca gigantea*), Flatter-Binse (*Juncus effusus*), Wasser-Dost (*Eupatorium cannabinum*), Ufer-Wolfstrapp (*Lycopus europaeus*), Ästiger Igelkolben (*Sparganium erectum*) und Gilbweiderich (*Lysimachia vulgaris*, Abb. 178).

Der Maunzenweiher ist umstanden von Eichen (*Quercus* spp.), Erle (*Alnus glutinosa*), Buche (*Fagus sylvatica*), Faulbaum (*Frangula alnus*) und Eberesche (*Sorbus aucuparia*).

Das Nordufer ist abgeflacht und es gibt zwei baumbestandene Inseln. Am Ufer finden sich Strauchweiden (*Salix alba* und *Salix purpurea*).

Am Verbindungsweg zwischen den beiden Weihern standen bis zum Winter 1990 viele prachtvolle Eichen und Buchen. Viele sind jedoch Orkanen zum Opfer gefallen. Insgesamt ist der Frankfurter Oberwald reich an Baumriesen und so führt der Wolfsweg jetzt auch durch Buchenwälder mit stattlichen Buchen.

Die Buchenwälder gelten in den meisten Teilen Europas als „potentiell natürliche Vegetation“, d. h. man geht davon aus, dass sich ohne weiteres Zutun des Menschen in den meisten Gebieten langfristig ein Buchenwald einstellen würde. Auch wenn die Annahme inzwischen nur noch eingeschränkt gilt, da der Mensch vielerorts die natürlichen Bodenverhältnisse zu weit verändert hat oder sich fremdländische Baumarten etabliert haben, so gilt doch weiterhin, dass die Buche in vielen Bodenlagen wachsen kann und über andere Baumarten dominiert.

Wir sehen auf dem Waldboden Zweiblättrige Schattenblume (*Maianthemum bifolium*, Abb. 179) und Vielblütige Weißwurz (*Polygonatum multiflorum*). Links des Weges sind Forsten mit Berg-Ahorn angelegt. Hier wachsen Stinkender Storchschnabel, Flattergras und Dunkles Lungenkraut (*Pulmonaria obscura*).

Der Wolfsweg erreicht ein so genanntes Arboretum. Hier sind Elemente ostamerikanischer Baumgesellschaften angepflanzt. Durch eine neue Wegeführung und Beschilderung sollen Besucher in Zukunft angelockt und der parkartige Charakter dieser Pflanzung unterstrichen werden. Im Arboretum kann man viele ungewöhnliche Baumarten ansehen, z. B. Gelbbirke (*Betula lutea*), Papierbirke (*Betula papyrifera*), Virginiawacholder (*Juniperus virginiana*), Sumpf-Eiche (*Quercus palustris*), Tulpenbaum (*Liriodendron tulipifera*), Amerikanische Esche (*Fraxinus americana*), verschiedene amerikanische Tannen (*Abies* spp.),

Schwarznuss (*Juglans nigra*), Hickory (*Carya* spec.), Gleditschie (*Gleditschia triacanthos*), Robinie (*Robinia pseudoacacia*), Amerikanische Linde (*Tilia americana*) und Zucker-Ahorn (*Acer saccharum*).

Der Wegsaum des Wolfsweges wird begleitet von verschiedenen Nitrophyten, d. h. Pflanzen, die dort wachsen, wo größere Mengen Stickstoff, z. B. mit Hundeurin oder Unrat, hingelangen. Oft stammen Nitrophyten ursprünglich aus Flussauen. Durch die regelmäßigen natürlichen Überschwemmungen wurde immer wieder nährstoffreiches Material abgelagert, auf dem die Pflanzen gedeihen konnten. Heute findet man die Nitrophyten überall in der Nähe menschlicher Siedlungen. Zu ihnen gehört z. B. die Große Brennnessel (*Urtica dioica*). Am Weg wachsen aber auch typische Waldwegpflanzen, wie Wald-Segge (*Carex sylvatica*), Echte Sternmiere (*Stellaria holostea*) und Knotige Braunwurz (*Scrophularia nodosa*).

Der Wolfsweg nähert sich wieder der Siedlung. Dies macht sich besonders durch ein verstärktes Auftreten von verwilderten Zierpflanzen bemerkbar. In diesem Fall sind es Schneebeere (*Symphoricarpos albus*), auch als Knallerbsenstrauch bekannt, und Wilder Wein (*Parthenocissus inserta*). Beide gehen vermutlich auf Garten- bzw. Friedhofsabfälle zurück. In den siedlungs- und friedhofsnahen Bereichen des Waldes sieht man nicht selten „wilden Kompost“, also unerlaubt in den Wald entsorgte Gartenabfälle. Aus diesen können nicht-einheimische Gewächse auskeimen oder anwachsen. Der Wilde Wein kann wie der Efeu als Bodendecker oder an Bäumen und Gebäuden kletternd wachsen. Er ist jedoch nicht immergrün, sondern verliert im Herbst seine 5–7zählig gefingerten Blätter.

Rechter Hand des Weges befinden sich schöne alte Buchenwälder mit kleinen Lichtungen. Dort stehen Wald-Knäuelgras (*Dactylis polygama*) und Hain-Rispengras (*Poa nemorosa*).

Der Wolfsweg kreuzt die Hügelschneise, der ein kurzes Stück nach links gefolgt wird. Auf der linken Seite des Weges wachsen Maiglöckchen (*Convallaria majalis,* Abb. 180).

Nach wenigen Metern wird wieder der Beckerweg erreicht, der nach rechts zurück zum Startpunkt am Waldfriedhof Oberrad führt.

Abb. 180: Maiglöckchen (*Convallaria majalis*). Foto: I. Ottich.

Naturschutzgebiete in Frankfurt am Main

Naturschutzgebiete (NSG) in der Großstadt – kann es so etwas geben? Ja, denn gerade die sich ständig verändernden Großstädte unternehmen auch erhebliche Anstrengungen, ihre naturnahen Bereiche zu erhalten und zu schützen. Wie z. B. in Berlin, Hamburg oder München liegen auch in Frankfurt die NSG überwiegend im peripheren Bereich. Geschützt werden in der Regel nicht typisch städtische Biotope, sondern überwiegend Sonderstandorte wie z. B. Dünenfelder, Auen- oder Moorlandschaften. Häufig ist auch die Erhaltung von Resten der vorindustriellen Kulturlandschaft das Ziel, also der Schutz von Biotoptypen, die durch intensive landwirtschaftliche Nutzung, aber ohne die Hilfsmittel Kunstdünger und Herbizide, entstanden sind.

Die Frankfurter NSG stehen nicht im Fokus des vorliegenden Heftes und werden daher nur kurz zusammenfassend behandelt. Ausführliche Informationen dazu bietet Wittig (2002). In dieser Bearbeitung wurden auch die Ergebnisse der im Zusammenhang mit der Ausweisung und Pflege der NSG erstellten Gutachten berücksichtigt.

Die Geschichte der Frankfurter Naturschutzgebiete begann 1937, also nicht lange nach der 1935 erfolgten Verabschiedung des Reichsnaturschutzgesetzes. Zwei Flächen in einem verlandeten Altmainarm im Osten der Stadt, das Enkheimer und das Seckbacher Ried, erhielten den damals neuen Schutzstatus. Eigentlich war aber nur das Seckbacher Ried ein Frankfurter Naturschutzgebiet, das Enkheimer Ried wurde es erst 1977 mit der Eingemeindung von Bergen-Enkheim nach Frankfurt. Der sich von Bischofsheim über Enkheim, Seckbach, Bornheim bis zum Südosten des früheren Stadtgebietes hinziehende Altmainarm war berühmt für seine Nasswiesen- und Moorvegetation, wobei insbesondere der Metzgerbruch, nördlich des heutigen Ostparks, als Exkursionsgebiet bis zur Zeit des 1. Weltkriegs beliebt war. Von den damals in diesem Gebiet vorhandenen Arten der Sumpf- und Moorwiesen haben sich aber leider nur wenige bis heute gehalten. Lange war der Zusammenhang zwischen Landnutzung und dem Vorkommen seltener Tier- und Pflanzenarten kaum verstanden und Naturschutz galt allgemein als Schutz vor menschlicher

Gebiet	Jahr der Ausweisung	Größe (ha)	Erweiterung
Enkheimer Ried	1937	8,6	1973 auf 15,4 ha mit Gebietsverschiebung; 1995 auf 28,2 ha
Seckbacher Ried	1937	7	
Am Berger Hang	1954	10	
Riedwiesen bei Niederursel	1983	20,5	
Schwanheimer Düne	1984	38,6	2002 auf 58,5 ha
Mühlbachtal von Bergen-Enkheim	1986	3,3	
Harheimer Ried	2003	5	

Tabelle 11: Naturschutzgebiete im Frankfurter Stadtgebiet.

Abb. 181: Blick von Westen auf das Enkheimer Ried. Foto: I. Ottich.

Tätigkeit. Erst in den 1970er Jahren setzte sich die Erkenntnis durch, dass die Erhaltung vieler Arten der Roten Liste nur unter Beibehaltung bestimmter Formen der Landnutzung möglich ist. Dies bedeutete einen durchaus schmerzhaften Prozess des Umlernens, hatte man doch jahrzehntelang versucht, jede Form der Nutzung aus den Naturschutzgebieten herauszuhalten. Jetzt gab es Förderprogramme für die Schaf- und Ziegenbeweidung und Landwirte erhielten Geld für die naturschutzgemäße Nutzung von Wiesen.

Das Seckbacher Ried wandelte sich nach seiner Ausweisung als Naturschutzgebiet von einer von Gräben durchzogenen Nasswiesenlandschaft zu einem Sumpfwald, in dem auch viele Gehölze der umliegenden Gärten Fuß gefasst haben. Der Zustand des Gebietes zur Zeit seiner Ausweisung ist leider nicht dokumentiert. Es ist aber davon auszugehen, dass der größte Teil der damals vorhandenen besonderen Tier- und Pflanzenarten durch das Aufkommen der Gehölze verschwunden ist. Heute ist das Gebiet eingezäunt, was das Deponieren von Gartenabfällen und Hausmüll unterbindet (bzw. auf den Bereich des Zaunes beschränkt), aber die weitere Einwanderung von Arten der Gärten nicht verhindern kann. Stark ausgebreitet hat sich leider auch die Armenische Brombeere (*Rubus armeniacus*). Das Gebiet hat heute seine Bedeutung als naturnahe Sumpfwaldfläche.

Auch das Enkheimer Ried (Abb. 181) hat eine wechselvolle Geschichte. 1937 wurde es mit einer Größe von 9 Hektar ausgewiesen. 1995 wurde es auf 28 Hektar erweitert, wobei die Erweiterungsflächen weitgehend außerhalb des Frankfurter Stadtgebietes liegen. Schutzgegenstand waren hier ursprünglich einige für die Eisgewinnung angelegte Teiche, in denen seltene Wasserpflanzen vorkamen und die als Rastgebiete für Vögel von Bedeutung waren. Über Jahrzehnte wurde dann allerdings dem Kampf gegen Stare besondere Aufmerksamkeit gewidmet. Der als Ernteschädling verhasste Vogel nutzte die Schilfbestände des Enkheimer Rieds als Schlafplatz. Bereits ein Jahr nach der Ausweisung des Naturschutzgebietes sollte das Schilf beseitigt werden und ein Entschilfungsgerät wurde angeschafft. Zunächst gelang dies jedoch nicht. Etwa zu dieser Zeit fielen die bis dahin landwirtschaftlich genutzten Feuchtwiesen im Naturschutzgebiet brach und damit verschwanden viele der typischen Tier- und Pflanzenarten. 1959 verfüllte die Gemeinde Bergen den westlichen Teil des Teichgebietes mit Kanalaushub. Dabei verschwand der größte Teil der seltenen Pflanzenarten. Dieses Gebiet wurde aus dem Naturschutzgebiet ausgegliedert, 1973 wurde dafür eine Erweiterung im Osten vorgenommen. Im Dezember 1959 wurden 4 Hektar Schilf-Bewuchs entfernt und nach einer Frostperiode wurde das Gebiet etwa einen Meter tief abgefräst, um den als Ernteschädlingen gefürchteten Staren die Möglichkeit zur Anlage eines Massenschlafplatzes zu nehmen. Doch die Maßnahmen hatten nicht den gewünschten Erfolg: Schilf siedelte sich wiederum in dem entstandenen Flachwasser an. Jetzt griff man zu noch radikaleren Maßnahmen: Zwischen 1964 und 1969 wurde das Gebiet mit einem Saugbagger bearbeitet und 50.000 m^3 Schlamm wurden abgepumpt und am Rande abgelagert. Das Schilf war auf einen schmalen Streifen zurückgedrängt worden. Ob sich diese kostenintensive Maßnahme positiv auf die Obsternte auswirkte, ist allerdings nicht bekannt. Die heutige Bedeutung des Enkheimer Rieds liegt im Schutz eines relativ naturnahen Verlandungsbereichs eines Gewässers.

Nur 3 Hektar groß ist das seit 1986 bestehende Naturschutzgebiet **Mühlbachtal von Bergen-Enkheim.** Bekannt ist das Gebiet durch das Vorkommen des Riesen-Schachtelhalms (*Equisetum telmateia*, Abb. 182), der auch heute noch in einem dichten Bestand in einer quelligen Bachaue vorkommt. Hierbei handelt es sich um das am längsten belegte Vorkommen einer Pflanzenart im heutigen Frankfurt. Es wird bereits in der Oekonomisch-technischen Flora der Wetterau (Gärtner et al. 1799–1802) erwähnt: „Häufig an dem Bächlein welches von Bergen herunter zu der Enkheimer Mühle fliesst.“ Viele Jahrhunderte lang floss dieses Bächlein durch mit Obstbäumen bestandene Wiesen. Spätestens in den 1960er Jahren verschwand das Interesse an der Nutzung von Gras und Obst und das Grünland wandelte sich in dichtes Gebüsch. Heute verraten nur noch einige völlig eingewachsene und absterbende

Abb. 182: Der Riesen-Schachtelhalm (*Equisetum telmateia*) ist schon seit mehr als 200 Jahren aus dem Mühlbachtal bezeugt. Foto: A. Malten.

Obstbäume die ehemalige Nutzung des Gebietes. Nur ein kleiner Teil der Fläche wird heute noch bzw. wieder als Grünland genutzt.

Überregionale Bedeutung hat das Naturschutzgebiet Schwanheimer Düne (Abb. 183). 1984 wurde es mit einer Größe von 39 Hektar ausgewiesen und 2002 auf 59 Hektar erweitert. Der interessanteste Bereich ist ein Dünengebiet mit kalkarmen Sanden, der locker mit Kiefern bewachsen ist. Hier kann man von einem Bohlenweg aus die Pioniervegetation der Sandflächen betrachten und erhält einen Eindruck von den schwierigen Bedingungen, die für die Menschen in derartigen Gebieten einst herrschten. Der Ackerbau war hier wenig ertragreich. In heißen Sommern verdorrte das Getreide und bei Starkwind wurde es von Sand überweht. Trotzdem wurde das Gebiet Jahrhunderte lang ackerbaulich genutzt und das heute recht umfangreiche Dünenareal war früher sicher kleiner. In einem großen Teil des Gebietes sind heute statt Sanddünen Gewässer vorhanden. Sie entstanden durch Abbau des Sandes. Teilweise wurden die Gewässer aber auch später wieder verfüllt. Um die Pioniervegetation der Sandflächen zu betrachten, muss man sich allerdings bücken. Die meisten Arten werden hier kaum größer als 10 cm. Ein großer Teil der Vegetation wird von Flechten gebildet. Im Randbereich der Dünen lagen früher Äcker, heute ist diese Nutzung aber fast aufgegeben. Demzufolge haben sich viele der ehemaligen Äcker mit undurchdringlichem Brombeerdickicht bedeckt. In den letzten Jahren hat die Naturschutzverwaltung diesen Wildwuchs wieder eingedämmt und das Gebiet ist heute deutlich offener als vor 20 Jahren. Ideal wäre es, wenn zumindest auf Einzelflächen auch wieder Ackerbau in traditioneller Form betrieben würde. Dann würde sich vielleicht auch wieder das für Sandäcker typische Zwerggras (*Mibora minima*) ansiedeln können, das noch in den 1990er Jahren hier vorkam. Aber schon damals konnte es nur im Bereich einiger Kaninchenbauten auf einem aufgegebenen Acker überleben. Die Kaninchen sorgten für die unbedingt notwendigen offenen Sandstellen.

Das bedeutendste Naturschutzgebiet Frankfurts ist aber ohne Zweifel das Gebiet Am Berger Hang. Nirgends sonst gibt es in Hessen so große Flächen des „Mesobrometum“, eines Magerrasentyps, der zu trockenen Wiesentypen vermittelt. Die großflächigen Magerrasen entstanden allerdings erst, nachdem im 19. Jahrhundert der Weinbau in diesem Bereich aufgegeben wurde. Von einem das Gebiet querenden Weg kann man die blütenreichen Magerrasen betrachten. Viele sonst seltene Arten kommen hier in großen Beständen vor. Schon am Wegrand stehen die Orchideen Mückenhändelwurz (*Gymnadenia conopsea*) und Helm-Knabenkraut (*Orchis militaris*, Abb. 184). Das ungewöhnlich aussehende Feld-Mannstreu (*Eryngium campestre*), aber auch floristische Seltenheiten wie Filz-Segge (*Carex tomentosa*), Gelbe Sommerwurz (*Orobanche*

Abb. 183: Bohlenweg zur Besucherführung im NSG „Schwanheimer Düne“. Foto: I. Ottich.

lutea) oder der von einer Allerweltspflanze zu einer extremen Seltenheit gewordene Große Klappertopf (*Rhinanthus angustifolius*) stehen ebenfalls in der Nähe der Besucher. Der Große Klappertopf ist ein Halbschmarotzer, der einen Teil seiner Nährstoffe und sein Wasser von Graswurzeln bezieht und extrem empfindlich auf die Düngung von Wiesen reagiert. Vom Besucherweg nicht einsehbar sind die für Spezialisten hoch interessanten Arten Gelber Zahntrost (*Odontites lutea*) und der seltsam gestaltete Farn Natternzunge (*Ophioglossum vulgatum*). Durch gutes Zusammenspiel von Forstverwaltung und Pflegeplanung befindet sich das Gebiet in einem hervorragenden Zustand und das Zuwachsen, für viele Offenflächen die Hauptbedrohung, erscheint momentan gestoppt. Dass dies Geld und Zeit kostet, sollte uns bewusst sein. Wollen wir Beispiele der Landschaft unserer Großeltern mit ihren typischen Arten erhalten, bedeutet dies

Abb. 184: Helm-Knabenkraut (*Orchis militaris*) am Berger Hang. Foto: D. Bönsel.

Pflegekosten. Wie bei einem mittelalterlichen Haus oder einer gotische Kirche müssen auch bei Zeugen unserer Landschaftsvergangenheit Steuergelder für die Erhaltung aufgewendet werden.

Die Nidda war bis in die 1920er Jahre auf dem heutigen Frankfurter Stadtgebiet ein relativ naturnahes Gewässer. Der Fluss trat im Winterhalbjahr regelmäßig über seine Ufer und bildete ein reiches Netz von Altarmen. Die fruchtbaren Böden eigneten sich hervorragend zur Grünlandnutzung und erbrachten auch ohne künstliche Düngung reiche Ernten. Im 19. Jahrhundert dürfte dieses Land so geschätzt gewesen sein, dass kaum Gehölze an den Gewässerufern und Gräben geduldet wurden. Mit der Einführung von Kunstdünger und Traktoren verringerte sich die Wertigkeit dieses Überschwemmungsgrünlandes und Gehölze kamen stärker auf. Mit zunehmender Bevölkerungszahl gewannen diese Gebiete auch größere Bedeutung für die Stadtentwicklung. Um die Hochwassergefahr zu bannen und die Umwandlung von Grünland in Acker- und Bauland zu ermöglichen, wurde der Unterlauf der Nidda in den 1920er Jahren in ein künstliches Bett gezwungen und durch Staustufen reguliert. Die reiche Flora an seltenen und bemerkenswerten Grünland-, Ufer-, Röhricht- und Wasserpflanzenarten verschwand daraufhin fast vollständig. In wenigen Gebieten haben sich noch Reste dieser Biotope erhalten und zwei Gebiete wurden als Naturschutzgebiete ausgewiesen. 1983 wurden die zwischen aufgeschüttetem Fabrikgelände und Autobahn liegenden Riedwiesen bei Niederursel in einer Größe von 20 Hektar ausgewiesen. Im größten Teil des Gebietes finden sich, anders als der Name es vermuten lässt, allerdings keine Wiesen, sondern aus Nasswiesen hervorgegangene Gehölze (Abb. 185), in die etwa 30 durch Bombenabwürfe im 2. Weltkrieg entstandene

Kleingewässer eingestreut sind. Nur auf einem Teil der Fläche haben sich Wiesen erhalten. Der ehemals für die Nidda-Aue typische Nasswiesentyp der Wassergreiskraut-Wiese war 1983 noch in einem kleinen Restbestand erhalten. Leider wurde die Nutzung dieser Fläche mittlerweile eingestellt und die Nasswiese hat sich zu einer Hochstaudenflur mit Mädesüß (*Filipendula ulmaria*) entwickelt, die in der weiteren Vegetationsentwicklung von einem Weidengebüsch abgelöst werden wird. Zudem ist es in den letzten 20 Jahren zu einer Austrocknung des Gebietes gekommen, die möglicherweise auf ein Absinken des Grundwasserspiegels zurückzuführen ist.

Die gesetzmäßige Abfolge von Vegetationstypen stellt an renaturierten Uferbereichen der Nidda ein besonderes Problem dar. Innerhalb weniger Jahre entwickeln sich die für den Artenschutz besonders wertvollen offenen Flächen zu Hochstaudengesellschaften, Weiden- und Erlengehölzen. Wiederkehrende große Überschwemmungsereignisse, die diese Entwicklung früher regelmäßig rückgängig gemacht haben, gibt es heute nicht mehr.

Das jüngste, erst 2008 ausgewiesene Frankfurter NSG ist das **Harheimer Ried.** Es bietet die vielleicht letzte Chance, eine große Nasswiese der Nidda-Aue im Stadtgebiet am Ortsrand von Harheim zu erhalten. Besonders interessant ist diese Fläche durch das aufsteigende salzhaltige Grundwasser. Zu dem an sich schon höchst bemerkenswerten Inventar der Nasswiesenarten – Fachleute sprechen von einer Calthion-Gesellschaft – gesellen sich an besonders nassen Stellen salzliebende Arten. Am bemerkenswertesten ist dabei die für den Laien allerdings wenig ansprechende Salzbinse (*Juncus gerardii*). Etwas auffallender ist der Salzhornklee (*Lotus glaber*), der sich durch schmälere Blätter von seinem häufigen Verwandten, dem Gemeinen Hornklee (*Lotus corniculatus*), unterscheidet. Die Erhaltung der Nasswiese erfordert allerdings dauerhafte und kostenintensive Anstrengungen. Die Fläche muss zweimal jährlich gemäht und das Mähgut entfernt werden. Dabei ist die bodennasse Fläche mit den heute gebräuchlichen Traktoren kaum befahrbar. Früher wurden derartige Flächen mit der Hand gemäht und das Mähgut wurde teilweise herausgetragen und auf trockeneren Flächen ausgelegt. Die Unterschutzstellung ist also aus naturschützerischer Sicht sehr zu begrüßen. So ist zu hoffen, dass im Harheimer Ried auch in Zukunft ein Stück der früheren Nidda-Aue erhalten werden kann.

Zusammenfassend lässt sich feststellen, dass die mit der Ausweisung der Frankfurter NSG verfolgten Ziele in unterschiedlichem Maße erreicht wurden. Dies gilt allgemein für Schutzgebiete. Ihre Pflege erfordert erheblichen, andauernden Aufwand sowie ständige Erfolgskontrolle und wird zusätzlich erschwert durch lokal nicht zu beeinflussende Faktoren wie z. B. den Nährstoffeintrag aus der Luft. Dennoch sind NSG auch in der Großstadt ein wichtiger Teil der Strategie, vielfältige Natur in städtischen Ballungsräumen zum Wohle der Einwohner zu erhalten.

Abb. 185: Die Gehölze des NSG „Riedwiesen bei Niederursel". Im Hintergrund die Autobahn A 661 und das Neubaugebiet Riedberg. Foto: I. Ottich.

Ausblick: Stadtnatur in der Zukunft
(unter Mitarbeit von Klaus Hoppe)

Frankfurt ist eine „grüne“ Stadt. Rund 15 % Waldanteil, 25 % landwirtschaftliche Nutzflächen, 6 % Erholungs- und 2 % Wasserflächen (Main und Nidda sind ein Glücksfall für Frankfurt!) sind beeindruckende Zahlen. Erfreulicherweise wird immer mehr die große Bedeutung der als „Stadtnatur“ zusammengefassten Flächen sehr unterschiedlicher Naturnähe für die physische und psychische Gesundheit der Menschen und ihr allgemeines Wohlbefinden begriffen. Von Manchen mit besonderer Beziehung zur Natur wurde dies schon lange postuliert. Andere halten auch aus einer mehr ökonomisch-funktionalen Sicht Natur in der Stadt mittlerweile für die Attraktivität eines Standorts („weicher Standortfaktor“) und das möglichst optimale „Funktionieren“ seiner Bewohner für unerlässlich.

Neben dem hohen Anteil an unversiegelten, mehr oder weniger naturnahen Flächen zeichnet Frankfurt am Main eine das ganze Stadtgebiet betreffende Planung zur Erhaltung und Entwicklung der Stadtnatur aus, der sogenannte „GrünGürtel“. Inspiriert von der Wallanlage, dem Alleenring und ersten Überlegungen in der May-Ära der 1920er wurde der GrünGürtel als dritter grüner Ring um die Kernstadt konzipiert. Unter Einbeziehung der bestehenden naturnahen Flächen wurde das Ziel eines das gesamte Stadtgebiet umspannenden Verbundes von Landschaften formuliert und 1991 von der Stadtverordnetenversammlung einstimmig beschlossen. Es wird seitdem umgesetzt und weiterentwickelt, so wurde der gesamte GrünGürtel 1994 zum Landschaftsschutzgebiet erklärt. Dieses Konzept hat mehrere entscheidende Vorteile: Neben einer langfristigen und das gesamte Stadtgebiet berücksichtigenden Perspektive hat der GrünGürtel auch bewirkt, dass die Diskussion um Wert und Nutzen von Stadtnatur nicht auf Einzelfälle reduziert (eine Grünfläche, ein Waldstück, einen Sandtrockenrasen), sondern stets bei Entwicklungsvorhaben auch die Wirkung auf den gesamten Stadtnatur-Verbund berücksichtigt wird. Nur vor dem Hintergrund ganzheitlicher Überlegungen kann der überproportionale Wert bestimmter Flächen, z. B. als Verbindungsglieder zwischen großen Waldstücken oder Grünflächen, erkannt werden.

Können wir uns in Frankfurt also zurücklehnen und mit dem Erreichten zufrieden sein, ja muss vielleicht sogar die kritische Hinterfragung und Prüfung von einerseits erwünschten Entwicklungen, die aber zu Lasten der Stadtnatur gehen, als überflüssig angesehen werden? Auf beide Fragen kann mit einem klaren „Nein, keinesfalls“ geantwortet werden.

Gerade Frankfurt am Main hat auch mit besonderen Gegebenheiten und Einschränkungen zu kämpfen, die das oben gesagte relativieren. Da ist zunächst einmal die Lage im riesigen Ballungsraum „Rhein-Main“ zu nennen, die eine völlig andere Zugänglichkeit und Verfügbarkeit von Natur bedingt. Naturnahe Landschaft, Erholung, Frischluft, etc. finden sich nicht „jenseits der Stadtgrenze“, sondern dort beginnt die ähnlich dicht besiedelte nächste Groß- oder Kleinstadt. Frankfurt ist in allen Richtungen von einem etwa 10–30 km breiten Ring stadtähnlicher Besiedelung umgeben und muss daher in ganz besonderem Maße selbst für das Vorhandensein von Stadtnatur innerhalb seiner Grenzen sorgen.

Frankfurt am Main ist das ökonomische Herz der Region und des Bundeslandes Hessen, ein Knotenpunkt des Luftverkehrs von globaler sowie

Abb. 186: Landwirtschaftliche Nutzflächen machen etwa ein Viertel des Frankfurter Stadtgebietes aus. Foto: I. Ottich.

des Straßen- und Schienenverkehrs von nationaler Bedeutung. Die wirtschaftliche Bedeutung bedingt zudem einen ganz außergewöhnlich hohen Pendlerverkehr. Die Erhaltung der Arbeitsplätze und damit der Lebensgrundlage vieler hunderttausend Menschen hängt unmittelbar ab von wirtschaftlicher und technologischer Entwicklung und Konkurrenzkraft der Frankfurter Wirtschaft (mittelbar natürlich auch von der Stadtnatur und der Balance „Leben und Arbeiten"). Wirtschaftliche Entwicklung ist in der Regel mit der Schaffung neuer Fabriken, Büros, Wohnungen, Straßen, Parkplätze etc. und damit Flächenverbrauch verbunden, der auch zuvor unversiegelte, naturnahe Flächen betrifft. Gerade viel diskutierte Großprojekte zeigen auf, dass dabei viele Aspekte sorgfältig abgewogen werden müssen und es in der Regel keine „einfachen" und „schmerzfreien" Antworten gibt. Es gehört zu den großen Herausforderungen der demokratischen Industriegesellschaft, in einem kritischen Diskurs die verschiedenen Güter und Optionen gegeneinander abzuwägen und dabei einen Konsens zu finden, der nicht nur die Interessen der heute lebenden und wahlberechtigten Bevölkerung angemessen berücksichtigt, sondern auch die der nachfolgenden Generationen. Genauso wichtig und schwierig ist auch die Gegenüberstellung von regionalen Interessen und überrregionalem Gemeinwohl.

Die Umnutzung, Versiegelung und Zerschneidung naturnaher Flächen ist ein Problem, dem sich alle Städte stellen müssen, für Frankfurt wiegt es aber aus oben genannten Gründen besonders schwer. Wie kann nun die unverzichtbare Stadtnatur in Frankfurt in ihrem Umfang und ihrer Vielfalt erhalten, vielleicht sogar weiterentwickelt werden? Wie kann der Nutzen für die Menschen vergrößert werden, ohne dass dies zu einer Verschlechterung der Qualität und Vielfalt führt? Wichtige Schritte und Instrumente dazu gibt es bereits:

1. ein umfassendes Konzept für Stadtnatur, seine Entwicklung und Erhaltung in Frankfurt liegt vor (s. o.);
2. Stadtplanung und -entwicklung fällen ihre Entscheidung auf der Basis aktueller Daten zur Biodiversität;
3. besonders wertvolle, naturnahe Bereiche werden geschützt und gepflegt;
4. die Folgen der Stadtentwicklung auf die Biodiversität werden analysiert.

Dennoch steht Stadtnatur mit ihrer meist nur mittelbar und langfristig wahrgenommenen Wirkung und Bedeutung oft auf verlorenem Posten gegenüber den sehr unmittelbar wirkenden ökonomischen Zwängen. Eine umfassende Entscheidung lässt sich am besten dadurch erreichen, dass das Wissen über Stadtnatur und ihre Bedeutung bei der Bevölkerung möglichst groß ist. Neben einem verantwortungsvolleren Umgang jedes Einzelnen mit den Lebensräumen, Pflanzen und Tieren vor unserer Haustür hat dies auch eine bessere Werteabschätzung zur Folge. Druckschriften, Informationsveranstaltungen, Pressearbeit, Führungen, spezielle Lernorte (z. B. Stadtwaldhaus), Unterrichtseinheiten und Exkursionen sind dabei probate, vielfach eingesetzte Mittel. Das Internet bietet weitere Möglichkeiten. Hier können umfassende und aktuelle Informationen zu Flora, Fauna und Lebensräumen in Frankfurt „online" zugänglich gemacht werden und gleichzeitig kann sich der interessierte Bürger an der Aktualisierung der Informationen beteiligen (z. B. durch die online-Meldung von Funden seltener Arten).

Abb. 187: Natur innerhalb der Stadtgrenze: Brachfläche in Bockenheim. Foto: I. Ottich.

Auch im Hinblick auf die „Neobiota" (eingewanderte, nicht einheimische Tier- und Pflanzenarten) nimmt Frankfurt eine Sonderstellung ein. Aufgrund seiner Bedeutung als internationale Verkehrsdrehscheibe erreichen ständig fremdländische Pflanzen und Tiere die Stadt. Das milde Klima Frankfurts erleichtert Arten aus wärmeren Gebieten Ansiedelung und Überleben. Die Stadt hat daher einen sehr hohen Anteil an anthropochoren (d. h. durch den Menschen zu uns gelangten) „Neobiota", bei den Blütenpflanzen sind es alleine rund 30 %. Viele der uns vertrauten Arten sind vor Jahrzehnten, Jahrhunderten oder gar Jahrtausenden in unser Gebiet eingewandert. Es gibt also einen kontinuierlichen Zustrom von Arten, der in den letzten Jahrzehnten deutlich zugenommen hat. Besonders aggressiv auftretende Vertreter geben gelegentlich Anlass zur Besorgnis (z. B. *Prunus serotina, Heracleum mantegazzianum, Reynoutria* spp., *Ambrosia artemi-*

siifolia). Nur in ganz wenigen Fällen hat sich jedoch daraus eine Bedrohung von bereits vorhandenen städtischen Lebensräumen und Arten ergeben. Sicher ist, dass die Einwanderung von Tieren und Pflanzen weiterhin erfolgen wird, wahrscheinlich in zunehmendem Umfang. Es ist notwendig, diese Veränderungen zu beobachten und Problemarten genauer zu untersuchen, um gegebenenfalls frühzeitig reagieren zu können. Insgesamt kann aber diese Dynamik im Vertrauen auf die Konkurrenzkraft der städtischen Flora und Fauna mit einer gewissen Gelassenheit beobachtet werden.

Es ist allgemein bekannt, dass der globale Klimawandel tiefgreifende Folgen u. a. für die Biodiversität und ihre weltweite Verteilung haben wird. Lassen sich die Folgen für die Stadtnatur in Frankfurt bereits abschätzen?

Eine Analyse der bisherigen Entwicklung bei den Pflanzen zeigt, dass die Flora viele Arten hinzugewonnen (in der Regel weltweit verbreitete Kulturfolger), aber auch einige Dutzend ehemals einheimischer Arten verloren hat. Ursache für Artenschwund im Stadtgebiet Frankfurt ist bisher praktisch alleine der Nutzungswandel, z. B. Trockenlegung und Bebauung von Flächen, Kanalisierung der Gewässer, Aufgabe extensiver Landwirtschaft, Einstellung der Waldweide und die Absenkung des Grundwasserspiegels im Stadtwald zur Trinkwasserförderung.

Auffällig ist, dass unter den „Neobiota" der letzten Jahrzehnte besonders viele wärmeliebende Arten sind. Diese Tendenz wird sich fortsetzen und schließlich ist damit zu rechnen, dass aufgrund der Temperaturveränderungen wärmeliebende Arten konkurrenzstärker werden und sich im Stadtgebiet stärker etablieren. Im Siedlungsgebiet werden diese klimatischen Effekte aber besonders stark von den menschlichen Störungen und Eingriffen überlagert.

Auch im vom Menschen geschaffenen Lebensraum „Stadt" unterliegt die Natur also einer nur beschränkt zu kontrollierenden und steuernden Dynamik. Zur Sicherung und Entwicklung von Stadtnatur bedarf es der angemessenen Berücksichtigung bei der Stadtplanung sowie gründlichen Kenntnis von Inventar und Wandel. Ganz entscheidend sind aber der verantwortungsvolle Umgang mit Natur in der Stadt und die Wertschätzung als unverzichtbares Gut durch jeden Einzelnen.

Abb. 188: Wie wird die Stadtnatur der Zukunft aussehen? Foto: I. Ottich.

Literatur

Abel, C. (2006): Phytodiversität ausgewählter Stillgewässer im Stadtgebiet Frankfurt am Main. — Unveröffentl. Examens-Arb., Universität Frankfurt am Main, 134 S.; Frankfurt am Main.

Bargon, E. (1979): Erläuterungen zur Bodenkarte von Hessen 1 : 25.000, Blatt 5818 Frankfurt a. M. Ost. — 94 S., 15 Tab., 15 Profile; Wiesbaden.

Barth, U. (2001): Fundmeldungen. Neufunde – Bestätigungen – Verluste. 786. – 796. Fundmeldung. — Botanik und Naturschutz in Hessen, **13**: 71–73.

Barth, U. (2002): Fundmeldungen. Neufunde – Bestätigungen – Verluste. 871. – 887. Fundmeldung. — Botanik und Naturschutz in Hessen, **15**: 157–160.

Barth, U. (2008): Fundmeldungen. Neufunde – Bestätigungen – Verluste. 658., 789., 1409. – 1435. Fundmeldung. — Botanik und Naturschutz in Hessen, **21**: 117–126.

Bauer, H.-G., Berthold, P., Boye, P., Knief, W., Südbeck, P. & Witt, K. (2002): Rote Liste der Brutvögel Deutschlands 3., überarbeitete Fassung. — Berichte zum Vogelschutz, **39**: 13–60.

Baumann, K. (1999): Gottfried Philipp Gärtner und die „Flora der Wetterau". — Courier Forschungsinstitut Senckenberg, **217**: 29–44.

Becker, J. (1827): Flora der Gegend um Frankfurt am Main. Erste Abtheilung. Phanerogamie. — 509 S.; Frankfurt am Main (Ludwig Reinherz).

Bergmeier, E. & Nowak, B. (1988): Rote Liste der Pflanzengesellschaften der Wiesen und Weiden in Hessen. — Vogel und Umwelt, **5**: 23–33.

Beutler, A., Geiger, A., Kornacker, P. M., Kühnel, K.-D., Laufer, H., Podloucky, R., Boye, P. & Dietrich, E. (1998): Rote Liste der Kriechtiere (Reptilia) und Rote Liste der Lurche (Amphibia) (Bearbeitungsstand: 1997). — Schriftenreihe Landschaftspflege Naturschutz, **55**: 48–52.

Bönsel, D. (2005): Dauerflächenuntersuchungen im Bereich des Berger Nord- und Südhanges. — Unveröffentlichtes Gutachten, 27 S.; Frankfurt am Main.

Bönsel, D. & Malten, A. (2006): Stellungnahme zur Gewässerrenaturierung des Sulzbaches am ehemaligen Höchster Freibad. — Unveröffentlichtes Gutachten, 7 S.; Frankfurt am Main.

Bönsel, D. & Malten, A. (2009): Begleituntersuchung zum Umbau der Nidda zwischen Bonames und Berkersheim. — Unveröffentlichtes Gutachten, 32 S.; Frankfurt am Main.

Bönsel, D., Wagner, S. & Malten, A. (2007): Biotoptypenschlüssel der Stadtbiotopkartierung Frankfurt am Main, 4. überarbeitete und ergänzte Fassung. Forschungsinstitut Senckenberg. — 57 S.; Frankfurt am Main. URL: http://www.senckenberg.de/files/content/forschung/abteilung/botanik/phanerogamen1/biotoptypenschlussel_2007.pdf

Bönsel, D., Ottich, I., Malten, A. & Zizka, G. (2008): An updated list of the vascular plants of Frankfurt am Main (Pteridophyta & Spermatophyta). — Senckenbergiana biologica, **88** (1): 111–121.

Burck, O. (1925): Veränderungen in der Flora Frankfurts seit Hundert Jahren. — Natur und Museum, **55**: 423–433.

Burck, O. (1956): Martin Dürer zum Gedenken. — Hessische Floristische Briefe, **5**(51): 1–2.

Buttler, K. P. (1994): Vermischte Notizen zur Benennung hessischer Pflanzen. Erster Nachtrag zum „Namensverzeichnis zur Flora der Farn- und Samenpflanzen Hessens". — Botanik und Naturschutz in Hessen, **7**: 37–54.

Buttler, K. P. (1997): Vermischte Notizen zur Benennung hessischer Pflanzen. Zweiter Nachtrag zum „Namensverzeichnis zur Flora der Farn- und Samenpflanzen Hessens“. — Botanik und Naturschutz in Hessen, **9**: 125–163.

Buttler, K. P. (1998): Vermischte Notizen zur Benennung hessischer Pflanzen. Dritter Nachtrag zum „Namensverzeichnis zur Flora der Farn- und Samenpflanzen Hessens“. — Botanik und Naturschutz in Hessen, **10**: 155–168.

Buttler, K. P. (1999): Vermischte Notizen zur Benennung hessischer Pflanzen. Vierter Nachtrag zum „Namensverzeichnis zur Flora der Farn- und Samenpflanzen Hessens“. — Botanik und Naturschutz in Hessen, **11**: 77–84.

Buttler, K. P. (2001): Vermischte Notizen zur Benennung hessischer Pflanzen. Fünfter Nachtrag zum „Namensverzeichnis zur Flora der Farn- und Blütenpflanzen Hessens“. — Botanik und Naturschutz in Hessen, **13**: 57–70.

Buttler, K. P. (2002): Vermischte Notizen zur Benennung hessischer Pflanzen. Sechster Nachtrag zum „Namensverzeichnis zur Flora der Farn- und Blütenpflanzen Hessens“. — Botanik und Naturschutz in Hessen, **15**: 143–155.

Buttler, K. P. (2004): Vermischte Notizen zur Benennung hessischer Pflanzen. Siebter Nachtrag zum „Namensverzeichnis zur Flora der Farn- und Blütenpflanzen Hessens“. — Botanik und Naturschutz in Hessen, **17**: 101–122.

Buttler, K. P. & Klein, W. (2000): Oekonomisch-technische Flora der Wetterau von G. Gaertner, Dr. B. Meyer und Dr. J. Scherbius. Taxonomie, Nomenklatur und Floristik: eine Auswertung des Gefäßpflanzenteils. — Jahresberichte der Wetterauer Gesellschaft für die Gesamte Naturkunde in Hanau, **149–151**: 1–494.

Buttler, K. P. & Schippmann, U. (1993): Namensverzeichnis zur Flora der Farn- und Samenpflanzen Hessens (Erste Fassung). — Botanik und Naturschutz in Hessen, **Beih. 6**: 1–476.

Buttler, K. P., Cezanne, R., Frede, A., Gregor, T., Hodvina, S. & Kubosch, R. (1997): Rote Liste der Farn- und Samenpflanzen Hessens (3. Fassung). — In: Hessisches Ministerium des Innern und für Landwirtschaft Forsten und Naturschutz (Hrsg.): Rote Liste der Pflanzen- und Tierarten Hessens, 152 S.; Wiesbaden („1996“).

Clusius, C. (1601): Rariorum plantarum historia. — CCCXLVIII + 6 + 364 S.; Antwerpen (Ioannes Moretus).

Deutscher Wetterdienst (1981): Das Klima von Hessen. Standortkarte im Rahmen der agrarstrukturellen Vorplanung. — Der Hessische Minister für Landesentwicklung, Umwelt, Landwirtschaft und Forsten; Wiesbaden.

Diehl, O. (1986): Schützt die Obstwiesen! Konsequenzen aus der Streuobstkartierung. — Vogel und Umwelt, **4**: 3–9.

Dierschke, H. & Briemle, G. (2002): Kulturgrasland. Wiesen, Weiden und verwandte Staudenfluren. — 239 S.; Stuttgart (Ulmer Verlag).

Dreher, P. & Sperber, H. (1989): Erfassung von Streuobstwiesen im Gebiet der Stadt Boppard und Vorschläge zur Erhaltung und Förderung. — Unveröffentlichtes Gutachten, 122 S.; Bad Kreuznach.

Ebert, W. & Langer, R. (1992): Frankfurter Stadtwald. — Broschüre des Forstamtes Frankfurt am Main, 68 S.; Frankfurt am Main.

Ellenberg, H. (1996): Vegetation Mitteleuropas mit den Alpen in ökologischer, dynamischer und historischer Sicht. — 5. Aufl., 1096 S.; Stuttgart (Ulmer Verlag).

Ellenberg, H. & Ellenberg, C. (1974): Wuchsklimagliederung von Hessen 1:200.000 auf pflanzenphänologischer Grundlage. — Hessischer Minister für Landwirtschaft und Umwelt, Wiesbaden.

Fellner, R. (1895): Beitrag zur Geschichte des Stadtwaldes von Frankfurt am Main. — Dissertation Ludwig-Maximilians-Universität München, 93 S.; München.

Fitschen, J. (1994): Gehölzflora. — 10., überarbeitete Auflage, ohne durchgehende Seitenzählung; Wiesbaden (Quelle & Meyer).

Forstamt der Stadt Frankfurt am Main (1993): Forsteinrichtung (Stichtag 01.01.1993). Erläuterungsbericht, 68 S.; Frankfurt am Main.

Fresenius, G. (1832/1833): Taschenbuch zum Gebrauche auf botanischen Excursionen in der Umgegend von Frankfurt a. M., enthaltend eine Aufzählung der wildwachsenden Phanerogamen, mit Erläuterungen und kritischen Bemerkungen im Anhange. — VI + 332 S. & 337–621; Frankfurt am Main (Heinr. Ludw. Brönner).

Gärtner, G., Meyer, B. & Scherbius, J. (1799–1802): Oekonomisch-technische Flora der Wetterau. — 1 (1799): I–XII, 1–532, 1 Karte; **2** (1800): I–II, 1–512; **3**(1) (1801): 1–438, 1–52; **3**(2) (1802): 1–391, 1–32; Frankfurt am Main, (Philipp Heinrich Guilhauman).

Gies, T., Braun, H., von Küchler, A., Baum, G., Freund, S., Löhr, M., Pfannschmidt, J. & Schipperges, B. (1988): Die Wirkung von Luftverunreinigungen unter ökologisch-vegetationskundlichem Aspekt. — Berichte des Zentrums für Umweltforschung, **8**: 1–66.

Golwer, A. & Semmel, A. (1980): Erläuterungen zur geologischen Karte von Hessen 1:25.000, Blatt 5917 Kelsterbach. — 221 S. + 3 Tafeln; Darmstadt (Hessischer Staatsverlag).

Goßner, M. & Simon, U. (2002): Introduced Douglas fir (Pseudotsuga menziesii (Mirb.) Franco) affects community structure of tree-crown dwelling beetles in a managed European forest. — Neobiota, **1**: 167–179.

Gregor, T. (1992): Hessische Magerrasen. — Botanik und Naturschutz in Hessen, **Beih. 4**: 50–64.

Gregor, T. (2002): Die Brombeeren des Schlitzerlandes und seiner Umgebung. — Botanik und Naturschutz in Hessen, **15**: 47–72.

Gregor, T. (2008): 1450. Fundmeldung. — Botanik und Naturschutz in Hessen, **21**: 129.

Härdtle, W., Heinken, T., Pallas, J. & Welss, W. (1997): Querco-Fagetea (H5) Sommergrüne Laubwälder, Teil 1: Quercion roboris, Bodensaure Eichenwälder. — In: Dierschke, H. (Hrsg.): Synopsis der Pflanzengesellschaften Deutschlands 2, Querco-Fagetea (H5). — Floristisch-Soziologische Arbeitsgemeinschaft, 51 S.; Göttingen (Selbstverlag).

Hallmen, M. & Wolf, H. (1993): Die Bienenfauna des "Berger Hanges" im Osten der Stadt Frankfurt am Main (Hymenoptera: Apidae). — Hessische Faunistische Briefe, **13**(4): 53–61.

Hegemeister, W. (1987): Erhaltet den Lebensraum Obstwiese. — Schriftenreihe „Wald und Umwelt" der Schutzgemeinschaft Deutscher Wald e.V., **22**: 1–46.

Heidt, E. & Huck, G. (1988): Lebensraum Obstwiese. — Naturschutzzentrum Hessen e.V., 25 S.; Wetzlar.

Heimen, H. & Riehm, P. (1987): Der Streuobstbau. — Arbeitsbericht des Fachbereiches Stadtplanung und Landschaftsplanung, **71**, 75 S.; Kassel.

Hemm, K., Frede, A., Kubosch, R., Mahn, D., Nawrath, S., Uebeler, M., Barth, U., Gregor, T., Buttler, K. P., Hand, R., Cezanne, R., Hodvina, S. & Huck, S. unter Mitarbeit von Gottschlich, G. & Jung, K. (2008): Rote Liste der Farn- und Samenpflanzen Hessens, 4. Fassung. — Hessisches Ministerium für Umwelt, ländlichen Raum und Verbraucherschutz (Hrsg.), 188 S.; Wiesbaden.

Hessisches Landesamt für Umwelt und Geologie (2000): Biologische Gewässergüte in Hessen 2000. — http://www.hlug.de/medien/wasser/gewaesserguete/biol/bi26_16.htm

Hessisches Landesamt für Umwelt und Geologie (2009): Umweltatlas Hessen. — http://www.umwelt.hessen.de/atlas/.

Hessisches Ministerium für Umwelt, Landwirtschaft und Forsten (2000): Erläuterungsbericht Gewässerstrukturgüte in Hessen 1999. — 52 S. + Karte; Wiesbaden.

Hölzel, N., Klingshirn, I. & Görge, K. (1999): Zustandsanalyse, Pflege- und Entwicklungskonzeption für die Streuobstbestände am „Berger Nordhang". — Unveröffentlichtes Gutachten, 43 S. + 14 Karten; Frankfurt am Main.

Hölzel, N., Koller, K. & Schmidt, J. (1997): Effizienzkontrolle naturschutzfachlicher Maßnahmen – Pilotstudie in den Streuobstwiesen der Gemeinde Maintal (Main-Kinzig-Kreis). — Unveröffentlichtes Gutachten, 112 S. + Anhang; Gießen.

Hölzinger, J. (1987): Die Vögel in Baden-Württemberg. Bd. 1: Gefährdung und Schutz, Teil 2: Artenschutzprogramm Baden-Württemberg, Artenhilfsprogramme, 725–1420. — Ludwigsburg (Ulmer Verlag).

Hormann, M., Korn, M., Enderlein, R., Kohlhaas, D. & Richarz, K. (1997): Rote Liste der bestandsgefährdeten Brutvogelarten Hessens (8. Fassung/April 1997). — Hessisches Ministerium des Innern und für Landwirtschaft Forsten und Naturschutz (Hrsg.), 44 S.; Wiesbaden.

Jedicke, E. (1996): Rote Liste der Säugetiere, Reptilien und Amphibien Hessens. Teilwerk III: Amphibien. (5. Fassung, Stand: September 1995). — In: Hessisches Ministerium des Innern und für Landwirtschaft, Forsten und Naturschutz (Hrsg.): Rote Liste der Säugetiere, Reptilien und Amphibien Hessens, 55 S.; Wiesbaden.

Jeschke, L. & Reichhoff, L. (1998): Heiden und Hutungen. — In: Wegener, U. (Hrsg.) (1998): Naturschutz in der Kulturlandschaft. Schutz und Pflege von Lebensräumen, 249–280; Jena, Stuttgart, Lübeck (Fischer Verlag).

Klausing, O. (1988): Die Naturräume Hessens mit Karte 1:200.000. — Umweltplanung, Arbeits- und Umweltschutz, H. 67, 2. Aufl., 43 S.; Wiesbaden.

Knapp, R. (1950/51): Vegetationskarte der Landschaftsschutzgebiete des Stadtkreises Frankfurt (Main). — Unveröffentlichtes Manuskript, 26 S. + 5 S. Legenden + 56 Karten. Frankfurt am Main.

Knoerzer, D. & Reif, A. (2002): Fremdländische Baumarten in deutschen Wäldern. — Neobiota, **1**: 27–36.

Knoerzer, D. (1999): Zur Naturverjüngung der Douglasie im Schwarzwald. Inventur und Analyse von Umwelt- und Konkurrenzfaktoren sowie eine naturschutzfachliche Bewertung. — Dissertationes Botanicae, **306**: 1–283.

Kobelt, W. (1912): Der Schwanheimer Wald. III. Die Pflanzenwelt. — Berichte der Senckenbergischen Naturforschenden Gesellschaft Frankfurt am Main, **43**: 255–286.

Kommission der Europäischen Gemeinschaft (1997): Entscheidung der Kommission vom 18. Dezember 1996 über das Formular für die Übermittlung von Informationen zu den im Rahmen von NATURA 2000 vorgeschlagenen Gebieten. — Rechtsvorschriften 97/266/EG: L 107/1–L 107/156.

Korneck, D. (1971): Dictamnus albus L. im Frankfurter Stadtwald. — Hessische Floristische Briefe, **20**(239): 51–55.

Korneck, D., Schnittler, M. & Vollmer, I. (1996): Rote Liste der Farn- und Blütenpflanzen (Pteridophyta et Spermatophyta) Deutschlands. — Schriftenreihe für Vegetationskunde, **28**: 21–187.

Korneck, D., Schnittler, M., Klingenstein, F., Ludwig, G., Takla, M., Bohn, U. & May, R. (1998): Warum verarmt unsere Flora? Auswertung der Roten

Liste der Farn- und Blütenpflanzen Deutschlands. — Schriftenreihe für Vegetationskunde, **29**: 299–444.

Kornprobst, M. (1994): Lebensraumtyp Streuobst. – Landschaftspflegekonzept Bayern, Band II.5 (Alpenistitut Bremen GmbH). — Bayerisches Staatsministerium für Landesentwicklung und Umweltfragen (StMLU) und Bayerische Akademie für Naturschutz und Landschaftspflege (ANL) (Hrsg.), 221 S.; München.

Kossler, G.-P., Lehr, G. & Seipel, K. (1991): Der korrigierte Fluss. Die Nidda zwischen Regulierung und Renaturierung. — 95 S.; Frankfurt am Main (Eigenverlag).

Kossler, G.-P., Peukert, M., Flechtner, G., Teck, H.-P. & Neubecker, J. (1991): Wald im Süden Frankfurts: Stadtwald, Gravenbruch, Mönchbruch. — 115 S.; Frankfurt am Main (Eigenverlag).

Kowalczyk, G., Kümmerle, E. & Semmel, A. (1999): Erläuterungen zur Geologischen Karte von Hessen 1:25.000, Blatt 5918 Neu-Isenburg, 3. Aufl. — Hessisches Landesamt für Bodenforschung, 208 S. + 2 Beibl.; Wiesbaden.

Lerner, F. (1950): Bilder zur Frankfurter Geschichte. — XIII + 383 S. + 2 Beilagen; Frankfurt am Main (Waldemar Kramer Verlag).

Malten, A.; Redeker, H. & Wagner, S. (1996): Rückbau des Hubschrauberlandeplatzes „Maurice-Rose-Airfield". — Unveröffentlichtes Gutachten, 9 S.; Frankfurt am Main.

Malten, A., Wagner, S. & Kramer, H. (1997): Erfolgskontrolle Berkersheimer Bogen, wissenschaftliche Begleituntersuchung zum naturnahen Umbau der Nidda in Frankfurt am Main zwischen Berkersheim und Bonames. — Unveröffentlichtes Gutachten, 74 S.; Frankfurt am Main.

Malten, A., Bönsel, D., Fehlow, M. & Zizka, G. (unter Mitarbeit von Barth, U., Böger, K., Brenner, U., Demuth-Birkert, M., Dietz, M., Grenz, M., Encarnaçao, J., König, A., Kreuziger, J., Möbus, K., Lang, J., Schach, S., Schweizer, S., Simon, O., Twelbeck, R., Vogt, C., Wagner, S., Weber, M., Wedra, C. & Zub, P.) (2003): Erfassung von Flora, Fauna und Biotoptypen im Umfeld des Flughafens Frankfurt am Main. Teil I Grundlagen, Teil II Untersuchungsgebiet Schwanheim, Teil III Untersuchungsgebiet Kelsterbach, Teil IV Untersuchungsgebiet Mörfelden, Teil V Arten und Biotope, Teil VI Tabellenanhang, Teil VI Karten. — 1065 S.; Frankfurt am Main. URL: www.senckenberg.de/biotopkartierung/flughafen. – Last accessed: 6.VI.2008

Manzke, W. (1993): Die Moosflora des Frankfurter Waldes. — Courier Forschungsinstitut Senckenberg, **162**: 1–105.

Mevius, W. & Wirth, H. (1973): Grundwasseranreicherung im Frankfurter Stadtwald. — Wasser und Boden, **3**: 56–58.

Müller-Knatz, J. (1910): Die Farnpfanzen in der Umgebung von Frankfurt a. M. — Abhandlungen der Senckenbergischen Naturforschenden Gesellschaft, **31**(1): 23–72.

Nawrath, S. (2002): Naturschutzgebiet „Am Berger Hang". — Geobotanische Kolloquien, **17**: 39–58.

Ott, J. & Piper, W. (1998): Rote Liste der Libellen (Odonata) (Bearbeitungsstand: 1997). — In: BfN (1998): Rote Liste gefährdeter Tiere Deutschlands. — Schriftenreihe Landschaftspflege Naturschutz, **55**: 260–263.

Ottich, I. (2007): Archäophyten und Neophyten im Stadtgebiet von Frankfurt am Main und ihre Auswirkungen auf die Biodiversität. — Dissertation, Universität Frankfurt am Main, 173 + 583 S.; Frankfurt am Main.

Ottich, I. & Bönsel, D. (2002): Pilotstudie: Untersuchung und Erfassung gewässerbegleitender Neophytenvorkommen an ausgewählten Fließgewässerabschnitten im Stadtgebiet Frankfurt am Main im Jahre 2002. — Unveröffentlichtes Gutachten, 16 S.; Frankfurt am Main.

Patrzich, R., Malten, A. & Nitsch, J. (1996): Rote Liste der Libellen (Odonata) Hessens. 1. Fassung, Stand: September 1995. — Hessisches Ministerium des Innern und für Landwirtschaft, Forsten und Naturschutz, 14 S.; Wiesbaden.

Plass, W. (1972): Erläuterungen zur Bodenkarte von Hessen 1 : 25.000, Blatt 5917 Kelsterbach. — Hessisches Landesamt für Bodenforschung, 206 S., 40 Tab.; Wiesbaden.

Quinger, B., Bräu, M. & Kornprobst, M. (1994): Lebensraumtyp Kalkmagerrasen – 2. Teilband: Landschaftspflegekonzept Bayern, Band II.1. — Bayerisches Staatsministerium für Landesentwicklung und Umweltfragen (StMLU) und Bayerische Akademie für Naturschutz und Landschaftspflege (ANL) (Hrsg.), 317 S.; München.

Rennwald, E. (Bearb.) (2000): Verzeichnis und Rote Liste der Pflanzengesellschaften Deutschlands. — Schriftenreihe für Vegetationskunde, **35**: 1–800.

Ringler, A., Rehding, G. & Bräu, M. (1994): Lebensraumtyp Bäche und Bachufer. – Landschaftspflegekonzept Bayern, Band II.19. — Bayerisches Staatsministerium für Landesentwicklung und Umweltfragen (StMLU) und Bayerische Akademie für Naturschutz und Landschaftspflege (ANL) (Hrsg.), 340 S.; München.

Rörig, A. (1905): Forstbotanisches Merkbuch des Waldes von Hessen-Nassau. — 209 S.; Berlin (Gebrüder Bornträger).

Rüblinger, B. (1988): Die Entwicklung des Obstbaues in Mitteleuropa. — Beiträge zur Naturkunde der Wetterau, **8**(1/2): 1–14.

Ruppert, K. (1960): Der Stadtwald als Wirtschafts- und Erholungswald. — 174 S.; München, Bonn, Wien (BLV).

Schwenzer, B. (1967): Die naturräumlichen Einheiten auf Blatt 139 Frankfurt am Main. Geographische Landesaufnahme 1:200.000, Naturräumliche Gliederung Deutschlands. — 35 S. + Anhang; Bad Godesberg (Bundesanstalt für Landeskunde und Raumforschung, Selbstverlag).

Semmel, A., (1980): Quartär. — In: Golwer, A. & Semmel, A. (Hrsg.): Erläuterungen zur Geologischen Karte von Hessen 1 : 25.000, Blatt Nr. 5917 Kelsterbach, 3. Auflage: 25–49; Wiesbaden.

Simon, L. (1992): Entwurf, Ergebnisse und Konsequenzen der wissenschaftlichen Begleituntersuchungen zum Biotopsicherungsprogramm „Streuobstwiesen“ des Landes Rheinland-Pfalz. — Beiträge zur Landespflege in Rheinland-Pfalz, **15**: 5–56.

Ssymank, A., Hauke, U., Rückriem, C. & Schröder, E. (1998): Das europäische Schutzgebietssystem NATURA 2000. BfN-Handbuch zur Umsetzung der Flora-Fauna-Habitat-Richtlinie (92/43/EWG) und der Vogelschutzrichtlinie (79/409/EWG). — Schriftenreihe Landschaftspflege Naturschutz, **53**: 1–560.

Stadt Frankfurt am Main – Der Magistrat – Umweltamt – Untere Naturschutzbehörde (1994): Rückbau des Hubschrauberlandeplatzes Maurice-Rose-Airfield Frankfurt-Bonames. Beseitigung der Betonfläche sowie Renaturierung des Geländes des ehem. Maurice-Rose-Airfield. — 5 S. + Anlagen; Frankfurt am Main.

Stadt Frankfurt am Main (1991): Streuobstwiesen. — Broschüre des Dezernats für Umwelt, Energie und Brandschutz, 35 S.; Frankfurt am Main.

Stadt Frankfurt am Main (2009): Statistisches Jahrbuch Frankfurt am Main 2008. — URL: http://www.frankfurt.de/sixcms/detail.php?id=3877&_ffmpar[_id_eltern]=2811

Stadt Frankfurt am Main, Umweltamt (2004): Stadtgewässer. Flüsse, Bäche, Altarme entdecken. — 96 S.; Frankfurt am Main.

Steidl, I. & Ringler, A. (1996): Lebensraumtyp Bodensaure Magerrasen. Landschaftspflegekonzept Bayern, Band II.3 (Alpeninstitut Bremen, GmbH). — Bayerisches Staatsministerium für Landesentwicklung und Umweltfragen (StMLU) und bayerische Akademie für Naturschutz und Landschaftspflege (ANL) (Hrsg.), 342 S.; München.

Technische Hochschule Darmstadt, Institut für Wasserwirtschaft und Wasserbau (1997): Flußmorphologische und hydraulische Anfangsbedingungen und die Entwicklungsdynamik nach Revitalisierung der Nidda im Berkersheimer Bogen. — Unveröffentlichtes Gutachten, 43 S.; Darmstadt.

Weber, H. E. (2005): Rubus pericrispatus Holub & Trávnícek, eine auch in Süddeutschland verbreitete Brombeere der Serie Discolores. — Berichte der Bayerischen Botanischen Gesellschaft, **75**: 73–78.

Wittig, R. (Hrsg.) (2002): Die Naturschutzgebiete in Frankfurt am Main. — Geobotanische Kolloquien, **17**: 1–90.

Wittig, R., Dittmann, C. & Lenker, K.-H. (2002): Naturschutzgebiet „Schwanheimer Düne". — Geobotanische Kolloquien, **17**: 13–38.

Wittig, R., Nawrath, S., Riechmann, H. & Uebeler, M., unter Mitarbeit von T. Linderhaus (2003): Grunddatenerfassung für Monitoring und Management der FFH-Gebiete im FFH-Gebiet 5818-301: Am Berger Hang. — Unveröffentlichtes Gutachten, 34 S. + 10 Karten; Frankfurt am Main.

Danksagung

Wir danken dem Umweltamt der Stadt Frankfurt am Main für die langjährige gute Zusammenarbeit. Die vorliegende Arbeit wurde durch das Forschungsförderprogramm „LOEWE – Landes-Offensive zur Entwicklung Wissenschaftlich-ökonomischer Exzellenz“ des Hessischen Ministeriums für Wissenschaft und Kunst gefördert.

Herrn Manfred Sattler danken wir für die Bereitstellung von Fotografien.

Anschrift der Autoren

Dipl.-Geogr. Dirk Bönsel
PD Dr. Thomas Gregor
Dipl.-Biol. Andreas Malten
Dr. Indra Ottich
Biotopkartierung
Abteilung Botanik
Senckenberg Forschungsinstitut
und Naturmuseum
Senckenberganlage 25
60325 Frankfurt am Main

Prof. Dr. Georg Zizka
Abteilung Botanik
Senckenberg Forschungsinstitut
und Naturmuseum
und Johann Wolfgang Goethe-Universität
Senckenberganlage 25
60325 Frankfurt am Main

Dipl.-Biol. Uwe M. Barth
Am Weinberg 7
36142 Tann (Rhön)

Kurt Baumann
Abteilung Botanik
Senckenberg Forschungsinstitut
und Naturmuseum
Senckenberganlage 25
60325 Frankfurt am Main

Dipl.-Ing. Klaus Hoppe
Umweltamt
Stadt Frankfurt am Main
Galvanistraße 28
60486 Frankfurt am Main

Anhang

Tabelle I: Liste der höheren Pflanzen, die bei Begehungen im April, Juni und August 2007 auf dem Gelände des Lönswäldchens nachgewiesen wurden. Die Nomenklatur der Pflanzen richtet sich nach dem Namensverzeichnis zur Flora der Farn- und Samenpflanzen Hessens (Buttler & Schippmann 1993) unter Berücksichtigung der bislang erschienenen Nachträge und Ergänzungen (Buttler 1994, 1997, 1998, 1999, 2001, 2002, 2004). Es wurden keine besonders geschützten oder deutschlandweit bedrohten Arten gefunden. In Hessen im Rückgang befindliche Arten (Vorwarnliste) sind fett gedruckt.

Agrostis capillaris (Rotes Straußgras)
Agrostis stolonifera (Weißes Straußgras)
Anthoxanthum odoratum (Gewöhnliches Ruchgras)
Betula pendula (Hänge-Birke)
Calamagrostis epigejos (Land-Reitgras)
Calluna vulgaris (Heidekraut)
Carex muricata agg. (Sparrige Segge)
Carex pilulifera (Pillen-Segge)
Carpinus betulus (Hainbuche)
Cytisus scoparius (Besenginster)
Danthonia decumbens **(Dreizahn)**
Deschampsia flexuosa (Draht-Schmiele)
Digitalis purpurea (Roter Fingerhut)
Euphorbia cyparissias (Zypressen-Wolfsmilch)
Fagus sylvatica (Buche)
Festuca filiformis (Grannenloser Schaf-Schwingel)
Festuca guestfalica (Harter Schaf-Schwingel)
Galium saxatile (Harzer Labkraut)
Herniaria glabra (Kahles Bruchkraut)
Holcus mollis (Weiches Honiggras)
Hypericum perforatum (Tüpfel-Johanniskraut)
Hypochaeris radicata (Gewöhnliches Ferkelkraut)
Juncus conglomeratus (Knäuel-Binse)
Linaria vulgaris (Gewöhnliches Leinkraut)
Luzula multiflora (Vielblütiges Hasenbrot)
Luzula pilosa (Behaarte Hainsimse)
Ononis repens **(Kriechende Hauhechel)**
Pinus sylvestris (Wald-Kiefer)
Poa compressa (Platthalm-Rispengras)
Quercus robur (Stiel-Eiche)
Quercus rubra (Rot-Eiche)
Rosa rubiginosa (Wein-Rose)
Rubus fruticosus agg. (Brombeere)
Rumex acetosella (Kleiner Sauerampfer)
Senecio inaequidens (Schmalblättriges Greiskraut)
Spergularia rubra (Rote Schuppenmiere)
Tanacetum vulgare (Rainfarn)
Taraxacum sectio *Ruderalia* (Wiesen-Löwenzähne)
Teucrium scorodonia (Salbei-Gamander)
Veronica officinalis (Wald-Ehrenpreis)
Viola canina **(Hunds-Veilchen)**
Vulpia myuros (Mäuseschwanz-Federschwingel)

Tabelle II: 1994–2007 im Bereich des ehemaligen Hubschrauberlandeplatzes nachgewiesene Gefäßpflanzen. Fett gedruckte Arten sind nach Bundesartenschutzverordnung besonders geschützt.

Acer negundo (Eschen-Ahorn)
Acer campestre (Feld-Ahorn)
Acer pseudoplatanus (Berg-Ahorn)
Achillea millefolium (Gewöhnliche Wiesenschafgarbe)
Aegopodium podagraria (Giersch)
Aethusa cynapium (Hundspetersilie)
Agrimonia eupatoria (Gewöhnlicher Odermennig)
Agrostis capillaris (Rotes Straußgras)
Agrostis stolonifera (Weißes Straußgras)
Ajuga reptans (Kriechender Günsel)
Alliaria petiolata (Lauchhederich)
Allium vineale (Weinbergs-Lauch)
Alopecurus myosuroides (Acker-Fuchsschwanz)
Alopecurus pratensis (Wiesen-Fuchsschwanz)
Amaranthus blitum (Aufsteigender Fuchsschwanz)
Amaranthus powellii (Grünähriger Fuchsschwanz)
Amaranthus albus (Weißer Fuchsschwanz)
Amaranthus hybridus agg. (Ausgebreiteter Fuchsschwanz)
Amaranthus retroflexus (Zurückgekrümmter Fuchsschwanz)
Anagallis arvensis (Acker-Gauchheil)
Angelica sylvestris (Wald-Engelwurz)
Anthoxanthum odoratum (Ruchgras)
Anthriscus sylvestris (Wiesen-Kerbel)
Arctium tomentosum (Filzige Klette)
Arctium lappa (Große Klette)
Arctium minus (Kleine Klette)
Arenaria serpyllifolia (Quendel-Sandkraut)
Arrhenatherum elatius (Glatthafer)
Artemisia vulgaris (Gewöhnlicher Beifuß)
Aster lanceolatus (Lanzettblättrige Aster)
Aster novi-belgii (Neu-Belgien-Aster)
Atriplex patula (Ruten-Melde)
Ballota nigra subsp. *nigra* (Schwarznessel)
Barbarea vulgaris (Echtes Barbarakraut)
Bellis perennis (Gänseblümchen)
Berteroa incana (Graukresse)
Berula erecta (Aufrechter Merk)
Betula pendula (Hänge-Birke)
Bidens frondosa (Schwarzfrüchtiger Zweizahn)
Brassica napus (Raps)
Bromus inermis (Unbewehrte Trespe)
Bromus hordeaceus (Weiche Trespe)
Bromus sterilis (Taube Trespe)
Bromus tectorum (Dach-Trespe)
Buddleja davidii (Schmetterlingsflieder)
Callitriche spec. (Wasserstern)
Calystegia sepium (Gewöhnliche Zaunwinde)
Campanula patula (Wiesen-Glockenblume)
Campanula rotundifolia (Rundblättrige Glockenblume)
Capsella bursa-pastoris (Gewöhnliches Hirtentäschel)
Cardamine pratensis (Wiesen-Schaumkraut)
Cardamine hirsuta (Behaartes Schaumkraut)
Carduus acanthoides (Weg-Distel)
Carduus crispus (Krause Distel)
Carex spicata (Dichtährige Segge)
Carex acuta (Schlank-Segge)
Carex acutiformis (Sumpf-Segge)
Carex disticha (Kamm-Segge)
Carex elongata (Walzen-Segge)
Carex flacca (Blau-Segge)
Carex hirta (Behaarte Segge)
Carex panicea (Hirsen-Segge)
Carex paniculata (Rispen-Segge)
Catalpa bignonioides (Gewöhnlicher Trompetenbaum)
Centaurea jacea (Wiesen-Flockenblume)
***Centaurium pulchellum* (Kleines Tausendgüldenkraut)**
Cerastium semidecandrum (Sand-Hornkraut)
Cerastium arvense (Acker-Hornkraut)

Cerastium glomeratum (Knäuel-Hornkraut)
Cerastium glutinosum (Bleiches Hornkraut)
Cerastium holosteoides (Gewöhnliches Hornkraut)
Chaenorrhinum minus (Kleines Leinkraut)
Chaerophyllum bulbosum (Rüben-Kälberkropf)
Chenopodium album (Weißer Gänsefuß)
Chenopodium ficifolium (Feigenblättriger Gänsefuß)
Chenopodium glaucum (Graugrüner Gänsefuß)
Chenopodium hybridum (Unechter Gänsefuß)
Chenopodium pumilio (Australischer Gänsefuß)
Chenopodium polyspermum (Vielsamiger Gänsefuß)
Cichorium intybus (Wegwarte)
Cirsium arvense (Acker-Kratzdistel)
Cirsium oleraceum (Kohl-Kratzdistel)
Cirsium vulgare (Gewöhnliche Kratzdistel)
Colchicum autumnale (Herbst-Zeitlose)
Convolvulus arvensis (Acker-Winde)
Conyza canadensis (Kanadischer Katzenschweif)
Cornus sanguinea (Roter Hartriegel)
Crataegus monogyna (Eingriffeliger Weißdorn)
Crataegus laevigata (Zweigriffeliger Weißdorn)
Crepis capillaris (Grüner Pippau)
Crepis biennis (Wiesen-Pippau)
Dactylis glomerata (Wiesen-Knäuelgras)
Datura stramonium (Gewöhnlicher Stechapfel)
Daucus carota (Wilde Möhre)
Deschampsia cespitosa (Rasen-Schmiele)
***Dianthus deltoides* (Heide-Nelke)**
Digitaria sanguinalis (Blut-Fingergras)
Dipsacus fullonum (Wilde Kardendistel)
Dittrichia graveolens (Klebriger Alant)
Echinochloa crus-galli (Gewöhnliche Hühnerhirse)
Echium vulgare (Stolzer Heinrich)
Elymus repens (Kriechende Quecke)
Epilobium angustifolium (Wald-Weidenröschen)
Epilobium brachycarpum (Kurzfrüchtiges Weidenröschen)
Epilobium parviflorum (Bach-Weidenröschen)
Epilobium ciliatum (Drüsiges Weidenröschen)
Epilobium hirsutum (Zottiges Weidenröschen)
Epilobium tetragonum subsp. *lamyi* (Lamys Weidenröschen)
Epilobium tetragonum subsp. *tetragonum* (Vierkantiges Weidenröschen)
Equisetum arvense (Acker-Schachtelhalm)
Eragrostis minor (Kleines Liebesgras)
Erigeron annuus s.l. (Einjähriger Feinstrahl)
Erodium cicutarium (Gewöhnlicher Reiherschnabel)
Erophila verna (Frühlings-Hungerblümchen)
Erysimum cheiranthoides (Acker-Schöterich)
Eupatorium cannabinum (Wasserdost)
Euphorbia helioscopia (Sonnenwend-Wolfsmilch)
Fallopia convolvulus (Gewöhnlicher Windenknöterich)
Festuca arundinacea (Rohr-Schwingel)
Festuca ovina s.l. (Echter Schaf-Schwingel)
Festuca pratensis (Wiesen-Schwingel)
Festuca rubra (Echter Rot-Schwingel)
Filipendula ulmaria (Mädesüß)
Fraxinus excelsior (Esche)
Fumaria officinalis (Gebräuchlicher Erdrauch)
Galinsoga parviflora (Kleinblütiges Franzosenkraut)
Galium album (Weißes Wiesenlabkraut)
Galium aparine (Gewöhnliches Klebkraut)
Galium verum s.l. (Echtes Labkraut)
Geranium aequale (Glattfrüchtiger Storchschnabel)
Geranium columbinum (Tauben-Storchschnabel)
Geranium molle (Weicher Storchschnabel)
Geranium palustre (Sumpf-Storchschnabel)
Geranium pratense (Wiesen-Storchschnabel)
Geranium pusillum (Kleiner Storchschnabel)
Geum urbanum (Echte Nelkenwurz)
Glechoma hederacea (Gundelrebe)
Glyceria maxima (Wasser-Schwaden)
Gnaphalium uliginosum (Sumpf-Ruhrkraut)

Heracleum sphondylium (Wiesen-Bärenklau)
Herniaria glabra (Kahles Bruchkraut)
Hieracium pilosella (Kleines Habichtskraut)
Holcus lanatus (Wolliges Honiggras)
Hordeum murinum (Mäusegerste)
***Hottonia palustris* (Wasserfeder)**
Humulus lupulus (Hopfen)
Hypericum maculatum s. l. (Geflecktes Johanniskraut)
Hypericum perforatum (Echtes Johanniskraut)
Hypericum tetrapterum (Geflügeltes Johanniskraut)
Hypochaeris radicata (Gewöhnliches Ferkelkraut)
***Iris pseudacorus* (Sumpf-Schwertlilie)**
Juglans regia (Walnuss)
Juncus bufonius (Kröten-Binse)
Juncus articulatus (Glanzfrüchtige Binse)
Juncus compressus (Platthalm-Binse)
Juncus inflexus (Blaugrüne Binse)
Juncus tenuis (Zarte Binse)
Lactuca serriola (Kompass-Lattich)
Lamium album (Weiße Taubnessel)
Lamium amplexicaule (Stängelumfassende Taubnessel)
Lamium purpureum (Rote Taubnessel)
Lapsana communis (Rainkohl)
Lathyrus pratensis (Wiesen-Platterbse)
Lemna minuta (Kleinste Wasserlinse)
Lemna minor (Kleine Wasserlinse)
Lemna trisulca (Dreifurchige Wasserlinse)
Leontodon autumnalis (Herbst-Löwenzahn)
Leucanthemum ircutianum (Wiesen-Margerite)
Linaria vulgaris (Gewöhnliches Leinkraut)
Lolium perenne (Ausdauernder Lolch)
Lotus corniculatus (Gewöhnlicher Hornklee)
Lotus uliginosus (Sumpf-Hornklee)
Lychnis flos-cuculi (Kuckucks-Lichtnelke)
Lycopus europaeus (Ufer-Wolfstrapp)
Lysimachia vulgaris (Gewöhnlicher Gilbweiderich)
Lysimachia nummularia (Pfennigkraut)
Lythrum salicaria (Blut-Weiderich)
Malva moschata (Moschus-Malve)
Matricaria discoidea (Strahlenlose Kamille)
Medicago lupulina (Hopfenklee)
Melilotus albus (Weißer Steinklee)
Mentha arvensis (Acker-Minze)
Mentha longifolia (Ross-Minze)
***Menyanthes trifoliata* (Fieberklee)**
Mercurialis annua (Einjähriges Bingelkraut)
Milium effusum (Flattergras)
Myosotis ramosissima (Hügel-Vergissmeinnicht)
Myosotis arvensis (Acker-Vergissmeinnicht)
Narcissus pseudonarcissus (Gelbe Narzisse)
Nasturtium officinale (Echte Brunnenkresse)
Odontites vulgaris (Roter Zahntrost)
Oenothera glazioviana (Rotgestreifte Nachtkerze)
Oenothera pycnocarpa (Dickfrüchtige Nachtkerze)
Oenothera x *fallax* (Täuschende Nachtkerze)
Oenothera biennis (Gewöhnliche Nachtkerze)
Papaver dubium subsp. *dubium* (Saat-Mohn)
Papaver rhoeas (Klatsch-Mohn)
Pastinaca sativa (Pastinak)
Phalaris arundinacea (Rohr-Glanzgras)
Phleum pratense (Gewöhnliches Wiesen-Lieschgras)
Phragmites australis (Schilf)
Picris hieracioides (Gewöhnliches Bitterkraut)
Plantago lanceolata (Spitz-Wegerich)
Plantago major subsp. *intermedia* (Vielsamiger Wegerich)
Plantago major subsp. *major* (Breit-Wegerich)
Plantago media (Mittlerer Wegerich)
Poa annua (Einjähriges Rispengras)
Poa compressa (Flaches Rispengras)
Poa pratensis (Gewöhnliches Wiesen-Rispengras)
Poa trivialis (Gewöhnliches Rispengras)
Polygonum arenastrum (Gewöhnlicher Vogelknöterich)
Polygonum aviculare (Echter Vogelknöterich)
Polygonum bistorta (Wiesen-Knöterich)

Polygonum amphibium (Wasser-Knöterich)
Polygonum lapathifolium (Ampfer-Knöterich)
Polygonum persicaria (Floh-Knöterich)
Populus balsamifera (Balsam-Pappel)
Populus tremula (Espe)
Populus alba (Silber-Pappel)
Populus canadensis (Kanadische Pappel)
Portulaca oleracea (Portulak)
Potentilla norvegica (Norwegisches Fingerkraut)
Potentilla anserina (Gänse-Fingerkraut)
Potentilla argentea (Silber-Fingerkraut)
Potentilla recta (Hohes Fingerkraut)
Potentilla reptans (Kriechendes Fingerkraut)
Potentilla supina (Niedriges Fingerkraut)
Prunella vulgaris (Kleine Brunelle)
Prunus avium (Vogel-Kirsche)
Prunus padus (Gewöhnliche Traubenkirsche)
Prunus spinosa (Schlehe)
Pulicaria dysenterica (Ruhr-Flohkraut)
Quercus robur (Stiel-Eiche)
Ranunculus acris (Scharfer Hahnenfuß)
Ranunculus auricomus agg. (Gold-Hahnenfuß)
Ranunculus ficaria (Scharbockskraut)
Ranunculus repens (Kriechender Hahnenfuß)
Raphanus raphanistrum (Hederich)
Reseda lutea (Wilde Resede)
Reseda luteola (Färber-Resede)
Robinia pseudoacacia (Robinie)
Rorippa palustris (Gewöhnliche Sumpfkresse)
Rosa rubiginosa (Wein-Rose)
Rosa canina (Echte Hundsrose)
Rubus caesius (Kratzbeere)
Rubus armeniacus (Armenische Brombeere)
Rumex acetosa (Wiesen-Sauerampfer)
Rumex acetosella (Kleiner Sauerampfer)
Rumex crispus (Krauser Ampfer)
Rumex hydrolapathum (Riesen-Ampfer)
Rumex obtusifolius (Gewöhnlicher Stumpfblatt-Ampfer)
Sagina procumbens (Niederliegendes Mastkraut)
Sagittaria latifolia (Breitblättriges Pfeilkraut)
Sagittaria sagittifolia (Gewöhnliches Pfeilkraut)
Salix x *rubens* (Fahl-Weide)
Salix alba (Silber-Weide)
Salix caprea (Sal-Weide)
Salix cinerea (Grau-Weide)
Salix purpurea (Purpur-Weide)
Salix viminalis (Korb-Weide)
Sambucus nigra (Schwarzer Holunder)
Sanguisorba officinalis (Großer Wiesenknopf)
Saponaria officinalis (Gewöhnliches Seifenkraut)
Saxifraga tridactylites (Dreifinger-Steinbrech)
Scirpus sylvaticus (Wald-Simse)
Scrophularia nodosa (Knotige Braunwurz)
Scrophularia umbrosa (Geflügelte Braunwurz)
Securigera varia (Bunte Kronwicke)
Sedum album (Weiße Fetthenne)
Senecio erucifolius (Raukenblättriges Greiskraut)
Senecio jacobaea (Jacobs-Greiskraut)
Senecio vernalis (Frühlings-Kreuzkraut)
Senecio viscosus (Klebriges Kreuzkraut)
Senecio vulgaris (Gewöhnliches Kreuzkraut)
Silaum silaus (Wiesensilge)
Silene dioica (Tag-Lichtnelke)
Silene latifolia subsp. *alba* (Weiße Lichtnelke)
Silene vulgaris (Gewöhnlicher Taubenkropf)
Sinapis arvensis (Acker-Senf)
Sisymbrium officinale (Weg-Rauke)
Solanum dulcamara (Bittersüßer Nachtschatten)
Solanum nigrum subsp. *schultesii* (Schultes' Nachtschatten)
Solidago canadensis (Kanadische Goldrute)
Sonchus asper (Rauhe Gänsedistel)
Sonchus oleraceus (Kohl-Gänsedistel)
Sorbus aucuparia (Eberesche)
Spergularia rubra (Rote Schuppenmiere)
Spirodela polyrhiza (Vielwurzelige Teichlinse)
Stachys palustris (Sumpf-Ziest)
Stellaria pallida (Bleiche Vogelmiere)
Stellaria aquatica (Wassermiere)

Stellaria graminea (Gras-Sternmiere)
Stellaria media (Gewöhnliche Vogelmiere)
Symphytum officinale (Arznei-Beinwell)
Tanacetum vulgare (Rainfarn)
Taraxacum sectio *Ruderalia* (Wiesen-Löwenzahn)
Thlaspi arvense (Acker-Hellerkraut)
Trifolium arvense (Hasen-Klee)
Trifolium campestre (Feld-Klee)
Trifolium dubium (Kleiner Klee)
Trifolium pratense (Rot-Klee)
Trifolium repens (Weiß-Klee)
Tripleurospermum perforatum (Geruchlose Kamille)
Tussilago farfara (Huflattich)
Typha angustifolia (Schmalblättriger Rohrkolben)
Typha latifolia (Breitblättiger Rohrkolben)
Urtica urens (Kleine Brennnessel)
Urtica dioica (Große Brennnessel)
Valeriana officinalis agg. (Arznei-Baldrian)
Valerianella carinata (Gekielter Feldsalat)
Valerianella locusta (Echter Feldsalat)
Verbascum lychnitis (Mehlige Königskerze)
Verbascum phlomoides (Windblumen-Königskerze lutea)
Verbascum thapsus (Kleinblütige Königskerze)
Verbena officinalis (Gewöhnliches Eisenkraut)
Veronica sublobata (Hecken-Ehrenpreis)
Veronica anagallis-aquatica (Blauer Wasser-Ehrenpreis)
Veronica arvensis (Feld-Ehrenpreis)
Veronica chamaedrys (Gamander-Ehrenpreis)
Veronica persica (Persischer Ehrenpreis)
Veronica polita (Glänzender Ehrenpreis)
Veronica serpyllifolia (Quendel-Ehrenpreis)
Vicia sepium (Zaun-Wicke)
Vicia villosa (Zottel-Wicke)
Vicia angustifolia (Schmalblättrige Futterwicke)
Vicia cracca (Vogel-Wicke)
Vicia hirsuta (Behaarte Wicke)
Vicia tetrasperma (Viersamige Wicke)
Viola arvensis (Acker-Stiefmütterchen)
Viola hirta (Rauhhaariges Veilchen)
Viola reichenbachiana (Wald-Veilchen)
Vola odorata (Wohlriechendes Veilchen)
Vulpia myuros (Mäuseschwanz-Federschwingel)

Tabelle III: Liste der 2004 und 2005 auf dem Gelände des Alten Flugplatzes nachgewiesenen Vogelarten.
BNG = Schutzstatus nach Bundesnaturschutzgesetz
Schutzkategorien: b = besonders geschützt; s = streng geschützt
RLD = Einstufung in die Rote Liste Deutschland (Bauer et al. 2002)
RLH = Einstufung in die Rote Liste Hessen (Hormann et al. 1997)
Gefährdungskategorien: 0 = ausgestorben oder verschollen, 1 = vom Aussterben bedroht, 2 = stark gefährdet, 3 = gefährdet, V = Vorwarnliste
Status:
BV = Brutvogel, G = Gast, Ü = Überflieger
* = Mitteilung von I. Grabow

Art	BNG	RLD	RLH	Status 2004	Status 2005
Amsel (*Turdus merula*)	b			BV	BV
Bachstelze (*Motacilla alba*)	b			BV	BV
Bekassine (*Gallinago gallinago*)	s	1	2	G	G
Blaumeise (*Parus caeruleus*)	b			BV	BV
Bluthänfling (*Carduelis cannabina*)	b	V		G	G
Braunkehlchen (*Saxicola rubetra*)	b	3	2	G	G
Brachpieper (*Anthus campestris*)	s	2	1	G	
Bruchwasserläufer (*Tringa glareola*)	s	0			G
Buchfink (*Fringilla coelebs*)	b			BV	BV
Dorngrasmücke (*Sylvia communis*)	b		V	BV	BV
Eisvogel (*Alcedo atthis*)	s	V	3	G	G
Eichelhäher (*Garrulus glandarius*)	b			G	G
Elster (*Pica pica*)	b			BV	BV
Fasan (*Phasianus colchicus*)	b			BV	BV
Feldlerche (*Alauda arvensis*)	b	V	V	BV	BV
Feldschwirl (*Locustella naevia*)	b		V	BV	BV
Feldsperling (*Passer montanus*)	b	V	V	BV	BV
Flussregenpfeifer (*Charadrius dubius*)	s		3		G
Flussuferläufer (*Tringa hypoleuca*)	s	1	2		G
Gartengrasmücke (*Sylvia borin*)	b			BV	BV
Gartenrotschwanz (*Phoenicurus phoenicurus*)	b	V	3	BV	BV
Girlitz (*Serinus serinus*)	b			G	G
Goldammer (*Emberiza citrinella*)	b			BV	BV
Graureiher (*Ardea cinerea*)	b			G	G
Grünling (*Carduelis chloris*)	b			BV	BV
Grünspecht (*Picus viridis*)	s	V	V	BV	BV
Hausrotschwanz (*Phoenicurus ochruros*)	b			BV	BV
Haussperling (*Passer domesticus*)	b		V	BV	BV

Art	BNG	RLD	RLH	Status 2004	Status 2005
Heckenbraunelle (*Prunella modularis*)	b			BV	BV
Kiebitz (*Vanellus vanellus*)	s	2	2		G
Knäkente (*Anas querquedula*)	b	2	1		G
Kohlmeise (*Parus major*)	b			BV	BV
Kuckuck (*Cuculus canorus*)	b	V	V	BV	BV
Mauersegler (*Apus apus*)	b	V		G	G
Mäusebussard (*Buteo buteo*)	s			BV	BV
Mehlschwalbe (*Delichon urbica*)	b	V	3	G	G
Misteldrossel (*Turdus viscivorus*)	b			G	
Mönchsgrasmücke (*Sylvia atricapilla*)	b			BV	BV
Nachtigall (*Luscinia megarhynchos*)	b			BV	BV
Nilgans (*Alopochen aegyptiacus*)					G
Rabenkrähe (*Corvus corone corone*)	b			BV	G
Rauchschwalbe (*Hirundo rustica*)	b	V	3	G	G
Ringeltaube (*Columba palumbus*)	b			BV	BV
Rohrammer (*Emberiza schoeniclus*)	b			BV	BV
Rotkehlchen (*Erithacus rubecula*)	b			BV	BV
Rotmilan (*Milvus milvus*)	s	V		Ü	
Schafstelze (*Motacilla flava*)	b	V	V		G
Singdrossel (*Turdus philomelos*)	b			BV	BV
Sperber (*Accipiter nisus*)	s			G	
Star (*Sturnus vulgaris*)	b			G	G
Steinschmätzer (*Oenanthe oenanthe*)	b	2	1	BV?	
Stieglitz (*Carduelis carduelis*)	b			BV	G
Stockente (*Anas platyrhynchos*)	b			BV	BV
Straßentaube (*Columba livia* f. *domestica*)				G	G
Sumpfrohrsänger (*Acrocephalus palustris*)	b			BV	BV
Teichrohrsänger (*Acrocephalus scirpaceus*)	b		V	BV	BV
Turmfalke (*Falco tinnunculus*)	s			BV	BV
Tüpfelralle (*Porzana porzana*)*	s	1	1		G
Uferschwalbe (*Riparia riparia*)	s	V	V		G
Waldwasserläufer (*Tringa ochropus*)	s		0		G
Wasserralle (*Rallus aquaticus*)	b		3		G
Weißstorch (*Ciconia ciconia*)*	b	3	1		G
Wiesenpieper (*Anthus pratensis*)	b			G	G
Wacholderdrossel (*Turdus pilaris*)	b		V	BV	BV
Zaunkönig (*Troglodytes troglodytes*)	b			BV	BV
Zilpzalp (*Phylloscopus collybita*)	b			BV	BV

Tabelle IV: Liste der 2005 auf dem Alten Flugplatz festgestellten Libellenarten.
BNG = Schutzstatus nach Bundesnaturschutzgesetz
Schutzkategorien: b = besonders geschützt
RLD = Rote Liste Deutschland (Ott & Piper 1998)
RLH = Rote Liste Hessen (Patrzich et al. 1996)
Gefährdungskategorien: 2 = stark gefährdet, 3 = gefährdet, V = Vorwarnliste
Häufigkeitsklassen (Tagesmaxima der Individuen):
I = 1, II = 2–5, III = 6–10, IV = 11–20, V = 21–50, VI = 51–100, VII = > 100

Art	BNG	RLD	RLH	max. Häufigkeit
Becher-Azurjungfer (*Enallagma cyathigerum*)	b			V
Blaugrüne Mosaikjungfer (*Aeshna cyanea*)	b			II
Blutrote Heidelibelle (*Sympetrum sanguineum*)	b			IV
Feuerlibelle (*Crocothemis erythraea*)	b			II
Frühe Adonislibelle (*Pyrrhosoma nymphula*)	b			IV
Frühe Heidelibelle (*Sympetrum fonscolombii*)	b			I
Gefleckte Heidelibelle (*Sympetrum flaveolum*)	b	3	3	II
Gemeine Binsenjungfer (*Lestes sponsa*)	b			I
Gemeine Heidelibelle (*Sympetrum vulgatum*)	b			III
Gemeine Winterlibelle (*Sympecma fusca*)	b	3	3	IV
Große Heidelibelle (*Sympetrum striolatum*)	b			IV
Große Königslibelle (*Anax imperator*)	b			III
Große Pechlibelle (*Ischnura elegans*)	b			VI
Großer Blaupfeil (*Orthetrum cancellatum*)	b			V
Herbst-Mosaikjungfer (*Aeshna mixta*)	b			II
Hufeisen-Azurjungfer (*Coenagrion puella*)	b			V
Kleine Pechlibelle (*Ischnura pumilio*)	b	3	2	VII
Plattbauch (*Libellula depressa*)	b			III
Schwarze Heidelibelle (*Sympetrum danae*)	b		V	I
Südliche Binsenjungfer (*Lestes barbarus*)	b	2	2	I
Südlicher Blaupfeil (*Orthetrum brunneum*)	b	3	2	IV
Vierfleck (*Libellula quadrimaculata*)	b			III

Tabelle V: Liste der zwischen 2001 und 2005 auf dem Gebiet des Frankfurter Stadtwaldes nachgewiesenen Pflanzenarten und der Biotoptypen, in denen die einzelnen Arten angetroffen wurden. Hierbei bedeutet:
W = Wald (inkl. Vorwald)
G = Gehölz
H = Fließ- und Stillgewässer
F = Feuchtwiesen/Hochstaudenfluren
S/R = Seggenrieder/Röhrichte
S = Straßen-, Bahn-, Weg- und Waldsäume
Fh = Friedhöfe
R = Ruderalstandorte
St = Streuobstwiesen/Grünland/-brachen
M = Magerrasen
A = Äcker/Ackerbrachen
In der letzten Spalte sind Arten gekennzeichnet, die im Untersuchungsgebiet nur kultiviert angetroffen wurden (kult.) bzw. deren Vorkommen aus der Literatur bekannt ist, aber aktuell nicht bestätigt wurde (Lit.).

Art	W	G	H	F	S/R	S	Fh	R	St	M	A	Sonstige
Abies alba (Weiß-Tanne)												kult.
Abies grandis (Riesen-Tanne)												kult.
Acer campestre (Feld-Ahorn)	x	x				x						
Acer platanoides (Spitz-Ahorn)	x	x										
Acer pseudoplatanus (Berg-Ahorn)	x	x										
Acer saccharum (Zucker-Ahorn)												kult.
Achillea millefolium (Gewöhnliche Wiesenschafgarbe)						x			x	x		
Achillea nobilis (Edle Schafgarbe)						x						
Achillea ptarmica (Sumpf-Schafgarbe)				x								
Acinos arvensis (Steinquendel)						x				x		
Acorus calamus (Kalmus)												Lit.
Actaea spicata (Christophskraut)												Lit.
Adoxa moschatellina (Moschuskraut)	x											
Aegopodium podagraria (Giersch)	x					x		x				
Aesculus hippocastanum (Gewöhnliche Rosskastanie)	x											
Aethusa cynapium (Hundspetersilie)						x						
Agrostis capillaris (Rotes Straußgras)	x					x		x	x	x		
Agrostis stolonifera (Weißes Straußgras)						x		x	x			
Agrostis vinealis (Sand-Straußgras)						x		x				
Ailanthus altissima (Götterbaum)		x				x						
Aira caryophyllea (Nelken-Schmielenhafer)						x		x		x		
Aira praecox (Früher Schmielenhafer)						x			x			
Ajuga genevensis (Genfer Günsel)						x		x				
Ajuga reptans (Kriechender Günsel)						x						
Alisma plantago-aquatica (Gewöhnlicher Froschlöffel)												Lit.

Art	W	G	H	F	S/R	S	Fh	R	St	M	A	Sonstige
Alliaria petiolata (Lauchhederich)	x					x		x				
Allium angulosum (Kantiger Lauch)												Lit.
Allium paradoxum (Seltsamer Lauch)	x											
Allium schoenoprasum (Schnittlauch)								x				
Allium ursinum (Bärlauch)	x											
Allium vineale (Weinbergs-Lauch)									x			
Alnus glutinosa (Schwarz-Erle)	x											
Alnus incana (Grau-Erle)												kult.
Alopecurus pratensis (Wiesen-Fuchsschwanz)									x			
Amaranthus blitoides (Westamerikanischer Fuchsschwanz)								x				
Amaranthus hybridus (Ausgebreiteter Fuchsschwanz)								x				
Amaranthus retroflexus (Rauhhaariger Fuchsschwanz)								x				
Amelanchier lamarckii (Kanadische Felsenbirne)		x										
Anagallis arvensis (Acker-Gauchheil)								x				
Anchusa arvensis (Acker-Krummhals)								x				
Anchusa officinalis (Gewöhnliche Ochsenzunge)								x				
Anemone nemorosa (Busch-Windröschen)	x											
Anemone ranunculoides (Gelbes Windröschen)	x											
Anemone sylvestris (Großes Windröschen)												Lit.
Angelica archangelica (Arznei-Engelwurz)	x		x									
Angelica sylvestris (Wald-Engelwurz)				x								
Anthemis arvensis (Acker-Hundskamille)						x				x		
Anthemis tinctoria (Färber-Hundskamille)						x						
Anthericum liliago (Traubige Graslilie)												Lit.
Anthericum ramosum (Ästige Graslilie)						x						
Anthoxanthum odoratum (Gewöhnliches Ruchgras)						x		x	x			
Anthriscus sylvestris (Wiesenkerbel)						x			x			
Apera spica-venti (Gewöhnlicher Windhalm)											x	
Aphanes arvensis (Gewöhnlicher Ackerfrauenmantel)						x		x				
Aquilegia vulgaris (Gewöhnliche Akelei)						x						
Arabidopsis thaliana (Acker-Schmalwand)						x			x			
Arabis glabra (Turmkraut)						x						
Arctium minus (Kleine Klette)								x				
Arenaria serpyllifolia (Quendel-Sandkraut)						x						
Armeria elongata (Sand-Grasnelke)						x						
Arnica montana (Arnika)												Lit.
Arrhenatherum elatius (Glatthafer)						x		x	x	x		
Artemisia absinthium (Wermut)						x		x	x			

Art	W	G	H	F	S/R	S	Fh	R	St	M	A	Sonstige
Artemisia vulgaris (Gewöhnlicher Beifuß)						x		x				
Arum maculatum (Gefleckter Aronstab)	x											
Asparagus officinalis (Gemüse-Spargel)						x		x				
Asperula tinctoria (Färber-Meier)												Lit.
Aster lanceolatus (Lanzettblättrige Aster)								x				
Astragalus glycyphyllos (Süßer Tragant)						x						
Athyrium filix-femina (Wald-Frauenfarn)	x											
Atriplex micrantha (Verschiedensamige Melde)								x				
Atriplex patula (Ruten-Melde)								x				
Atriplex prostrata (Spießmelde)						x						
Atropa bella-donna (Tollkirsche)												Lit.
Ballota nigra subsp. *meridionalis* (Schwarznessel)						x						
Ballota nigra subsp. *nigra* (Schwarznessel)						x		x				
Barbarea vulgaris (Echtes Barbarakraut)						x		x				
Bellis perennis (Gänseblümchen)									x			
Berberis julianae (Julianes Berberitze)												kult.
Berberis thunbergii (Thunbergs Berberitze)							x					
Berteroa incana (Graukresse)		x				x		x	x			
Berula erecta (Aufrechter Merk)			x									
Betonica officinalis (Heilziest)						x						
Betula lutea (Gelb-Birke)												kult.
Betula papyrifera (Papier-Birke)												kult.
Betula pendula (Hänge-Birke)	x	x										
Betula pubescens subsp. *pubescens* (Moor-Birke)	x											
Bidens frondosa (Schwarzfrüchtiger Zweizahn)			x									
Blechnum spicant (Rippenfarn)												Lit.
Botrychum lunaria (Echte Mondraute)												Lit.
Brachypodium pinnatum (Fieder-Zwenke)						x						
Brachypodium sylvaticum (Wald-Zwenke)	x											
Bromus benekenii (Rauhe Wald-Trespe)						x						
Bromus erectus (Aufrechte Trespe)						x				x		
Bromus hordeaceus (Weiche Trespe)						x		x				
Bromus inermis (Unbewehrte Trespe)						x						
Bromus ramosus (Späte Waldtrespe)	x											
Bromus sterilis (Taube Trespe)						x		x				
Bromus tectorum (Dach-Trespe)						x						
Bryonia dioica (Zweihäusige Zaunrübe)		x										
Calamagrostis canescens (Sumpf-Reitgras)												Lit.
Calamagrostis epigejos (Land-Reitgras)	x	x				x		x				

Art	W	G	H	F	S/R	S	Fh	R	St	M	A	Sonstige
Callitriche stagnalis (Teich-Wasserstern)			x									
Calluna vulgaris (Heidekraut)	x					x				x		
Caltha palustris (Sumpfdotterblume)	x											
Campanula patula (Wiesen-Glockenblume)						x		x				
Campanula persicifolia (Pfirsichblättrige Glockenblume)						x						
Campanula rapunculus (Rapunzel-Glockenblume)						x						
Campanula rotundifolia (Rundblättrige Glockenblume)						x		x	x	x		
Campanula trachelium (Nesselblättrige Glockenblume)						x						
Cannabis sativa (Hanf)						x						
Capsella bursa-pastoris (Gewöhnliches Hirtentäschel)									x		x	
Caragana arborescens (Erbsenstrauch)												kult.
Cardamine amara (Bitteres Schaumkraut)	x		x									
Cardamine flexuosa (Wald-Schaumkraut)	x					x						
Cardamine hirsuta (Behaartes Schaumkraut)						x						
Cardamine impatiens (Spring-Schaumkraut)	x					x						
Cardamine pratensis (Wiesen-Schaumkraut)									x			
Cardaminopsis arenosa subsp. *arenosa* (Sandkresse)						x						
Cardaria draba (Pfeilkresse)						x						
Carduus acanthoides (Weg-Distel)						x		x				
Carduus crispus (Krause Distel)						x						
Carduus nutans (Nickende Distel)								x				
Carex acuta (Schlank-Segge)				x	x							
Carex acutiformis (Sumpf-Segge)			x	x	x							
Carex brizoides (Zittergras-Segge)						x						
Carex canescens (Grau-Segge)	x		x									
Carex davalliana (Davalls Segge)												Lit.
Carex disticha (Zweizeilige Segge)									x			
Carex echinata (Igel-Segge)				x								
Carex elongata (Walzen-Segge)	x		x									
Carex ericetorum (Heide-Segge)												Lit.
Carex hirta (Rauhe Segge)						x		x				
Carex montana (Berg-Segge)												Lit.
Carex muricata subsp. *lamprocarpa* (Pairas Segge)	x					x						
Carex nigra (Braune Segge)									x			
Carex ovalis (Hasen-Segge)						x						
Carex pallescens (Bleiche Segge)	x					x						
Carex pendula (Hänge-Segge)	x											
Carex pilulifera (Pillen-Segge)	x											
Carex praecox (Frühe Segge)												Lit.

Art	W	G	H	F	S/R	S	Fh	R	St	M	A	Sonstige
Carex pseudocyperus (Scheinzypergras-Segge)			x									
Carex remota (Winkel-Segge)	x											
Carex spicata (Dichtährige Segge)	x					x						
Carex sylvatica (Wald-Segge)	x											
Carex vesicaria (Blasen-Segge)				x	x							
Carex viridula (Späte Gelbsegge)			x									
Carlina vulgaris (Gewöhnliche Golddistel)						x						
Carpinus betulus (Hainbuche)	x	x										
Carthamus lanatus (Wollige Färberdistel)						x						
Carya spec. (Hickorynuss)												kult.
Castanea sativa (Edelkastanie)	x											
Catalpa bignonioides (Trompetenbaum)							x	x				
Centaurea cyanus (Kornblume)											x	
Centaurea jacea (Gewöhnliche Wiesenflockenblume)						x				x		
Centaurea nigra subsp. *nemoralis* (Hain-Flockenblume)						x						
Centaurea scabiosa (Skabiosen-Flockenblume)						x			x			
Centaurium erythraea (Echtes Tausendgüldenkraut)						x		x	x			
Centaurium pulchellum (Kleines Tausendgüldenkraut)	x											
Cephalanthera damasonium (Weißes Waldvögelein)												Lit.
Cephalanthera rubra (Rotes Waldvöglein)												Lit.
Cerastium arvense (Acker-Hornkraut)						x						
Cerastium brachypetalum (Kleinblütiges Hornkraut)						x						
Cerastium glutinosum (Bleiches Hornkraut)						x						
Cerastium holosteoides (Gewöhnliches Hornkraut)						x			x			
Cerastium semidecandrum (Sand-Hornkraut)						x						
Chaenorhinum minus (Kleines Leinkraut)						x						
Chaerophyllum temulum (Hecken-Kälberkropf)						x		x				
Chamaespartium sagittale (Flügelginster)						x				x		
Chelidonium majus (Schöllkraut)						x		x				
Chenopodium album (Weißer Gänsefuß)								x			x	
Chenopodium ficifolium (Feigenblättriger Gänsefuß)								x				
Chenopodium hybridum (Unechter Gänsefuß)								x				
Chenopodium polyspermum (Vielsamiger Gänsefuß)						x		x				
Chenopodium pumilio (Australischer Gänsefuß)						x			x			
Chimaphila umbellata (Dolden-Winterlieb)												Lit.
Chrysosplenium alternifolium (Wechselblättriges Milzkraut)	x		x									
Chrysosplenium oppositifolium (Gegenblättriges Milzkraut)	x											

Art	W	G	H	F	S/R	S	Fh	R	St	M	A	Sonstige
Cichorium intybus (Wegwarte)								x				
Circaea alpina (Alpen-Hexenkraut)												Lit.
Circaea lutetiana (Gewöhnliches Hexenkraut)	x											
Circaea x *intermedia* (Mittleres Hexenkraut)												Lit.
Cirsium arvense (Acker-Kratzdistel)						x		x				
Cirsium palustre (Sumpf-Kratzdistel)				x								
Cirsium tuberosum (Knollige Kratzdistel)												Lit.
Cirsium vulgare (Gewöhnliche Kratzdistel)								x				
Clematis vitalba (Gewöhnliche Waldrebe)		x				x						
Clinopodium vulgare (Wirbeldost)	x					x						
Colchicum autumnale (Herbst-Zeitlose)									x			
Colutea arborescens (Blasenstrauch)												kult.
Convallaria majalis (Maiglöckchen)	x											
Convolvulus arvensis (Acker-Winde)						x					x	
Conyza canadensis (Kanadischer Katzenschweif)						x		x				
Cornus mas (Kornelkirsche)												kult.
Cornus sanguinea (Roter Hartriegel)		x										
Cornus sericea (Weißer Hartriegel)												kult.
Corydalis solida (Finger-Lerchensporn)	x											
Corylus avellana (Gewöhnliche Hasel)	x	x										
Corynephorus canescens (Silbergras)						x				x		
Cotoneaster divaricatus (Sparrige Zwergmispel)						x						
Cotoneaster horizontalis (Fächer-Zwergmispel)		x										
Crataegus laevigata (Zweigriffeliger Weißdorn)		x										
Crataegus macrocarpa (Großfrüchtiger Weißdorn)	x											
Crataegus monogyna (Eingriffeliger Weißdorn)		x										
Crepis biennis (Wiesen-Pippau)		x										
Crepis capillaris (Grüner Pippau)		x						x				
Crepis paludosa (Sumpf-Pippau)												Lit.
Crocus vernus (Frühlings-Krokus)							x					
Cryptomeria japonica (Sicheltanne)												kult.
Cynoglossum officinale (Gewöhnliche Hundszunge)						x		x				
Cyperus flavescens (Gelbliches Zypergras)												Lit.
Cytisus multiflorus (Vielblütiger Geißklee)		x										
Cytisus scoparius (Gewöhnlicher Besenginster)		x				x						
Dactylis glomerata (Wiesen-Knäuelgras)	x					x		x	x			
Dactylis polygama (Wald-Knäuelgras)	x											
Dactylorhiza sambucina (Holunder-Knabenkraut)												Lit.
Danthonia decumbens (Dreizahn)	x					x						

Art	W	G	H	F	S/R	S	Fh	R	St	M	A	Sonstige
Daphne cneorum (Rosmarin-Seidelbast)												Lit.
Datura stramonium (Stechapfel)								x				
Daucus carota (Wilde Möhre)						x		x				
Dentaria bulbifera (Zwiebeltragende Zahnwurz)	x											
Deschampsia cespitosa (Rasen-Schmiele)	x					x						
Deschampsia flexuosa (Draht-Schmiele)	x					x				x		
Descurainia sophia (Sophienkraut)								x				
Dianthus armeria (Büschel-Nelke)						x			x			
Dianthus deltoides (Heide-Nelke)						x				x		
Dianthus giganteus (Riesen-Nelke)						x			x			
Dictamnus albus (Diptam)						x						
Digitalis grandiflora (Großblütiger Fingerhut)						x						
Digitalis purpurea (Roter Fingerhut)	x					x						
Digitaria ischaemum (Faden-Fingergras)								x				
Digitaria sanguinalis subsp. *sanguinalis* (Blut-Fingergras)						x		x				
Diplotaxis tenuifolia (Stinkrauke)						x		x				
Dipsacus fullonum (Wilde Kardendistel)						x		x				
Dipsacus strigosus (Schlanke Kardendistel)								x				
Dittrichia graveolens (Klebriger Alant)						x		x				
Drosera intermedia (Mittlerer Sonnentau)												Lit.
Drosera rotundifolia (Rundblättriger Sonnentau)												Lit.
Dryopteris carthusiana (Gewöhnlicher Dornfarn)	x											
Dryopteris dilatata (Breitblättriger Dornfarn)	x											
Dryopteris filix-mas (Männlicher Wurmfarn)	x					x						
Duchesnea indica (Indische Scheinerdbeere)						x						
Echinochloa crus-galli (Gewöhnliche Hühnerhirse)								x				
Echinops sphaerocephalus (Drüsenblättrige Kugeldistel)						x						
Echium vulgare (Stolzer Heinrich)						x		x		x		
Rosa canina (Echte Hundsrose)		x										
Elaeagnus angustifolius (Schmalblättrige Ölweide)						x						
Eleocharis palustris (Gewöhnliche Sumpfbinse)												Lit.
Elymus caninus (Hunds-Quecke)												Lit.
Elymus repens (Kriechende Quecke)						x		x				
Epilobium angustifolium (Schmalblättriges Weidenröschen)	x					x		x				
Epilobium brachycarpum (Kurzfrüchtiges Weidenröschen)								x				
Epilobium ciliatum (Drüsiges Weidenröschen)	x							x				

Art	W	G	H	F	S/R	S	Fh	R	St	M	A	Sonstige
Epilobium hirsutum (Zottiges Weidenröschen)						x		x				
Epilobium montanum (Berg-Weidenröschen)	x					x						
Epilobium parviflorum (Bach-Weidenröschen)						x						
Epilobium tetragonum subsp. *lamyi* (Lamys Weidenröschen)						x		x				
Epilobium tetragonum subsp. *tetragonum* (Vierkantiges Weidenröschen)						x		x				
Epipactis palustris (Sumpf-Stendelwurz)												Lit.
Equisetum arvense (Acker-Schachtelhalm)								x				
Equisetum fluviatile (Teich-Schachtelhalm)												Lit.
Equisetum palustre (Sumpf-Schachtelhalm)				x								
Equisetum sylvaticum (Wald-Schachtelhalm)	x											
Eragrostis minor (Kleines Liebesgras)						x						
Erica tetralix (Moor-Glockenheide)						x						
Erigeron acris (Rauhes Berufkraut)						x		x				
Erigeron annuus s. l. (Einjähriger Feinstrahl)						x		x				
Eriophorum gracile (Schlankes Wollgras)												Lit.
Erodium cicutarium (Gewöhnlicher Reiherschnabel)						x		x		x		
Erophila verna (Frühlings-Hungerblümchen)						x						
Eryngium campestre (Feld-Mannstreu)						x						
Erysimum cheiranthoides (Acker-Schöterich)						x						
Euonymus europaeus (Pfaffenhütchen)	x	x				x						
Eupatorium cannabinum (Wasserdost)						x		x				
Euphorbia cyparissias (Zypressen-Wolfsmilch)						x		x		x		
Euphorbia esula (Esels-Wolfsmilch)						x						
Euphorbia helioscopia (Sonnenwend-Wolfsmilch)											x	
Euphorbia lathyrus (Kreuzblättrige Wolfsmilch)						x						
Euphorbia seguieriana (Steppen-Wolfsmilch)												Lit.
Fagopyrum esculentum (Echter Buchweizen)								x				
Fagus sylvatica (Rotbuche)	x											
Fallopia aubertii (Silberregen)												kult.
Fallopia convolvulus (Gewöhnlicher Windenknöterich)						x		x				
Fallopia dumetorum (Hecken-Windenknöterich)						x		x				
Fallopia japonica (Japanischer Staudenknöterich)						x		x				
Fallopia x *bohemica* (Bastard-Knöterich)	x					x		x				
Festuca arundinacea subsp. *arundinacea* (Echter Rohr-Schwingel)						x		x				
Festuca filiformis (Dünnblättriger Schaf-Schwingel)						x				x		
Festuca gigantea (Riesen-Schwingel)	x											

Art	W	G	H	F	S/R	S	Fh	R	St	M	A	Sonstige
Festuca guestfalica (Harter Schaf-Schwingel)						x						
Festuca pratensis (Wiesen-Schwingel)									x			
Festuca rubra (Echter Rot-Schwingel)						x			x			
Filago arvensis (Acker-Filzkraut)						x		x				
Filago minima (Kleines Filzkraut)						x				x		
Filipendula ulmaria (Mädesüß)				x								
Fragaria vesca (Wald-Erdbeere)		x				x						
Frangula alnus (Faulbaum)						x						
Fraxinus americana (Weiß-Esche)												kult.
Fraxinus excelsior (Gewöhnliche Esche)	x	x										
Fumaria officinalis subsp. *officinalis* (Gewöhnlicher Erdrauch)	x										x	
Fumaria officinalis subsp. *wirtgenii* (Wirtgens Erdrauch)						x						
Fumaria vaillantii (Blasser Erdrauch)						x						
Gagea lutea (Wald-Gelbstern)	x											
Gagea pratensis (Wiesen-Gelbstern)												Lit.
Gagea villosa (Acker-Gelbstern)												Lit.
Galanthus elwesii (Großblütiges Schneeglöckchen)							x					
Galanthus nivalis (Kleines Schneeglöckchen)							x					
Galanthus woronowii (Woronow-Schneeglöckchen)							x					
Galeopsis angustifolia (Schmalblättriger Hohlzahn)						x						
Galeopsis bifida (Kleinblütiger Hohlzahn)		x				x						
Galeopsis segetum (Gelber Hohlzahn)	x					x						
Galeopsis tetrahit (Gewöhnlicher Hohlzahn)								x				
Galinsoga parviflora (Kleinblütiges Franzosenkraut)								x	x			
Galinsoga quadriradiata (Behaartes Franzosenkraut)								x	x			
Galium album (Weißes Wiesenlabkraut)						x			x			
Galium aparine (Gewöhnliches Klebkraut)						x		x				
Galium boreale (Nordisches Labkraut)						x						
Galium odoratum (Waldmeister)	x											
Galium parisiense (Pariser Labkraut)						x						
Galium pumilum (Niedriges Labkraut)						x						
Galium rotundifolium (Rundblättriges Labkraut)												Lit.
Galium saxatile (Harzer Labkraut)	x											
Galium verum (Echtes Labkraut)						x						
Genista pilosa (Heide-Ginster)						x				x		
Genista tinctoria (Färber-Ginster)										x		
Geranium molle (Weicher Storchschnabel)						x						
Geranium purpureum (Purpur-Storchschnabel)						x		x				

Art	W	G	H	F	S/R	S	Fh	R	St	M	A	Sonstige
Geranium pusillum (Kleiner Storchschnabel)								x			x	
Geranium robertianum (Ruprechtskraut)	x					x		x				
Geranium sanguineum (Blut-Storchschnabel)						x						
Geum urbanum (Echte Nelkenwurz)	x					x		x				
Glechoma hederacea (Gundelrebe)						x						
Gleditsia triacanthos (Amerikanische Gleditschie)												kult.
Glyceria fluitans (Flutender Schwaden)			x									
Glyceria maxima (Wasser-Schwaden)				x								
Gnaphalium sylvaticum (Wald-Ruhrkraut)	x					x						
Gnaphalium uliginosum (Sumpf-Ruhrkraut)						x						
Goodyera repens (Kriechendes Netzblatt)												Lit.
Gypsophila muralis (Mauer-Gipskraut)						x						
Hedera helix (Efeu)	x	x										
Helichrysum arenarium (Sand-Strohblume)						x						
Hepatica nobilis (Leberblümchen)												Lit.
Heracleum mantegazzianum (Riesen-Bärenklau)								x				
Heracleum sphondylium (Wiesen-Bärenklau)									x			
Herniaria glabra (Kahles Bruchkraut)								x				
Herniaria hirsuta (Behaartes Bruchkraut)						x						
Hesperis matronalis (Gewöhnliche Nachtviole)						x						
Hieracium caespitosum (Wiesen-Habichtskraut)						x						
Hieracium lachenalii (Gewöhnliches Habichtskraut)	x											
Hieracium lactucella (Geöhrtes Habichtskraut)												Lit.
Hieracium laevigatum (Glattes Habichtskraut)	x											
Hieracium maculatum (Geflecktes Habichtskraut)	x											
Hieracium murorum (Wald-Habichtskraut)	x	x										
Hieracium pilosella (Kleines Habichtskraut)						x						
Hieracium piloselloides (Florentiner Habichtskraut)						x						
Hieracium sabaudum (Savoyer Habichtskraut)	x					x						
Hieracium umbellatum (Doldiges Habichtskraut)						x						
Hippophaë rhamnoides (Sanddorn)		x										
Holcus lanatus (Wolliges Honiggras)								x	x			
Holcus mollis (Weiches Honiggras)	x					x						
Holosteum umbellatum (Spurre)						x						
Hordeum murinum (Mäuse-Gerste)								x				
Hottonia palustris (Wasserfeder)			x									
Humulus lupulus (Hopfen)	x											
Hyacinthoides x *massartiana* (Bastard-Hasenglöckchen)	x						x					
Hydrocotyle vulgaris (Gewöhnlicher Wassernabel)												Lit.

Art	W	G	H	F	S/R	S	Fh	R	St	M	A	Sonstige
Hypericum dubium (Zweifelhaftes Johanniskraut)						x						
Hypericum hirsutum (Behaartes Johanniskraut)												Lit.
Hypericum montanum (Berg-Johanniskraut)						x						
Hypericum perforatum (Echtes Johanniskraut)						x		x				
Hypochaeris maculata (Geflecktes Ferkelkraut)												Lit.
Hypochaeris radicata (Gewöhnliches Ferkelkraut)		x				x		x				
Ilex aquifolium (Stechpalme)	x											
Illecebrum verticillatum (Knorpelkraut)												Lit.
Impatiens glandulifera (Indisches Springkraut)				x								
Impatiens noli-tangere (Großes Springkraut)	x											
Impatiens parviflora (Kleinblütiges Springkraut)	x					x		x				
Inula conyzae (Dürrwurz)						x						
Inula helenium (Echter Alant)												Lit.
Inula hirta (Rauhhaariger Alant)												Lit.
Iris pseudacorus (Sumpf-Schwertlilie)			x									
Isatis tinctoria (Färber-Waid)						x						
Isolepis setacea (Borsten-Moorbinse)			x									
Jasione montana (Berg-Sandrapunzel)						x		x		x		
Juglans nigra (Schwarznuss)												kult.
Juglans regia (Walnuss)		x										
Juncus acutiflorus (Spitzblütige Binse)			x									
Juncus articulatus (Glanzfrüchtige Binse)			x									
Juncus bufonius (Kröten-Binse)			x									
Juncus bulbosus (Zwiebel-Binse)												Lit.
Juncus conglomeratus (Knäuel-Binse)			x			x						
Juncus effusus (Flatter-Binse)	x		x			x						
Juncus tenuis (Zarte Binse)						x		x				
Juniperus communis (Wachholder)												kult.
Juniperus virginiana (Virginiawacholder)												kult.
Jurinea cyanoides (Silberscharte)												Lit.
Knautia dipsacifolia (Wald-Witwenblume)												Lit.
Koeleria macrantha (Zierliche Kammschmiele)										x		
Lactuca serriola (Kompass-Lattich)						x		x				
Lactuca virosa (Gift-Lattich)												Lit.
Lamium album (Weiße Taubnessel)								x		x		
Lamium amplexicaule (Stengelumfassende Taubnessel)									x			
Lamium maculatum (Gefleckte Taubnessel)	x	x						x				
Lamium montanum (Berg-Goldnessel)	x											
Lamium montanum var. *florentinum* (Silber-Goldnessel)						x		x				

Art	W	G	H	F	S/R	S	Fh	R	St	M	A	Sonstige
Lamium purpureum (Rote Taubnessel)								x				
Lapsana communis (Rainkohl)	x					x						
Larix decidua (Europäische Lärche)	x											
Lathyrus latifolius (Breitblättrige Platterbse)								x				
Lathyrus niger (Schwarzwerdende Platterbse)	x											
Lathyrus pratensis (Wiesen-Platterbse)						x						
Lathyrus sylvestris (Wald-Platterbse)						x						
Lathyrus vernus (Frühling-Platterbse)	x											
Lemna minor (Kleine Wasserlinse)			x									
Leontodon autumnalis (Herbst-Löwenzahn)						x						
Leontodon saxatilis (Hundslattich)				x								
Lepidium campestre (Feld-Kresse)						x						
Lepidium densiflorum (Dichtblütige Kresse)						x						
Lepidium ruderale (Weg-Kresse)								x				
Lepidium virginicum (Virginische Kresse)								x				
Leucanthemum ircutianum (Wiesen-Margerite)						x						
Ligustrum vulgare (Liguster)	x	x										
Lilium martagon (Türkenbund-Lilie)												Lit.
Linaria vulgaris (Gewöhnliches Leinkraut)	x					x		x				
Linum austriacum (Österreichischer Lein)						x						
Linum perenne (Ausdauernder Lein)												Lit.
Liquidambar styraciflua (Amerikanischer Amberbaum)												kult.
Liriodendron tulipifera (Tulpenbaum)												kult.
Lolium perenne (Ausdauernder Lolch)						x		x	x			
Lonicera caprifolium (Wohlriechendes Geißblatt)												Lit.
Lonicera periclymemum (Wald-Geißblatt)	x											
Lonicera pileata (Immergrüne Kriech-Heckenkirsche)							x					
Lonicera xylosteum (Rote Heckenkirsche)		x										
Lotus corniculatus (Gewöhnlicher Hornklee)		x				x						
Lotus uliginosus (Sumpf-Hornklee)			x									
Lunaria annua (Einjähriges Silberblatt)	x											
Lupinus polyphyllus (Vielblättrige Lupine)						x						
Luzula campestris (Hasenbrot)						x			x			
Luzula luzuloides (Weiße Hainsimse)	x											
Luzula multiflora (Vielblütiges Hasenbrot)						x						
Luzula pilosa (Behaarte Hainsimse)	x											
Lychnis flos-cuculi (Kuckucks-Lichtnelke)									x			
Lychnis viscaria (Gewöhnliche Pechnelke)						x						
Lycium barbarum (Gewöhnlicher Bocksdorn)		x										

Art	W	G	H	F	S/R	S	Fh	R	St	M	A	Sonstige
Lycopus europaeus (Ufer-Wolfstrapp)	x	x	x									
Lysimachia nummularia (Pfennig-Gilbweiderich)									x			
Lysimachia punctata (Tüpfelstern)						x						
Lysimachia vulgaris (Gewöhnlicher Gilbweiderich)			x									
Lythrum salicaria (Blut-Weiderich)			x									
Mahonia aquifolium (Mahonie)	x											
Maianthemum bifolium (Schattenblümchen)												
Malva alcea (Rosen-Malve)						x						
Malva moschata (Moschus-Malve)						x						
Malva sylvestris subsp. *mauritiana* (Mauretanische Malve)									x			
Malva verticillata (Quirl-Malve)									x			
Marrubium vulgare (Andorn)												Lit.
Matricaria discoides (Strahlenlose Kamille)						x						
Matricaria recutita (Echte Kamille)						x		x				
Medicago lupulina (Hopfenklee)						x		x				
Melampyrum pratense (Wiesen-Wachtelweizen)	x											
Melica uniflora (Einblütiges Perlgras)	x											
Melilotus albus (Weißer Steinklee)								x	x			
Melilotus officinalis (Gebräuchlicher Steinklee)								x				
Melissa officinalis (Zitronen-Melisse)						x						
Mentha aquatica (Wasser-Minze)				x								
Mentha arvensis (Acker-Minze)						x						
Mentha spicata (Ähren-Minze)						x						
Mentha x *verticillata* (Wirtel-Minze)						x						
Mercurialis annua (Einjähriges Bingelkraut)								x				
Metasequoia glyptostroboides (Chinesisches Rotholz)												kult.
Milium effusum (Flattergras)	x					x						
Moehringia trinervia (Wald-Nabelmiere)	x	x				x						
Molinia arundinacea (Rohr-Pfeifengras)	x					x						
Molinia caerulea (Blaues Pfeifengras)						x						
Moneses uniflora (Einblütiges Wintergrün)												Lit.
Muscari armeniacum (Armenische Traubenhyazinthe)						x						
Muscari botryoides (Kleine Traubenhyazinthe)						x						
Mycelis muralis (Mauerlattich)	x					x		x				
Myosotis arvensis (Acker-Vergissmeinnicht)						x						
Myosotis discolor (Buntes Vergissmeinnicht)						x						
Myosotis ramosissima (Hügel-Vergissmeinnicht)						x		x	x	x		
Myosotis scorpioides (Sumpf-Vergissmeinnicht)			x									
Myosotis stricta (Sand-Vergissmeinnicht)						x						

Art	W	G	H	F	S/R	S	Fh	R	St	M	A	Sonstige
Myosotis sylvatica (Wald-Vergissmeinnicht)						x						
Myriophyllum spicatum (Ähriges Tausendblatt)			x									
Narcissus pseudonarcissus (Gelbe Narzisse)						x	x		x			
Nardus stricta (Borstgras)						x						
Nymphaea alba (Weiße Seerose)												kult.
Oenanthe aquatica (Großer Wasserfenchel)			x									
Oenothera angustissima (Schmalblättrige Nachtkerze)								x				
Oenothera biennis (Gewöhnliche Nachtkerze)								x				
Oenothera glazioviana (Rotgestreifte Nachtkerze)								x				
Oenothera pycnocarpa (Dichtfrüchtige Nachtkerze)								x				
Oenothera x *fallax* (Täuschende Nachtkerze)						x		x				
Onobrychis viciifolia (Futter-Esparsette)						x			x			
Ononis repens (Kriechende Hauhechel)						x						
Onopordum acanthium (Gewöhnliche Eselsdistel)								x				
Ophioglossum vulgatum (Gewöhnliche Natternzunge)												Lit.
Oreopteris limbosperma (Bergfarn)												Lit.
Origanum vulgare (Gewöhnlicher Dost)						x						
Ornithogalum boucheanum (Bouchés Milchstern)												Lit.
Ornithogalum umbellatum (Dolden-Milchstern)	x											
Ornithogalum x *vigeneri* (Bastard-Milchstern)												
Ornithopus perpusillus (Mäusewicke)						x				x		
Orobanche caryophyllacea (Labkraut-Sommerwurz)										x		
Orthilia secunda (Birngrün)												Lit.
Oxalis acetosella (Wald-Sauerklee)	x											
Oxalis stricta (Aufrechter Sauerklee)	x					x		x				
Papaver argemone (Sand-Mohn)						x						
Papaver confine (Verkannter Saat-Mohn)						x						
Papaver dubium (Saat-Mohn)						x						
Papaver rhoeas (Klatsch-Mohn)						x		x				
Parietaria officinalis (Aufrechtes Glaskraut)								x				
Paris quadrifolia (Einbeere)	x											
Parthenocissus inserta (Wilder Wein)						x						
Pastinaca sativa (Pastinak)						x		x				
Persicaria amphibia (Wasser-Knöterich)												Lit.
Peucedanum palustre (Sumpf-Haarstrang)												Lit.
Phacelia tanacetifolia (Büschelschön)						x						
Phalaris arundinacea (Rohr-Glanzgras)			x					x	x			
Philadelphus coronarius (Großer Pfeifenstrauch)												kult.
Phleum pratense (Gewöhnliches Wiesen-Lieschgras)									x			

Art	W	G	H	F	S/R	S	Fh	R	St	M	A	Sonstige
Phragmites australis (Schilf)					x	x						
Phyteuma nigrum (Schwarze Teufelskralle)	x											
Phyteuma spicatum (Ährige Teufelskralle)												Lit.
Phytolacca esculenta (Asiatische Kermesbeere)						x						
Picea abies (Gewöhnliche Fichte)	x											
Picea sitchensis (Sitka-Fichte)												kult.
Pimpinella saxifraga (Kleine Pimpernell)						x						
Pinus nigra (Schwarz-Kiefer)												kult.
Pinus strobus (Weymouth-Kiefer)	x											
Pinus sylvestris (Wald-Kiefer)	x	x										
Plantago arenaria (Sand-Wegerich)						x			x			
Plantago lanceolata (Spitz-Wegerich)						x			x			
Plantago major subsp. *intermedia* (Vielsamiger Wegerich)						x						
Plantago major subsp. *major* (Breit-Wegerich)						x						
Poa angustifolia (Schmalblättriges Wiesen-Rispengras)						x						
Poa annua (Einjähriges Rispengras)						x						
Poa compressa (Flaches Rispengras)						x		x				
Poa nemoralis (Hain-Rispengras)	x					x						
Poa palustris (Sumpf-Rispengras)						x						
Poa pratensis (Gewöhnliches Wiesen-Rispengras)	x					x			x			
Poa trivialis (Gewöhnliches Rispengras)	x					x			x			
Polygala comosa (Schopfiges Kreuzblümchen)												Lit.
Polygonatum multiflorum (Vielblütige Weißwurz)	x					x						
Polygonatum odoratum (Salomonssiegel)	x					x						
Polygonum arenastrum (Gleichblättriger Vogelknöterich)						x		x				
Polygonum hydropiper (Wasserpfeffer)	x					x						
Polygonum lapathifolium subsp. *lapathifolium* (Ampfer-Knöterich)								x				
Polygonum minus (Kleiner Knöterich)	x					x						
Polygonum persicaria (Floh-Knöterich)						x		x				
Populus alba (Silber-Pappel)		x										
Populus tremula (Espe)	x	x						x				
Populus x *canadensis* (Bastard-Pappel)						x						
Portulaca oleracea subsp. *oleracea* (Portulak)								x				
Potamogeton berchtoldii (Berchtolds Laichkraut)			x									
Potamogeton natans (Schwimmendes Laichkraut)			x									
Potentilla alba (Weißes Fingerkraut)						x						
Potentilla anglica (Niederliegendes Fingerkraut)												Lit.
Potentilla anserina (Gänse-Fingerkraut)						x						

Art	W	G	H	F	S/R	S	Fh	R	St	M	A	Sonstige
Potentilla argentea (Silber-Fingerkraut)						x		x				
Potentilla erecta (Blutwurz)										x		
Potentilla heptaphylla (Rötliches Fingerkraut)												Lit.
Potentilla incana (Sand-Fingerkraut)												Lit.
Potentilla incana x *neumanniana* (Flaum-Fingerkraut)						x				x		
Potentilla intermedia (Mittleres Fingerkraut)						x						
Potentilla neumanniana (Frühlings-Fingerkraut)						*x*				*x*		
Potentilla palustris (Sumpfblutauge)												Lit.
Potentilla recta (Hohes Fingerkraut)						x						
Potentilla reptans (Kriechendes Fingerkraut)						x		x				
Potentilla rupestris (Felsen-Fingerkraut)												Lit.
Primula veris (Arznei-Schlüsselblume)						x						
Prunella vulgaris (Kleine Brunelle)						x		x				
Prunus avium (Vogel-Kirsche)	x											
Prunus laurocerasus (Kirschlorbeer)	x						x					
Prunus mahaleb (Felsen-Kirsche)												kult.
Prunus padus (Gewöhnliche Traubenkirsche)	x											
Prunus persica (Pfirsich)						x						
Prunus serotina (Späte Traubenkirsche)	x	x				x						
Prunus spinosa (Schlehe)	x	x										
Pseudolysimachion spicatum (Ähriger Blauweiderich)												Lit.
Pseudotsuga menziesii (Grüne Douglasie)												kult.
Pteridium aquilinum (Adlerfarn)	x	x				x						
Puccinellia distans (Gewöhnlicher Salzschwaden)						x						
Pulmonaria angustiflolia (Schmalblättriges Lungenkraut)												Lit.
Pulmonaria obscura (Dunkles Lungenkraut)	x											
Pulsatilla vulgaris (Gewöhnliche Küchenschelle)												Lit.
Pyrola minor (Kleines Wintergrün)												Lit.
Pyrola rotundifolia (Rundblättriges Wintergrün)												Lit.
Pyrus communis (Garten-Birne)									x			
Quercus coccinea (Scharlach-Eiche)												kult.
Quercus palustris (Sumpf-Eiche)												kult.
Quercus petraea (Trauben-Eiche)	x	x										
Quercus robur (Stiel-Eiche)	x	x										
Quercus rubra (Rot-Eiche)	x	x										
Ranunculus acris (Scharfer Hahnenfuß)						x			x			
Ranunculus auricomus agg. (Gold-Hahnenfuß)	x	x										
Ranunculus bulbosus (Knolliger Hahnenfuß)						x						
Ranunculus ficaria (Knöllchen-Scharbockskraut)	x											

Art	W	G	H	F	S/R	S	Fh	R	St	M	A	Sonstige
Ranunculus flammula (Brennender Hahnenfuß)									x			
Ranunculus polyanthemos subsp. *nemorosus* (Wald-Hahnenfuß)						x						
Ranunculus repens (Kriechender Hahnenfuß)						x		x	x			
Ranunculus sardous (Sardinischer Hahnenfuß)												Lit.
Ranunculus sceleratus (Gift-Hahnenfuß)			x									
Raphanus raphanistrum (Hederich)									x			
Reseda lutea (Wilde Resede)								x				
Reseda luteola (Färber-Resede)								x				
Rhamnus cathartica (Echter Kreuzdorn)		x										
Rhinanthus alectorolophus (Zottiger Klappertopf)						x						
Rhus typhina (Essigbaum)		x										
Rhynchospora alba (Weißes Schnabelried)												Lit.
Rhynchospora fusca (Braunes Schnabelried)												Lit.
Ribes rubrum (Rote Johannisbeere)	x											
Ribes uva-crispa (Stachelbeere)						x						
Robinia pseudoacacia (Robinie)	x	x				x		x				
Rorippa palustris (Gewöhnliche Sumpfkresse)						x						
Rosa caesia (Blaugrüne Rose)		x										
Rosa corymbifera (Echte Buschrose)		x										
Rosa glauca (Rotblättrige Rose)		x										
Rosa multiflora (Vielblütige Rose)												kult.
Rosa nitida (Glanz-Rose)												kult.
Rosa pimpinellifolia (Bibernell-Rose)		x										
Rosa rubiginosa (Wein-Rose)		x										
Rosa rugosa (Kartoffel-Rose)		x										
Rubus amiantinus (Asbestschimmernde Brombeere)		x				x						
Rubus apricus (Besonnte Brombeere)	x											
Rubus armeniacus (Armenische Brombeere)		x						x				
Rubus baruthicus (Bayreuther Haselblattbrombeere)		x						x				
Rubus bifrons (Zweifarbige Brombeere)	x	x				x						
Rubus caesius (Kratzbeere)		x				x		x				
Rubus condensatus (Gedrängtblütige Brombeere)	x											
Rubus constrictus (Zusammengezogene Brombeere)	x	x										
Rubus fabrimontanus (Schmiedeberger Haselblattbrombeere)	x											
Rubus goniophorus (Winkel-Brombeere)	x	x				x						
Rubus grabowskii (Grabowskis Brombeere)		x										
Rubus gracilis (Haarstängelige Brombeere)		x										

Art	W	G	H	F	S/R	S	Fh	R	St	M	A	Sonstige
Rubus grossus (Grobe Haselblattbrombeere)	x											
Rubus hassicus (Hessische Brombeere)	x	x										
Rubus hirtus agg. (Rauhe Brombeere)	x											
Rubus idaeus (Himbeere)		x				x						
Rubus laciniatus (Schlitzblättrige Brombeere)	x					x						
Rubus limitis (Limes-Brombeere)	x	x										
Rubus macrophyllos (Großblättrige Brombeere)	x	x										
Rubus montanus (Mittelgebirgs-Brombeere)		x				x		x				
Rubus nemorosus (Hain-Haselblattbrombeere)		x				x						
Rubus nessensis (Halbaufrechte Brombeere)	x	x				x						
Rubus pericrispatus (Kleinwellige Brombeere)		x										
Rubus plicatus (Falten-Brombeere)	x	x				x		x				
Rubus praecox (Robuste Brombeere)		x										
Rubus pyramidalis (Pyramiden-Brombeere)		x										
Rubus radula (Raspel-Brombeere)	x											
Rubus rudis (Rohe Brombeere)	x	x				x						
Rubus scabrosus (Weser-Haselblattbrombeere)		x				x		x				
Rubus schleicheri (Schleichers Brombeere)	x											
Rubus schnedleri (Schnedlers Brombeere)	x											
Rubus sciocharis (Schattenliebende Brombeere)	x											
Rubus senticosus (Dornige Brombeere)	x											
Rubus sprengelii (Sprengels Brombeere)		x										
Rubus sulcatus (Gefurchte Brombeere)	x					x						
Rubus tauni (Taunus-Brombeere)	x											
Rubus ulmifolius (Mittelmeer-Brombeere)	x											
Rumex acetosa (Wiesen-Sauerampfer)						x						
Rumex acetosella (Kleiner Sauerampfer)	x					x		x		x		
Rumex crispus (Krauser Ampfer)						x		x				
Rumex obtusifolius (Gewöhnlicher Stumpfblatt-Ampfer)								x				
Rumex sanguineus (Hain-Ampfer)	x											
Rumex thyrsiflorus (Straußblütiger Sauerampfer)						x						
Sagina apetala (Wimper-Mastkraut)						x						
Sagina procumbens (Niederliegendes Mastkraut)						x		x				
Salix alba (Silber-Weide)			x									
Salix caprea (Sal-Weide)		x										
Salix purpurea (Purpur-Weide)		x										
Salix x *rubens* (Fahl-Weide)			x									
Salvia pratensis (Wiesen-Salbei)						x			x	x		
Sambucus nigra (Schwarzer Holunder)	x	x				x		x				

Art	W	G	H	F	S/R	S	Fh	R	St	M	A	Sonstige
Sambucus racemosa (Trauben-Holunder)	x	x				x						
Sanguisorba minor subsp. *minor* (Kleiner Wiesenknopf)						x			x			
Sanicula europaea (Sanikel)	x											
Saponaria officinalis (Gewöhnliches Seifenkraut)						x		x				
Saxifraga granulata (Knöllchen-Steinbrech)						x						
Saxifraga tridactylites (Dreifinger-Steinbrech)						x						
Scabiosa columbaria (Tauben-Skabiose)												Lit.
Schoenoplectus lacustris (Grüne Seebinse)												Lit.
Scilla bifolia (Zweiblättriger Blaustern)												Lit.
Scilla siberica (Nickende Sternhyazinthe)						x	x					
Scirpus sylvaticus (Wald-Simse)				x								
Scleranthus polycarpos (Triften-Knäuelkraut)						x						
Scrophularia nodosa (Knotige Braunwurz)	x					x						
Scutellaria galericulata (Sumpf-Helmkraut)						x						
Scutellaria minor (Kleines Helmkraut)												Lit.
Securigera varia (Bunte Kronwicke)						x						
Sedum acre (Scharfer Mauerpfeffer)						x						
Sedum maximum (Große Fetthenne)						x						
Sedum rupestre (Felsen-Fetthenne)						x						
Sedum spurium (Kaukasus-Fetthenne)	x					x						
Senecio aquaticus (Wasser-Greiskraut)												Lit.
Senecio erucifolius (Raukenblättriges Greiskraut)						x		x				
Senecio inaequidens (Schmalblättriges Greiskraut)						x		x				
Senecio jacobaea (Jacobs-Greiskraut)						x		x				
Senecio sylvaticus (Wald-Kreuzkraut)								x				
Senecio vernalis (Frühlings-Kreuzkraut)						x		x				
Senecio viscosus (Klebriges Kreuzkraut)						x		x				
Senecio vulgaris (Gewöhnliches Kreuzkraut)						x						
Sequoiadendron giganteum (Riesen-Mammutbaum)												kult.
Serratula tinctoria (Färber-Scharte)						x						
Setaria pumila (Rote Borstenhirse)								x				
Setaria viridis (Grüne Borstenhirse)								x				
Silene latifolia subsp. *alba* (Weiße Lichtnelke)						x		x				
Silene nutans (Nickendes Leimkraut)						x						
Silene vulgaris (Gewöhnlicher Taubenkropf)						x		x		x		
Sisymbrium altissimum (Ungarische Rauke)								x				
Sisymbrium officinale (Weg-Rauke)								x				
Solanum dulcamara (Bittersüßer Nachtschatten)	x					x		x				

Art	W	G	H	F	S/R	S	Fh	R	St	M	A	Sonstige
Solanum nigrum subsp. *nigrum* (Schwarzer Nachtschatten)									x			
Solanum nigrum subsp. schultesii (Schultes' Nachtschatten)								x				
Solidago canadensis (Kanadische Goldrute)						x		x				
Solidago gigantea (Späte Goldrute)								x				
Solidago virgaurea (Gewöhnliche Goldrute)								x				
Sonchus arvensis (Acker-Gänsedistel)								x				
Sonchus asper (Rauhe Gänsedistel)						x		x				
Sonchus oleraceus (Gemüse-Gänsedistel)						x		x				
Sorbus aria (Echte Mehlbeere)		x										
Sorbus aucuparia (Vogelbeere)	x	x										
Sorbus domestica (Speierling)												kult.
Sorbus intermedia (Schwedische Mehlbeere)		x				x						
Sorbus torminalis (Elsbeere)	x											
Sparganium erectum (Aufrechter Igelkolben)	x											
Spergula morisonii (Frühlings-Spörgel)						x				x		
Spergularia rubra (Rote Schuppenmiere)								x				
Spirodela polyrhiza (Teichlinse)												Lit.
Stachys sylvatica (Wald-Ziest)	x											
Stellaria graminea (Gras-Sternmiere)									x			
Stellaria holostea (Große Sternmiere)	x					x						
Stellaria media (Gewöhnliche Vogelmiere)						x		x				
Stellaria pallida (Bleiche Vogelmiere)						x						
Stratiotes aloides (Krebsschere)												kult.
Succisa pratensis (Gewöhnlicher Teufelsabbiss)						x						
Symphoricarpos albus (Schneebeere)		x										
Symphoricarpos x *chenaultii* (Bastard-Korallenbeere)												kult.
Syringa vulgaris (Gewöhnlicher Flieder)		x										
Tanacetum corymbosum (Straußblütige Wucherblume)												Lit.
Tanacetum vulgare (Rainfarn)						x		x				
Taraxacum sectio *Erythrosperma* (Rotfrucht-Löwenzahn)						x				x		
Taraxacum sectio *Ruderalia* (Wiesen-Löwenzahn)						x			x			
Taxodium distichum (Sumpf-Zypresse)												kult.
Taxus baccata (Eibe)	x											
Teesdalia nudicaulis (Bauernsenf)						x				x		
Teucrium scorodonia (Salbei-Gamander)	x					x						
Thalictrum minus subsp. *pratense* (Frühe Wiesenraute)						x				x		

Art	W	G	H	F	S/R	S	Fh	R	St	M	A	Sonstige
Thalictrum simplex subsp. *galioides* (Labkraut-Wiesenraute)												Lit.
Thesium linophyllon (Mittleres Leinblatt)						x						
Thlaspi arvense (Acker-Hellerkraut)											x	
Thuja plicata (Riesen-Lebensbaum)												kult.
Thymus pulegioides (Feld-Thymian)						x				x		
Tilia americana (Amerikanische Linde)												kult.
Tilia cordata (Winter-Linde)	x	x										
Tilia platyphyllos (Sommer-Linde)	x											
Torilis japonica (Gewöhnlicher Klettenkerbel)						x						
Tragopogon dubius (Großer Bocksbart)						x						
Tragopogon pratensis (Gewöhnlicher Wiesen-Bocksbart)						x		x	x			
Trifolium alpestre (Hügel-Klee)						x						
Trifolium arvense (Hasen-Klee)						x		x				
Trifolium campestre (Feld-Klee)						x			x			
Trifolium dubium (Kleiner Klee)						x						
Trifolium incarnatum (Inkarnat-Klee)									x			
Trifolium montanum (Berg-Klee)												Lit.
Trifolium pratense (Wiesenklee)						x			x			
Trifolium repens (Weiß-Klee)						x		x	x			
Trifolium rubens (Purpur-Klee)												Lit.
Tripleurospermum perforatum (Geruchlose Kamille)						x		x				
Trisetum flavescens (Gewöhnlicher Goldhafer)									x			
Tsuga heterophylla (Hemlocktanne)												kult.
Tussilago farfara (Huflattich)						x		x				
Typha angustifolia (Schmalblättriger Rohrkolben)			x									
Typha latifolia (Breitblättriger Rohrkolben)	x		x									
Ulmus laevis (Flatter-Ulme)	x	x										
Urtica dioica (Große Brennnessel)	x					x		x				
Urtica urens (Kleine Brennnessel)									x			
Utricularia minor (Kleiner Wasserschlauch)												Lit.
Vaccinium oxycoccus (Gewöhnliche Moosbeere)												Lit.
Valeriana officinalis agg. (Arznei-Baldrian)						x						
Valerianella locusta (Echter Feldsalat)						x						
Verbascum densiflorum (Großblütige Königskerze)								x				
Verbascum lychnitis (Mehlige Königskerze)						x		x				
Verbascum nigrum (Dunkle Königskerze)						x						
Verbascum phlomoides (Windblumen-Königskerze)												Lit.
Verbascum thapsus (Kleinblütige Königskerze)						x		x				

Art	W	G	H	F	S/R	S	Fh	R	St	M	A	Sonstige
Verbascum x *kerneri* (Kerners Königskerze)								x				
Verbena officinalis (Gewöhnliches Eisenkraut)						x			x			
Veronica arvensis (Feld-Ehrenpreis)						x		x				
Veronica chamaedrys (Gamander-Ehrenpreis)						x				x		
Veronica montana (Berg-Ehrenpreis)	x											
Veronica officinalis (Wald-Ehrenpreis)	x					x				x		
Veronica persica (Persischer Ehrenpreis)						x			x			
Veronica prostrata subsp. *scheereri* (Scheerers Ehrenpreis)												Lit.
Veronica serpyllifolia (Quendel-Ehrenpreis)						x		x				
Veronica sublobata (Hecken-Ehrenpreis)						x			x			
Veronica verna (Frühlings-Ehrenpreis)												Lit.
Viburnum lantana (Wolliger Schneeball)		x										
Viburnum opulus (Gewöhnlicher Schneeball)		x				x						
Vicia angustifolia (Schmalblättrige Futterwicke)						x				x		
Vicia cassubica (Kassuben-Wicke)												Lit.
Vicia cracca (Vogel-Wicke)						x						
Vicia hirsuta (Rauhaarige Wicke)						x				x		
Vicia lathyroides (Sand-Wicke)												Lit.
Vicia sepium (Zaun-Wicke)						x						
Vicia tetrasperma (Viersamige Wicke)						x			x			
Vicia villosa (Zottel-Wicke)						x						
Vinca minor (Kleines Immergrün)	x											
Vincetoxicum hirundinaria (Schwalbenwurz)						x						
Viola arvensis (Acker-Stiefmütterchen)						x		x				
Viola canina (Hunds-Veilchen)						x						
Viola odorata (Märzen-Veilchen)						x				x		
Viola palustris (Sumpf-Veilchen)												Lit.
Viola reichenbachiana (Wald-Veilchen)	x											
Viola riviniana (Hain-Veilchen)	x					x						
Viola tricolor (Wildes Stiefmütterchen)	x											
Viscum album subsp. *austriacum* (Kiefern-Mistel)	x											
Vulpia myuros (Mäuseschwanz-Federschwingel)						x		x		x		

Tabelle VI: Letzte Angaben zum Vorkommen von Arten lichter Wälder im Frankfurter Stadtwald.

Art, Gefährdungsgrad in Hessen	Vorkommen
Arnika (*Arnica montana*) stark gefährdet	Hinter dem Forsthaus (1883, M. Dürer).
Ästige Graslilie (*Anthericum ramosum*) gefährdet	Individuenreich im südlichen Saum der Hinkelsteinschneise zwischen Schwanheimer Bahnstraße und Abzweig der Flughafen-schnellbahn, weiter westlich vereinzelt im südlichen Saum (Malten et al. 2002).
Ausdauernder Lein (*Linum perenne*) gefährdet	Umgebung des Schwengelsbrunnens (um 1900, M. Dürer).
Berg-Klee (*Trifolium montanum*) Vorwarnliste	Hinkelsteinschneise (Karteneintrag M. Dürer).
Blut-Storchschnabel (*Geranium sanguineum*) Vorwarnliste	Im südlichen Saum der Hinkelsteinschneise stellenweise in großen Populationen, insbesondere an der Abt. 232 (Malten et al. 2002).
Diptam (*Dictamnus albus*) stark gefährdet	Häufig an der Hinkelsteinschneise, Einzelpflanzen an der Gehspitz-schneise und an der Bahn zum Flughafen in der Abteilung 164 zw. Schottenstein- und Liefersteinschneise (Korneck 1971); individu-enreiche Beständen am südlichen Saum der Hinkelsteinschneise, am nördlichen Saum in der Abt. 249 (Malten et al. 2002).
Dolden-Winterlieb (*Chimaphila umbellata*) vom Aussterben bedroht	Main-Neckar-Bahn zwischen 1. und 2. Querschneise (1886, M. Dürer).
Echte Mondraute (*Botrychium lunaria*) gefährdet	Am Schwengelsbrunnen (1891, M. Dürer).

Edle Schafgarbe (*Achillea nobilis*) gefährdet	Westlich Forstamt (M. Dürer); 3 Ex. im Wegsaum der Hainbuchen-Schneise südl. Pumpstation Hinkelstein (Malten et al. 2002).
Färber-Meier (*Asperula tinctoria*) ausgestorben	In der Hinkelsteiner Schneise, am Schwengelsbrunnen und an der Eisenbahn entlang in Menge (1887, M. Dürer); zwischen Bahnwärterhäuschen Goldstein und Weinberg Waldfried (Karteneintrag M. Dürer); an einer Stelle Hinkelsteinschneise (Korneck 1971); 1 Pflanze im Osten der Hinkelsteinschneise (2002, H. Kalheber).
Färber-Scharte (*Serratula tinctoria*) stark gefährdet	Südlicher Saum der Hinkelsteinschneise an den Abteilungen 232 und 246 (Malten et al. 2002).
Feld-Mannstreu (*Eryngium campestre*) Vorwarnliste	Im nördlichen Saum der Hinkelsteinschneise nordöstlich des ehemaligen Bahnwärterhauses (Malten et al. 2002).
Felsen-Fingerkraut (*Potentilla rupestris*) stark gefährdet	Zwischen Goldstein und Schwanheimer Station rechts von der Bahn am Waldrand (1884, M. Dürer).
Flügelginster (*Chamaespartium sagittale*) Vorwarnliste	Mehrfach entlang von mageren Säumen an Forstwegen, an der Hinkelsteinschneise in Höhe des Abzweigs der Flughafenschnellbahn (Malten et al. 2002).
Frühe Segge (*Carex praecox*) Vorwarnliste	Südwestlich Forstamt (M. Dürer).
Frühe Wiesenraute (*Thalictrum minus* subsp. *pratense*) stark gefährdet	Einzelexemplare an der Hinkelsteinschneise in den Abteilungen 261, 272 und 284 (Malten et al. 2002).
Frühlings-Ehrenpreis (*Veronica verna*) gefährdet	Im Wald links vom Goldstein in der Gehspitzer Schneise (1884, M. Dürer).

Frühlings-Spörgel (*Spergula morissonii*) gefährdet	Nördlicher Saum der Hinkelsteinschneise und Böschungen der Flughafen-Schnellbahn in den Abteilungen 216 und 218 (Malten et al. 2002).
Gewöhnliche Akelei (*Aquilegia vulgaris*)	Böschungen und Randstreifen der Ludwigsbahn, selten im Wald auf der Kelsterbacher Terrasse (Kobelt 1913). Nördlicher Saumbereich der Hinkelsteinschneise an der Abt. 198 (Malten et al. 2002).
Gewöhnliche Kuhschelle (*Pulsatilla vulgaris*) stark gefährdet	Böschungen und Randstreifen der Ludwigsbahn, selten im Wald auf der Kelsterbacher Terrasse (Kobelt 1913); im Gleisdreieck (M. Dürer).
Gewöhnliche Pechnelke (*Lychnis viscaria*) gefährdet	Selten im südlichen Saum der Hinkelsteinschneise zwischen Schwanheimer Bahnstraße und Abzweig der Flughafen-Schnellbahn (Malten et al. 2002).
Gewöhnlicher Teufelsabbiss (*Succisa pratensis*) Vorwarnliste	Wenige Pflanzen im südlichen Saum der Hinkelsteinschneise an den Abteilungen 232 und 246 (Malten et al. 2002).
Großblütiger Fingerhut (*Digitalis grandiflora*) Vorwarnliste	An der Ludwigsbahn, früher auch zerstreut im Wald (Kobelt 1913). 15–20 Pflanzen im südlichen Saum der Hinkelsteinschneise zwischen Schwanheimer Bahnstraße und Abzweig der Flughafen-Schnellbahn (Malten et al. 2002).
Kassuben-Wicke (*Vicia cassubica*) ausgestorben	Am Weg von der Station Schwanheim nach Schwanheim rechts (1887, M. Dürer).
Labkraut-Wiesenraute (*Thalictrum simplex* subsp. *galioides*) ausgestorben	Mörfelder Straße links zwischen Forsthaus und Gehspitz (1890, M. Dürer).
Mittleres Leinblatt (*Thesium linophyllon*) vom Aussterben bedroht	An der Hinkelsteinschneise, am Schwengelsbrunnen und an der Eisenbahn entlang in Menge (1887, M. Dürer); mehrfach im östlichen Teil der Hinkelsteinschneise (Korneck 1971); Einzelpflanze an Hinkelsteinschneise an Abteilung 232 (Malten et al. 2002).

Niedriges Labkraut (*Galium pumilum*) Vorwarnliste	Selten im südlichen Saum der Hinkelsteinschneise zwischen Schwanheimer Bahnstraße und Abzweig der Flughafen-Schnellbahn (Malten & al. 2002).
Nordisches Labkraut (*Galium boreale*) gefährdet	Selten im südlichen Saum der Hinkelsteinschneise zwischen Schwanheimer Bahnstraße und Abzweig der Flughafen-Schnellbahn (Malten et al. 2002). 2008 kleiner Bestand an der Gehspitzschneise (T. Gregor).
Rosmarin-Seidelbast (*Daphne cneorum*) ausgestorben	Ende des 19. Jahrhunderts mehrfach in der Umgebung des Schwengelsbrunnens, des Goldsteins und der Hinkelsteinschneise (Kobelt 1913, M. Dürer). Letzte Pflanzen Anfang des 20. Jahrhunderts im Garten des Bahnwärterhäuschens am Haltepunkt Schwanheim (Burck 1941).
Rötliches Fingerkraut (*Potentilla heptaphylla*) stark gefährdet	Gehespitzschneise (1886, M. Dürer), Umgebung des Schwengelsbrunnens (um 1900, M. Dürer).
Sand-Fingerkraut (*Potentilla incana*) gefährdet	Im östlichen Teil der Hinkelsteinschneise (Korneck 1971); Schneise am Wasserwerk Hinkelstein (1987, Herbarbeleg, A. König).
Sand-Strohblume (*Helichrysum arenarium*) gefährdet	Zwischen Forsthaus Goldstein und Gehspitz (Karteneintrag M. Dürer).
Sand-Wicke (*Vicia lathyroides*) gefährdet	Unterschweinstiege (1884, M. Dürer).
Scheerers Ehrenpreis (*Veronica prostrata* subsp. *scheereri*) ausgestorben	Unterschweinstiege (1884, M. Dürer).
Schmalblättriges Lungenkraut (*Pulmonaria angustifolia*) ausgestorben	Um 1880 „nicht selten“ am Eisenbahndamm zwischen den Stationen Schwanheim und Goldstein (heute Stadion) (M. Dürer).

Schopfiges Kreuzblümchen (*Polygala comosa*) Vorwarnliste	Südwestlich Forsthaus (M. Dürer).
Schwarzwerdende Platterbse (*Lathyrus niger*) gefährdet	An der Hinkelsteinschneise, Abt. 258 (1992, Geonat 1993).
Silberscharte (*Jurinea cyanoides*) gefährdet	Umgebung des Schwengelsbrunnens (um 1900, M. Dürer).
Steppen-Wolfsmilch (*Euphorbia seguieriana*) stark gefährdet	Südwestlich Forsthaus (M. Dürer); zwischen Bahnwärterhäuschen Goldstein und Weinberg Waldfried (Karteneintrag M. Dürer).
Traubige Graslilie (*Anthericum liliago*) gefährdet	Vereinzelt an der Gehspitzschneise (Korneck 1971).
Weißes Fingerkraut (*Potentilla alba*) stark gefährdet	Zwischen Goldstein und Schwanheimer Station rechts von der Bahn am Waldrand überall (1884, M. Dürer); zerstreut im südlichen Saum der Hinkelsteinschneise zwischen Schwanheimer Bahnstraße und Abzweig der Flughafen-Schnellbahn, besonders in den Abteilungen 232 und 246 (Malten et al. 2002). Martin Dürer notierte 1884 „zwischen Goldstein und der Schwanheimer Station überall“.

Tabelle VII: Erläuterungen zu der Abbildung 99, Seite 74: Länge der Fließgewässer im Stadtgebiet (nach Stadt Frankfurt am Main, Umweltamt 2004, verändert).

Nr.	Name	Gemarkung	Ungefähre Länge innerhalb des Stadtgebietes (km)
1	Riedgraben und Entengraben	Bergen-Enkheim, Seckbach	11,5
2	Enkheimer Mühlbach	Bergen-Enkheim	0,2
3	Seckbacher Mühlbach/Daisborngraben	Seckbach	1,0
4	Goldbach und Gräben im Oberräder Feld	Oberrad	1,4
5	Königs-/Luderbach	Stadtwald	5,9
6	Schwarzbach	Schwanheim	1,2
7	Lachegraben	Griesheim	2,5
8	Kelster	Schwanheim	1,6
9	Liederbach	Unter-Liederbach, Höchst	5,0
10	Lachgraben	Zeilsheim, Sindlingen	5,5
11	Welschgraben	Zeilsheim, Sindlingen	6,7
12	Nidda	Berkersheim bis Höchst	18,0
13	Erlenbach	Nieder-Erlenbach	3,4
14	Eschbach und Mühlgraben	Nieder-Eschbach, Harheim	5,0
15	Brunnengraben	Harheim	0,4
16	Kalbach	Kalbach, Bonames	3,6
17	Oberwiesengraben mit Lachegraben	Preungesheim, Eckenheim, Eschersheim	4,0
18	Rohrborngraben	Niederursel	1,0
19	Urselbach	Niederursel, Heddernheim	4,2
20	Steinbach	Praunheim	2,1
21	Wooggraben	Eschersheim, Ginnheim	1,3
22	Ochsengraben	Bockenheim	0,8
23	Westerbach	Rödelheim, Sossenheim	2,8
24	Dottenfeldgraben/Laufgraben	Sossenheim	1,6
25	Sulzbach	Sossenheim	2,7
26	Gundbach/Hengstbach	Flughafen	1,7
27	Feldbach (Muckeborn)	Bergen-Enkheim	2,0
28	Eselsborngraben	Bergen-Enkheim	1,2
29	Main	Fechenheim bis Sindlingen	27,0